W. W. Minuth, R. Strehl, K. Schumacher

Von der Zellkultur zum Tissue engineering

PABST SCIENCE PUBLISHERS
Lengerich, Berlin, Bremen, Riga,
Rom, Viernheim, Wien, Zagreb

Die Deutsche Bibliothek – CIP-Einheitsaufnahme

Minuth, W.W., Strehl, R., Schumacher, K.:
Von der Zellkultur zum Tissue engineering – Lengerich ;
Berlin ; Bremen ; Riga ; Rom ; Viernheim ; Wien ; Zagreb :
Pabst Science Publishers, 2002
ISBN 3-936142-32-7

Geschützte Warennamen (Warenzeichen) werden nicht besonders kenntlich gemacht. Aus dem Fehlen eines solchen Hinweises kann also nicht geschlossen werden, daß es sich um einen freien Warennamen handelt.
Das Werk, einschließlich aller seiner Teile, ist urheberrechtlich geschützt. Jede Verwertung außerhalb der engen Grenzen des Urheberrechtsgesetzes ist ohne Zustimmung des Verlages unzulässig und strafbar. Das gilt insbesondere für Vervielfältigungen, Übersetzungen, Mikroverfilmungen und die Einspeicherung und Verarbeitung in elektronischen Systemen.
Wichtiger Hinweis: Medizin als Wissenschaft ist ständig im Fluß. Forschung und klinische Erfahrung erweitern unsere Kenntnis, insbesondere was Behandlung und medikamentöse Therapie anbelangt. Soweit in diesem Werk eine Dosierung oder eine Applikation erwähnt wird, darf der Leser zwar darauf vertrauen, daß Autoren, Herausgeber und Verlag größte Mühe darauf verwendet haben, daß diese Angaben genau dem **Wissensstand bei Fertigstellung des Werkes** entsprechen. Dennoch ist jeder Benutzer aufgefordert, die Beipackzettel der verwendeten Präparate zu prüfen, um in eigener Verantwortung festzustellen, ob die dort gegebene Empfehlung für Dosierungen oder die Beachtung von Kontraindikationen gegenüber der Angabe in diesem Buch abweicht. Das gilt besonders bei selten verwendeten oder neu auf den Markt gebrachten Präparaten und bei denjenigen, die vom Bundesinstitut für Arzneimittel und Medizinprodukte in ihrer Anwendbarkeit eingeschränkt worden sind. Benutzer außerhalb der Bundesrepublik Deutschland müssen sich nach den Vorschriften der für sie zuständigen Behörde richten.

© 2002 Pabst Science Publishers, D-49525 Lengerich

Konvertierung: Claudia Döring
Druck: KM Druck, D-64823 Groß Umstadt

ISBN 3-936142-32-7

Vorwort

Dieses Buch ist nicht allein für die Fachleute im Bereich des Tissue engineering verfasst. Dazu sind die Ausführungen zu lückenhaft und an vielen Stellen zu schematisch. Beabsichtigt ist vielmehr, interessierten Laien, Studenten, technischen Mitarbeitern und jungen Wissenschaftlern/innen anhand von Beispielen Einblicke in die faszinierende Welt von kultivierten Zellen und generierten Gewebekonstrukten zu ermöglichen.

Obwohl wir tagtäglich Studenten in mikroskopischer Anatomie ausbilden, ist uns erst mit dem Schreiben des vorliegenden Buches klar geworden, wie wenig generell über die Entwicklung von Geweben bekannt ist. Große Bedeutung hat dieser Aspekt für die zukünftige Anwendung von Stammzellkonstrukten am Patienten. Aus einzeln vorliegenden Zellen müssen sozial agierende Zellverbände – die funktionellen Gewebe entstehen.

Da auf dem Gebiet der Zellbiologie und des Tissue engineering ein sehr schneller Wissenszuwachs stattfindet und die Entwicklung sehr rasch voranschreitet, haben wir anstatt Literaturreferenzen zu jedem Kapitel eine Reihe von Suchkriterien zusammengestellt. Anhand dieser Stichworte kann in jeder medizinischen oder biologischen Datenbank (PubMed, Biological Abstracts) stets aktuelle Literatur zum Thema abgerufen werden.

W. W. Minuth, R. Strehl, K. Schumacher
Regensburg im Frühjahr 2002

Anschrift der Verfasser:

Anatomisches Institut, Universität Regensburg, Universitätstraße 31,
D-93053 Regensburg

Inhaltsverzeichnis

Einleitung 11

Die Zelle 13
Kleinste teilungsfähige Einheit 13
Entwicklungspotenz 17

Zellen in Kultur 20
Kulturgefäße 20
    Einzelne Kulturgefäße 20
    Beschichtung des Kulturschalenbodens 21
    Filtereinsätze 22

Kulturmedien 23
    Inhaltsstoffe 25
    Serumzusätze 28
    Serumfreie Kulturmedien 30
    pH im Medium 31
    Antibiotika 32
    Sonstige Additive 33

Zellkulturen 34
    Hybridomas zur Produktion monoklonaler Antikörper 35
    Kontinuierliche Zelllinien als biomedizinisches Modell 37
    Kultivierung von Herzmuskelzellen 41
    Gefrierkonservierung 44
    Arbeitsaufwand bei Zellkulturarbeiten 45

Gewebe und Organe in Kultur 47

Gewebearten 47
   Epithelgewebe 48
   Bindegewebe 48
   Muskelgewebe 49
   Nervengewebe 49

Zellentwicklung 51
   Funktionsaufnahme 52
   Differenzierung von Einzelzellen 53

Gewebeentstehung 55
   Von der Zelle zum Gewebe 55
   Interaktionen bei der Differenzierung 59
   Morphogene Faktoren 61
   Terminale Differenzierung 63

Gewebekultur 65
   Umstrukturierung und Migration 66
   Dedifferenzierung 67

Organkultur 71

Tissue engineering 73

Zelltherapie 75

Gewebekonstrukte 77

Organmodule 81

Konzepte zur künstlichen Gewebeherstellung 83
   Zellquellen 83
   Stammzellen 85
   Gewinnung von einzelnen Zellen 87
   Vermehrung der Zellen 90
   Mitose versus Postmitose 93
   Primärkontakt zwischen Zelle und Biomatrix 97
   Atypische Entwicklung 101

Kulturschale und Mikroreaktortechnik 103
Matrices 105
Bioabbaubare Scaffoldts 108

Perfusionskultur 109
Gewebeträger 111
Perfusionskulturcontainer 115
Transport von Kulturmedien 117
Temperatur für die Kulturen 117
Sauerstoffversorgung 118
Konstanz des pH 121
Start von Perfusionskulturen 123
Gewebe im Gradientencontainer 125
Gasblasen im Kulturmedium 127
Kontrolle des Milieus 131

Modulierung der Gewebe 134
Einflüsse des Milieus 134
Einflüsse von Elektrolyten 138
Steuerung von Mitose und Differenzierung 140
Einflüsse von Wachstumsfaktoren und Hormonen 143
Biophysikalische Einflüsse 146
In 3 Schritten zum Gewebekonstrukt 147

Qualitätskontrolle 150

Realisierung der Differenzierung 154

Homogene Zellverteilung 158

Heterogene Gewebeeigenschaften 161

Funktionskopplungen 164
Extrazelluläre Matrix und Verankerungsproteine 164
Zell-Zellkontakte 167
Zytoskelett 168
Zellrezeptoren und Signaltransduktion 171
Membranproteine für Transportfunktion 172
Zelloberfläche 174
Konstitutive und fakultative Proteine 174
Gestörte Funktionalität 178

Vergleichbarkeit der Konstrukte 180
   Strukturelle Analyse bei der Gewebetypisierung 184
   Kontrolle des Reifungszustandes 186
   Vorrübergehende Eigenschaften 187
   Monoklonale Antikörper 189

Ausblick 192

Glossar 195

Wissenschaftliche Basis 216

Herstellerfirmen 222

Lernzielkatalog 234

Von der Einzelzelle zum Gewebe 234

Herstellung von Gewebekonstrukten 234

Herkunft der Zellen 235

Voraussetzungen für das Tissue engineering 236

Zukünftige Märkte 236

Einleitung

Zell-, Gewebe- und Organkulturen sind "in". Dies hat verschiedene Gründe. Zum einen wurden im biomedizinischen Bereich in den letzten Jahren beachtliche Fortschritte bei der Klärung molekular- und zellbiologischer Vorgänge mithilfe von Zellkulturen erzielt, zum andern ist die industrielle Produktion von Medikamenten und Antikörper ohne Zellkulturen nicht mehr vorstellbar. Schließlich werden kultivierte Zellen immer wieder als Alternative zu Experimenten an Tieren ins Gespräch gebracht.

Zellen können heutzutage ohne größere Schwierigkeiten sowohl in analytisch kleinem wie auch technisch großem Maßstab für die unterschiedlichsten Aufgaben kultiviert werden. Dabei kann man auf einer circa 50jährigen experimentellen Erfahrung aufbauen. Schlagworte für die industrielle Anwendung und die damit verbundenen Arbeiten sind: Cell culture engineering, Metabolic engineering, Bioprocessing genomics, Viral vaccines, Industrial cell culture processing, Process technology, Cell kinetics, Population kinetics, Insect cell culture, Medium design, Viral vector production, Cell line development, Process control und Industrial cell processing. Bei fast allen diesen Vorhaben geht es um die Kultur von Zellen, die sich so schnell wie möglich vermehren sollen, um mit hoher Effizienz ein Bioprodukt wie z.B. einen Impfstoff zu synthetisieren. Für diese Arbeiten steht bereits eine breite Palette an innovativen Geräten, erfolgreichen Anwendungen sowie eine grosse Auswahl an Büchern und Anleitungen zur Verfügung.

Ganz anders muss jedoch das Tissue engineering, die Herstellung von funktionellen Geweben und Organteilen auf der Basis von kultivierten Zellen gesehen werden, die zur Unterstützung der Regeneration, als Implantate oder als Module am Krankenbett genutzt werden sollen. Hierbei handelt es sich um eine vergleichsweise junge Technik mit einer erst 10 Jahre alten Tradition. Sicherlich wurden in den letzten Jahren Fortschritte bei der Herstellung von artifiziellen Geweben mit den gegenwärtig zur Verfügung stehenden Kulturmethoden gemacht. Tatsache ist dennoch, dass die künstlich hergestellten Konstrukte bisher noch keine ausreichende Qualität aufweisen. Kultivierte Leberparenchymzellen z.B. zeigen nur einen Bruchteil ihrer ursprünglichen Entgiftungsleistung, Pankreasinselzellen verlernen ihre Fähigkeit zur Insulinsynthese, Nierenepithelien verlieren ihre typischen Transportfunktionen und Knorpel- bzw. Knochenkonstrukte bilden eine kaum belastbare extrazelluläre Matrix. Zudem kommt es häufig vor, dass atypische Proteine von den kultivierten Gewebekonstrukten gebildet werden, die bei der medizinischen Anwendung Entzündung und Abstoßungsreaktionen hervorrufen können.

Zukünftiger Themenschwerpunkt beim Tissue engineering ist deshalb herauszufinden, wie funktionelle Gewebe in Kultur generiert und dabei die Ausbildung funktioneller Eigenschaften experimentell gesteuert werden kann. Artifizielle Gewebe werden nur dann für den Menschen problemlos nutzbar sein, wenn sie risikolos funktionelle oder lebenserhaltende Funktionen als Regenerationsgewebe, Implantate oder Biomodule erbringen.

[Suchkriterien: Cell culture; Organ culture; Tissue culture; Tissue engineering]

Die Zelle

Kleinste teilungsfähige Einheit

Beim Arbeiten mit Kulturen liegen tierische oder menschliche Zellen als kleinste funktionelle Einheit des Lebens in isolierter Form vor. Ziel vieler Kulturexperimente ist, die Zellen zu vermehren und über fast beliebige Zeiträume in geeigneten Behältern am Leben zu erhalten. Bei guten Milieubedingungen zeigt sich, dass die Zelle sich und damit ihre Bestandteile durch Teilung in regelmäßigen Zeitabständen verdoppeln.
Der menschliche Körper besitzt etwa 1×10^{13} in enger sozialer Gemeinschaft lebende Gewebezellen und zusätzlich 3×10^{13} Blutzellen, die zum großen Teil in isolierter Form in der Blutbahn nachgewiesen werden. Die Größe dieser Zellen ist sehr unterschiedlich. Der Durchmesser von Gliazellen (Nervengewebe) beträgt ca. 5 µm, der von Spermien 3 - 5 µm, von Leberzellen 30 - 50 µm und der einer menschlichen Eizelle 100 - 120 µm.
Ebenso wie die Größe ist die Gestalt von Zellen sehr variabel angelegt. Zwischen Kugel- oder Spindelformen und der streng geometrischen Gestalt von Zellen in Epithelien werden alle Übergänge vorgefunden. Die Zelloberflächen können sowohl glatt als auch reliefartig gestaltet sein, zudem können individuelle Oberflächenvergrößerungen von einzelnen Mikrovilli bis hin zum spezialisierten Bürstensaum ausgebildet sein. Eine tierische oder menschliche Zelle ist von einer selektiv permeablen Plasmamembran umgeben (Abb.1). Im Innern befindet sich das Zytoplasma mit dem Zellkern (Nukleus) und den anderen lebenswichtigen Organellen. Lichtmikroskopisch können nach einer Färbung die überwiegend basophilen Zellkerne leicht von dem meist azidophilen Zytoplasma unterschieden werden.
Die Plasmamembran besteht aus einer Phospholipid - Doppelschicht, die im Elektronenmikroskop als trilaminäre Struktur dunkel - hell - dunkel erscheint. In dieser Lipiddoppelschicht sind zahlreiche Proteine lokalisiert, die u.a. durch gezielte Transportaufgaben oder als Hormonrezeptoren eine Mittlerfunktion für den Informationsaustausch zwischen dem Zytoplasma und dem Zelläußeren haben. Eine Zellmembran ist jedoch keine starre Struktur, sondern ein fluides, viskoses System. Sowohl die einzelnen Phospholipide als auch die Membranproteine sind mehr oder weniger frei in dieser

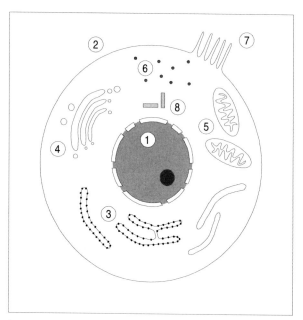

Abb. 1: Schematische Darstellung einer nicht polarisierten Zelle mit Zellkern (1), Plasmamembran (2), endoplasmatischem Retikulum (3), Golgi Apparat (4), Mitochondrien (5), Sekretgranula (6), Mikrovilli (7) und Zentriolen (8).

Schicht beweglich. Neben den Phospholipiden gibt es noch andere Lipidmoleküle in der Doppelschicht, wie z.B. das Cholesterin, das der Stabilisierung dient.

In der äußeren Lipidschicht enthält die Plasmamembran viele Glykolipide und Glykoproteine, deren Zuckerreste nach außen ragen und eine eigene Schicht bilden, die als Glykokalix bezeichnet wird. Die in die Plasmamembran eingebauten Proteine lassen sich in die integralen und die assoziierten Membranproteine einordnen. Es handelt sich hierbei um Proteine mit hydrophoben und hydrophilen Anteilen. Die hydrophoben Anteile dienen zur Verankerung in der Lipidschicht, während die hydrophilen Anteile in den Extrazellulärraum oder aber ins Zytoplasma hineinreichen. Bei vielen dieser Proteine handelt es sich um Glykoproteine. Funktionell kann es sich z.B. um Transportproteine, Rezeptorproteine oder auch um Verankerungsproteine handeln.

Die Hauptaufgabe der Zellmembran ist ihre Funktion als Diffusionsbarriere. Sie kontrolliert über aktive oder passive Transportvorgänge, welche Moleküle in die Zelle hinein oder heraus gelassen werden. Über die Zellmembran können Zellen untereinander kommunizieren und dabei physiologisch - mechanische Zellkontakte wie Tight junctions oder Kommunikationskanäle über Gap-junctions ausbilden. Dies dient entweder einem kontrollierten Stoffaustausch, der Zellerkennung oder der Signalverarbeitung.

Mit Ausnahme von Erythrozyten haben alle menschlichen Zellen einen Zellkern. Der wichtigste Bestandteil der Zellkerne sind die Chromosomen. In ihnen ist die gesamte genetische Information enthalten. Zudem ist der Zellkern das Steuerorgan für viele Zellfunktionen. Der Zellkern mit den einzelnen Chromosomen kann lichtmikroskopisch nur während der Interphase, also zwischen zwei Mitosen (Zellteilungsstadien) deutlich erkannt werden. In der Regel besitzt eine Zelle nur einen Zellkern. Bei manchen Zellarten in speziellen Geweben kommen jedoch zwei oder auch mehrere Zellkerne vor wie in Leberparenchymzellen, Osteoklasten und in der quergestreifte Muskulatur.

Die Mitochondrien stellen die Kraftwerke der Zellen dar und sind Träger von Enzymen, die dazu dienen, Energie in Form von Adenosintriphosphat (ATP) zu gewinnen. Die charakteristischen Reaktionsprozesse in den Mitochondrien sind der energieproduzierende Zitronensäurezyklus und die ß-Oxidation der Fettsäuren. An Stellen, an denen viele Mitochondrien innerhalb einer Zelle gefunden werden, ist davon auszugehen, dass sich auch hier Syntheseprozesse mit einem erhöhten Energiebedarf abspielen.

Das endoplasmatische Retikulum spielt die entscheidende Rolle bei der Proteinbiosynthese. Die daran sitzenden Ribosomen synthetisieren neu gebildete Protein nicht einfach frei ins Zytoplasma, sondern in das Lumen des endoplasmatischen Retikulums. Dabei handelt es sich um ein Membransystem, das mit Röhren und Zisternen netzartig die Zellen durchzieht. Zum Teil ist es mit Ribosomen besetzt und wird dann als raues endoplasmatisches Retikulum (rER) bezeichnet. Bei den Ribosomen handelt es sich um kleine Granula, die aus Proteinen und Ribonukleinsäuren aufgebaut sind und nicht von einer Membran umhüllt werden. An den Ribosomen findet die Proteinsynthese statt. Im Zytoplasma liegen die Ribosomen entweder einzeln, oder in Form kleiner Ketten, die Polyribosomen genannt werden. Die Polyribosomen sind über einen Strang messenger-RNA miteinander verbunden. An solchen Polyribosomen wird zum Beispiel das sauerstoffbindende Protein Hämoglobin gebildet.

Der Golgi Apparat ist die Gesamtheit der - je nach Zelltyp unterschiedlich zahlreichen - Dictyosomen und Golgi Vesikel. Die Dictyosomen oder Golgi Felder erscheinen im elektronenoptischen Schnitt als Stapel von Membransäckchen, umgeben von zahlreichen Vesikeln. Im Golgi Apparat werden die vom endoplasmatischen Retikulum kommenden Transportvesikel verarbeitet, in denen sich neu synthetisierte Proteine befinden. Beispielsweise werden hier angelieferte Proteine mit speziellen Zuckermolekülen zu Glykoproteinen oder Proteoglykanen ausgestattet. Häufig erreichen Proteine erst durch diese Glykosilierung ihre biologische Funktion.

Bei den Lysosomen handelt es sich um eine heterogene Organellengruppe, die den verschiedensten Stoffwechselprozessen dient. Lysosomen sind Membranbläschen mit spezieller Enzymausstattung, die der intrazellulären Verdauung dient. Sie können spezifische Stoffe aussortieren oder weiterbefördern, während andere Stoffe verdaut werden. Die in den Lysosomen entstandenen Abbauprodukte können in das umgebende Zytoplasma weitergegeben und gegebenenfalls wieder verwendet werden. Andererseits können die Lysosomen auch als Endspeicher nicht abbaubarer Restprodukte dienen. Sie werden dann als Residualkörperchen bezeichnet, die diagnostisch als Pigment- oder Lipofuchsingranula sichtbar werden. Wenn die Inhaltsstoffe der Lysosomen unkontrolliert ins Zytoplasma gelangen, können durch Autolysevorgänge die gesamte Zelle sowie die Nachbarzelle zerstört werden.

Peroxisomen kommen nicht in allen Zellen vor, andererseits sind manche Zellen wie Leberzellen oder Tubuluszellen der Niere besonders reich an Peroxisomen ausgestattet. Die wichtigste Funktion dieser Organellen besteht darin, dass sie Wasserstoffperoxid bildende Oxidasen und Katalasen enthalten. Sie spielen eine wesentliche Rolle bei der Glukoneogenese und im Fettstoffwechsel.

Weitere sehr wichtige Bestandteile für die Zellen sind die Mikrotubuli, die Mikrofilamente und die Intermediärfilamente. Sie bilden ein Mikronetz- oder Trabekelwerk und fungieren als Skelett der Zelle. Wichtige Proteine dieses Netzwerkes sind Tubulin, Aktin, Myosin, die vielen verschiedenen Keratine, die Nexine, Vimentin, Desmin und die Neurofilamente.

Für alle der angeführten Zellorganellen muss bei der Kultur sichergestellt sein, dass sie im Laufe des Zellzyklus funktionell angelegt und bei Bedarf redupliziert werden können. Sind diese Vorgänge etwa durch Verlagerung der einzelnen Organellen gestört, können sich Zellen in Kultur nicht optimal entwickeln. Häufig findet man dieses Phänomen bei Zellen, die aus ihrem Geweberband isoliert wurden und dabei ihre typische Struktur verlieren.

Die meisten Zellen bilden nicht nur ihre eigenen Organellen, sondern auch Proteine der extrazellulären Matrix. Dabei handelt es sich um ein interaktives Gerüst, welches einerseits mechanische Stabilität verleiht und andererseits Zellverankerung sowie Zellfunktionen zu steuern vermag. Für den Aufbau einer extrazellulären Matrix synthetisieren die Zellen hauptsächlich hochmolekulare fibrilläre Proteine, die aus der Zelle herausgeschleust und in der nächsten Umgebung zu einem unlöslichen Geflecht zusammengesetzt werden. Bei Epithelzellen ist dies die folienartige Basalmembran, während Bindegewebszellen ein dreidimensionales Netzwerk ausbilden, das als perizelluläre Matrix bezeichnet wird. Basalmembran und perizelluläre Matrix bestehen im wesentlichen aus den gleichen Proteinfamilien, jedoch sind die Einzelkomponenten wegen der teiweisen Aminosäuresequenzdifferenzen unterschiedlich miteinander verwoben. Bestandteile der extrazellulären Matrix sind die verschiedenen Kollagene, sowie Laminin, Fibronektin und die Proteoglykane. Bei vielen Geweben ist die extrazelluläre Matrix weich, druck- und zugelastisch, während sie bei Knorpel und Knochen mechanisch stark belastbare Strukturen ausbildet.

Im Laufe der Entwicklung von der Eizelle zum vielzelligen Organismus bilden die Zellen funktionelle Gewebe und beginnen schrittweise spezifische Funktionen aufzunehmen. Diese Spezialisierung der Zelltätigkeit ist sehr eng mit strukturellen Veränderungen verknüpft und wird als Zelldifferenzierung bezeichnet. Der Sinn dieser Entwicklung besteht darin, dass spezialisierte Zellen im Verband ihre Aufgaben mit sehr viel grösserer Wirksamkeit erfüllen können als nicht oder nur wenig differenzierte Zellen im embryonalen Zustand.

[Suchkriterien: Cytoplasm cell traffic protein sorting; Golgi network; Cytoskeleton transport; Cellular compartimentation]

Entwicklungspotenz

Zell- Gewebe- und Organkulturen haben schon vor hundert Jahren die Wissenschaft fasziniert. Es war eine Zeit, in der man die eigene biologische Herkunft kritisch hinterfragte und deshalb die Phylo- und Ontogenese der Wirbeltiere systematisch untersuchte. Dabei diskutierte man u.a. die Frage, wie aus wenigen, mehr oder weniger gleich erscheinenden embryonalen Zellen ein Organismus mit seinen unterschiedlichen Organen und vielfältig differenzierten Gewebezellen entstehen kann. August Weismann stellte die Theorie auf, dass schon in den frühesten Entwicklungsstadien eines Embryo alle Organe mosaikartig festgelegt seien. Diese Annahme aus dem Jahr 1892 war eine stimulierende, philosophische wie biomedizinische provokative Herausforderung, die jedoch damals keinerlei experimentelle Grundlage hatte. Erst Jahre später stellten H. Endres (1895) und A. Herlitzka (1897) Experimente vor, bei denen eine befruchtete und sich entwickelnde Eizelle im Zweizellstadium geteilt wurde. Sie konnten zeigen, dass sich jede der beiden isolierten Zellen zu einem vollständigen, wenn auch entsprechend kleinen Amphibienembryo entwickelte. Damit war die Weismann'sche Theorie widerlegt.

Die Wissenschaftsgeschichte zeigt, dass man schon vor einhundert Jahren in der Lage war, entstehende Organismen in vitro zu beobachten und über Zeiträume von Tagen und sogar Wochen am Leben zu erhalten. Idealer Beobachtungszeitpunkt war der Frühling. Nötig waren nur Amphibienlaich, frisches Brunnenwasser und ein Binokular, um die jeweiligen Experimente durchzuführen. Möglich war dies, weil die Eizellen sich selbst vor Infektionen schützen, indem sie eine transparente, gallertartige Eihülle um sich herum ausgebildet haben. Ernährungsprobleme traten nicht auf, da die Amphibieneier ähnlich wie das Hühnerei zu den dotterreichen (polylecithal) Eizellen gehören. Das heißt, dass Nahrung in Form von Dotterschollen in die einzelnen Zellen eingebaut ist und mit jeder Teilung weitergegeben wird. Dieser Dottervorrat reicht als Nahrungsreserve so lange aus, bis die Larven schlüpfen. Embryonale menschliche Zellen besitzen keinen Dottervorrat (alecithal) und müssen deshalb während ihrer Entwicklung zuerst über einen Trophoblasten und später über die Plazenta versorgt werden.

Schwieriger wurden die Beobachtungen an Amphibienembryonen erst, als die Eihüllen entfernt wurden. Man versuchte einzelne Zellen aus dem Embryo zu isolieren und weiter zu züchten, um die Entwicklungspotenz bestimmter Bereiche kennen zu lernen. Nach Entfernen der schützenden Eihüllen war man plötzlich mit dem Problem einer Infektion konfrontiert. Sterilität war zu dieser Zeit noch ein wenig bekannter Begriff, Antibiotika kannte man nicht. Infektiöse Keime, die in die Kultur eingeschleppt wurden, konnten nicht behandelt werden. Im Falle einer Infektion überwucherten die Bakterien und Pilze deshalb die isolierten Zellen und Gewebe. Verständlicherweise war damit natürlich eine längere Kultivationszeit ausgeschlossen.

Unbekannt war zudem das innere Milieu von Zellen. Ganz überrascht beobachtete man, wie isolierte Amphibienzellen nach dem Entfernen der Gallerthülle im damals verwendeten Aufbewahrungsmedium Wasser anschwollen und schließlich platzten. Man wusste noch nicht, wie sich das Zytoplasma der Zellen zusammensetzt und welche Elektrolyte eine isotone, also physiologische Salzlösung enthält, geschweige denn, welche Nährstoffe die Zellen benötigten. Durch Ausprobieren in unzähligen Versuchsserien erkannte man mit der Zeit, dass Elektrolyte wie Natrium, Chlorid, Kalium und Calcium nicht verzichtbare Bestandteile einer physiologischen Umgebung sind. Es dauerte Jahrzehnte bis Aminosäuren, Nukleinsäuren, Glukose und Vitamine zum Kulturmedium hinzukamen. Häufig gab es fast kurios anmutende Zumischungen wie Rindfleischboullion oder Extrakte aus Embryonen zum Anregen des Zellwachstums. Erst in den 50er Jahren fand man heraus, daß sich z.B. fetales Kälberserum positiv auf die Vermehrung (Proliferation) von Zellen in Kultur auswirkte. Ersichtlich wird, dass man in dieser aufregenden Pionierzeit häufig nicht recht wusste, ob die kultivierten Zellen noch lebten oder schon einen verlängerten Zelltod durchschritten.

Mitte der 50er bis Anfang der 60er Jahre erreichte die Zellkulturtechnik eine erste Blüte. Man hatte erkannt, dass sich kultivierte Zellen hervorragend dazu eignen, Viren zu vermehren. Zu dieser Zeit wurden Impfstoffe gegen Virusinfektionen wie z.B. gegen den Erreger der Kinderlähmung (Poliovirus) entwickelt. Neben verschiedenen Tumorzellen erwiesen sich interessanterweise Nierenzellen als besonders geeignet für die Vermehrung von Viren. Aus dieser Zeit stammen die meisten und bis heute erhältlichen Kulturmedien sowie ein großer Teil der Zelllinien, die per Katalog von verschiedensten Zellbanken angeboten werden.

[Suchkriterien: Differentiation; development; presumptive cell features]

Zellen in Kultur

Kulturgefäße

Einzelne Kulturgefäße

Heute gibt es eine fast unglaubliche Vielzahl an Kulturgefäßen in unterschiedlichen Grössen, mit einem konkaven, konvexen oder planen Boden. Im Prinzip lassen sich jedoch alle diese Gefässe auf die klassische Petrischalenform zurückführen. Behälter aus Polystyrol haben heute weitgehend Gefässe aus Glas abgelöst (Abb.2). Früher mussten durch umständliche Reinigungstechniken und Sterilarbeiten die einzelnen Gefäße bereitgestellt werden. Heute werden Einmalartikel verwendet und man hat nach Öffnen der Sterilverpackung den gewünschten Behälter experimentierfertig vorliegen. Die Wahl eines Kulturgefäßes hängt sehr davon ab, in welchem Maßstab und in welchem Volumen Zellen gezüchtet werden sollen. Diese Ska-

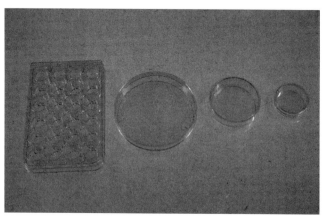

Abb. 2: Darstellung von unterschiedlichen Kulturgefäßen, die sich im Prinzip alle von den Petrischalen aus Glas ableiten. Im Deckel sind kleine Nocken als Abstandshalter eingearbeitet, die dafür sorgen, dass das darin befindliche Medium in einem Inkubator kontinuierlich begast werden kann.

lierung reicht von der Kultivation von Zellen in einem hängenden Tropfen mit Stammzellen bis hin zu den Roller bottles bzw. Containern oder Beuteln mit mehreren Litern Inhalt zur Antikörperproduktion mit Hybridomas oder zur Anzucht von virusvermehrenden Zellen.

Da fast alle angebotenen Gefäße aus Polystyrol gefertigt sind, können sie fast immer für adhärente Zellkulturen, also anhaftende Zellen verwendet werden. Obwohl dieses Material im Organismus nicht vorkommt, besitzen viele Zellen eine hohe Affinität dafür. Das bedeutet, dass sich die in das Gefäß einpipettierten Zellen nach einiger Zeit auf dem Kulturschalenboden niederlassen und sich dort mehr oder weniger fest anheften. Dies hat wiederum zur Folge, dass bei einem Mediumwechsel die Flüssigkeit durch Absaugen oder Abschütten leicht ausgewechselt werden kann, ohne dass die Zellen dabei verloren gehen. Bei der Suspensionskultur dagegen, bei der Zellen frei im Medium herumschwimmen, werden Medium und Zellen zusammen abgesaugt und zentrifugiert. Erst danach kann das verbrauchte Medium abpipettiert und gegen neues ausgetauscht werden.

[Suchkriterien: In vitro toxicity test system; Biomatrices membranes scaffolds]

Beschichtung des Kulturschalenbodens

Mancher Zelltyp wächst besonders gut auf einem Kulturschalenboden aus Polystyrol, während andere Zellentypen sich auf diesem Material aus unbekannten Gründen unwohl fühlen, nicht anhaften und infolgedessen absterben. Für solche schlecht anhaftenden Zellen muss deshalb eine Unterlage zur Verfügung gestellt werden, die in möglichst vielen Aspekten den Eigenschaften der natürlichen extrazellulären Matrix entspricht und mit der die Zellen in vivo in Kontakt sind. Solche beschichteten Kulturschalen sind kommerziell erhältlich, können aber auch selbst leicht hergestellt werden. Kollagene, Fibronektin, Laminin, Chondronektin oder andere Komponenten der extrazellulären Matrix sind kommerziell erhältlich. Entsprechend der Vorschrift des Herstellers wird das jeweilige Protein gelöst und auf dem gesamten Boden des Kulturgefäßes ausgestrichen. Über Nacht lässt man unter der sterilen Werkbank das Gel trocknen. Die schlechte Löslichkeit mancher dieser Substanzen kann durch Erhöhung der NaCl Konzentration des verwendeten Lösungspuffers oder durch Ansäuerung mit HCl umgangen werden. Nicht immer sind für die Beschichtung der Kulturschalenoberfläche Proteine der extrazellulären Matrix notwendig. Gute Erfolge bei Beschichtungen werden auch mit preiswerten Peptiden wie Polylysin erreicht.

Seit einigen Jahren werden von verschiedenen Firmen Kulturschalen angeboten, deren Boden chemisch und/oder mechanisch so behandelt ist, dass manche Zellen aus Zellgemischen besonders gut anhaften und wachsen. Ein Beispiel sind die Primaria - Schalen (BD, Heidelberg). Bei diesen Artikeln enthalten die Gefäßoberflächen speziell modifizierte Molekülgruppen, die offensichtlich die Proteinstruktur von extrazellulären Matrixproteinen imitieren und dadurch das Anhaften der Zellen fördern. Viele Epithelzellen wachsen darin sehr gut, während die meisten Bindegewebezellen nicht anhaften und absterben. Somit eignen sich diese Schalen ohne biochemische Zusätze sehr gut für die Reinigung einer Reihe von Epithelzellen, wenn sie z.B. mit Fibroblasten verunreinigt sind.

Filtereinsätze

Wenn Zellen in einer Kulturschale wachsen, so haben sie Kontakt mit der impermeablen Wand des jeweiligen Gefäßes. Im Organismus dagegen kommen die Zellen in der netzartigen, poröse Umgebung der extrazellulären Matrix vor, die für die verschiedensten Stoffe keine Diffusionsbarrieren darstellt. Um solche natürlichen Bedingungen zu simulieren, wurden spezielle Techniken für die Kultur entwickelt. Dazu werden z.B. Filter aus Polycarbonat, Nitrocellulose, Aluminiumoxid, Polyethylenterephtalat auf Plastikzylinder aufgeklebt. Diese zylindrischen Gefäße können nun in Kulturschalen eingesetzt werden. Die Zellen werden dann auf die Filteroberfläche pipettiert. Die Unterseite der Zellen hat über die Filterporen einen freien Kontakt zum darunter befindlichen Kulturmedium. Gleichzeitig hat natürlich die Oberseite der Zellen ebenfalls Kontakt zum Medium. Verglichen mit der Kultur in einer einfachen Kulturschale ist die Filtertechnik für Epithelzellen ein Fortschritt, weil sie in einer angepassten und damit ziemlich natürlichen Umgebung gehalten werden können. Filtereinsätze für die Zellkultivierung gibt es in verschiedenen Ausführungen. Sie werden aus ganz unterschiedlichen Materialien, in transparenter oder undurchsichtiger Art angeboten. Hinzu kommt, dass die Filtereinsätze mit unterschiedlich großen Poren angeboten werden. Die Porenweite sollte nicht kleiner als 0.4 µm sein, sonst kann es Probleme beim Wachstum geben. Zusätzlich sollte der Filter möglichst transparent sein, um das Wachsen der Zellen am inversen Mikroskop beobachten zu können.

[Suchkriterien: Coating cell attachment; Surface functionalization]

Kulturmedien

Für die Anzucht der individuellen Zelltypen werden entsprechende Kulturmedien benötigt, die per Katalog von zahlreichen Firmen angeboten und in großer Auswahl meist in 500 ml Volumina ausgeliefert werden. Seit einiger Zeit können sogar ganz individuell die Bestandteile des Mediums bei der Bestellung variiert werden. In den Katalogen der Hersteller sind dafür meist extra Rezepturformulare vorgesehen.
Die Kulturmedien werden gekühlt angeliefert und gelagert. Dabei ist die Lagertemperatur und -dauer zu beachten. Um Veränderung der Inhaltsstoffe durch Licht zu vermeiden, werden die Medien im Dunkeln gelagert. Die angelieferten Medien sind in Flaschen aus Natriumglas oder Polycarbonat abgefüllt und meist mit einem Metall- oder Plastikverschluss versehen. Eine Versiegelung bürgt für die notwendige Sterilität, Originalität und Qualität. Die Kulturmedien sind in dieser Form jederzeit einsetzbar.
Einige Medien werden in 10facher Konzentration (10x) angeboten. Sie werden zum Gebrauch 1:10 mit destilliertem Wasser verdünnt und häufig noch mit einem geeigneten Puffer versetzt. Auf sehr einfache Art kann kostengünstig auch mit Pulvermedien gearbeitet werden. Das Pulvermedium ist in Kunststoffbeuteln mengenmäßig so abgepackt, dass ein Beutel z.B. gerade für 1 l Medium vorgesehen ist. Dazu wird das Pulvermedium in einen Messzylinder geschüttet und mit destilliertem Wasser auf 1 l aufgefüllt. Der Ansatz wird leicht gerührt. Nach dem Einjustieren des pH entspricht das selbst angesetzte Medium dem sonst angelieferten Flüssigmedium. Einschränkend gilt, dass das verwendete destillierte Wasser den notwendigen Qualitätsanforderungen entsprechen muss.
Die meisten Kulturmedien wurden in den 50 und 60er Jahren für die Kultur von proliferierenden Zellen und nicht wie häufig behauptet für die Gewebe- bzw. Organkultur entwickelt. Alle diese Medien bestehen in der Grundzusammensetzung aus anorganischen Salzen, Aminosäuren, Vitaminen und anderen Komponenten. Die Vielzahl der zur Verfügung stehenden Kulturmedien wird ersichtlich, wenn man die Produktinformation eines Medienherstellers durchblättert. Angeboten werden z.B.:

Basalmedium Eagle (BME) eignet sich sehr gut für primäre Kulturen von Säugerzellen.

BGJb - Medien sind ursprünglich für das Wachstum von Langknochen der fötalen Ratte entwickelt worden.

Brinster's BMOC-3 Medium wurde für die Kultur von Mauszygoten konzipiert.

CMRL - Medien sind zweckmäßig z.b. für Zellen aus der Affenniere und für andere Säugerzellen, wenn mit Kälberserum angereichert wird.

Dulbecco's modifizierte Eagle Medien (DMEM) sind Standardmedien für Säugerzellen.

Dulbecco's modifizierte Eagle Medien / Nutrient Mixture F-12 (DMEM/F-12) ist ein stark verbessertes Medium für Säugernierenzellen

Glasgow minimum essential Medium (G-MEM) wurde für die Kultur von Baby Hamster Kidney - Zellen (BHK 21) entwickelt.

Iscove's modifiziertes Dulbecco's Medium (IMDM) ist geeignet für schnell wachsende Zellkulturen.

Leibovitz's L-15 Medium ist vorgesehen für ein Milieu, das nicht mit CO_2 beströmt wird.

Medium 199 ist ein Medium der Wahl für Fibroblastenkulturen.

Minimal Essential Medium (MEM) ist für ein großes Spektrum von Säugerzellen geeignet.

NTCT 135 - Medium ist eine gute Alternative für Hybridomakulturen.

RPMI 1640 - Medium eignet sich besonders gut für eine Vielzahl von Suspensionskulturen.

Williams Medium E ist für die Kultur von Leberepithelzellen entwickelt worden.

Der Überblick über die verschiedenen klassischen Kulturmedien ist nicht vollständig und um viele Modifikationen erweiterbar. Er vermittelt lediglich einen Eindruck über die vielfältigen Möglichkeiten bei der Auswahl des Milieus, unter dem die Zellen wachsen sollen. Es lohnt ein Blick in die entsprechenden Kataloge, in dem die Elektrolytzusammensetzung der einzelnen Medien aufgelistet ist, um ein optimales Environment für die geplanten

Kulturexperimente zu finden. Die am häufigsten angewendeten Medien basieren auf MEM, Medium 199 und IMDM.

Zu den in den letzten Jahren entwickelten Medien gehören z.B.:

Keratinozyten-SFM zur Kultur von Keratinozyten, womit gleichzeitig das Wachstum von Fibroblasten eingeschränkt wird.

Knockout DMEM ist für das Wachstum von Stammzellen der Maus optimiert.

StemPro ist ein komplettes Methylzellulose Medium und für die Kultur von Vorläuferzellen aus humanem blutbildenden Gewebe vorgesehen.

Neurobasal Medium wird für das Wachstum von Neuronen des Zentralnervensystems verwendet.

Hibernate Medium dient der kurzfristigen Lebenserhaltung von neuralen Zellen.

Endothelial SFM wird für das Wachstum von Gefäßendothelzellen aus Rind, Hund und Schwein verwendet.

Humanes Endothelial-SFM kann für die Vermehrung von humanen venösen und arteriellen Nabelschnurendothelzellen angewendet werden.

[Suchkriterien: Culture media composition]

Inhaltstoffe

Kulturmedien enthalten viele und ganz unterschiedliche Komponenten. Basis für ein Kulturmedium sind die gepufferten Salzlösungen, die PBS (Phosphate buffered saline), EBSS (Earle's buffered saline solution), GBSS (Gey's buffered saline solution), HBSS (Hanks' buffered saline solution) und Puck's Salzlösung genannt werden. Welche Elektrolytlösung für das jeweilige Experiment am besten geeignet ist, muss ganz individuell entschieden werden. Bevor Zellen kultiviert werden, müssen sie häufig aus dem Gewebe isoliert werden. Dabei ist zu empfehlen, dass sowohl bei der Gewebedesintegration wie auch bei den nachfolgenden Kulturarbeiten Medien mit

den gleichen gepufferten Salzlösungen verwendet werden, um osmolaren Stress zu vermeiden.
Ein 1977 entwickeltes Medium ist z.B. MCDB 104. Es enthält folgende Komponenten: $CaCl_2$ x 2 H_2O, KCl $MgSO_4$ x 4 H_2O, NaCl, $NaHP_2PO_4$, $CuSO4$ x 5 H_2O, $FeSO_4$ x 7 H_2O, $MnSO_4$ x 4 H_2O, $(NH_4)_6 MO_7O_{24}$ x 4 H_2O, $NiCl_2$ x 6 H_2O, H_2SeO_3, $NaSiO_3$ x 5 H_2O, $SnCl_2$ x 2 H_2O und $ZnSO_4$ x 7 H_2O. Die im Kulturmedium enthaltenen Elektrolyte sind einerseits notwendig, um die Milieuverhältnisse innerhalb und außerhalb einer Zelle anzugleichen und damit ein Überleben von Zellen ausserhalb des Organismus überhaupt zu ermöglichen. Andererseits wurde schon vor Jahrzehnten gezeigt, dass durch unterschiedliche Zusammensetzung der Elektrolyte die Proliferation (Mitose) von Zellen beschleunigt und gleichzeitig die funktionelle Arbeitsphase (Interphase) verkürzt werden kann. Damit war das Ziel erreicht, ohne Serumzugabe oder Wachstumsfaktoren Zellen durch ständige Teilung zu vermehren, um in möglichst kurzer Zeit möglichst viele Zellen zu ernten. Die zusätzlich im Medium enthaltenen Metalle und seltenen Erden werden für katalytische Prozesse der Zelle benötigt.
Werden im Elektrolytanalysator verschiedene Medien wie IMDM, BME, William's Medium, McCoys 5A Medium sowie DMEM gemessen und mit Serum als Spiegel für das interstitielle Milieu verglichen (Abb.3), so fällt auf,

		Menschliches Serum (arteriell)	Iscove's Modified Dulbecco's Medium	Medium 199	Basal Medium Eagle	William's Medium E	Mc Coys 5A Medium	Dulbecco's Modified Eagle Medium
pH		7,4	7,4	7,4	7,4	7,4	7,4	7,4
Na^+	(mmol/l)	142	117	139	146	144	142	158
Cl^-	(mmol/l)	103	81	125	111	117	106	116
K^+	(mmol/l)	4	3,9	5,1	4,8	4,8	4,8	4,8
Ca^{++}	(mmol/l)	2,5	1,1	1,5	1,4	1,4	0,5	1,3
Glukose	(mg/dl)	100	418	99	94	186	270	382
Osmolarität	(mOsm)	290	250	270	286	288	289	323

Abb. 3: Im Analysator gemessene Elektrolytwerte von verschiedenen Kulturmedien: In keinem Fall sind die Werte identisch mit Elektrolytwerten des Serums.

dass diese Werte in keinem Fall übereinstimmen. Bei der Entwicklung der Medien vor 30 bis 50 Jahren wollte man kein interstitielles Milieu für Gewebe simulieren, sondern war ausschliesslich darauf bedacht, ein optimales Proliferationsverhalten zu erreichen.

Für den Proteinstoffwechsel enthält ein Kulturmedium Aminosäuren wie L-Alanin, L-Arginin-HCl, L-Asparagin x H_2O, L-Asparaginsäure, L-Cystein/HCl, L-Glutaminsäure, L-Glutamin, Glycin, L-Histidin-HCl x H_2O, L-Isoleucin, L-Lysin/HCl, L-Methionin, L-Phenylalanin, L-Prolin, L-Serin, L-Threonin, L-Tryptophan, L-Tyrosin, L-Valin. Bei dieser Auflistung fällt auf, dass meist nur die L- und nicht die D- Isoform der jeweiligen Aminosäure im Kulturmedium enthalten ist. Das hat seinen Sinn, weil in tierischen und menschlichen Zellen zur Proteinsynthese nur die L-Form verwendet wird. Allerdings unterscheiden sich Epithelzellen und Fibroblasten. Epithelzellen können meist auch D-Aminosäuren verwenden, weil sie ein Enzym besitzen, welches die D-Aminosäure in die L-Form überführen kann. Fibroblasten können das nicht. Deshalb wird z.B. ein Selektionsmedium mit D-Valin zur Elimination von Fibroblasten verwendet.

Eine Zelle in Kultur braucht außerdem Vitamine wie z.B. Biotin, Cholinchlorid, D-Ca-Pantothenat, Folinsäure, D,L-6,8 d-Liponsäure, Nicotinamid, Pyridoxin-HCl, Riboflavin, i- Inositol, Thiamin-HCl, Vitamin B_{12}.

Zusätzlich werden Komponenten für die DNA und RNA Synthese, sowie für den Energiestoffwechsel benötigt. Dazu gehören Adenin, Thymidin und Glukose, ferner Linolsäure, Putrescin-2 HCl und Natriumpyruvat. Es hängt davon ab, ob die Kultur in einem CO_2-Inkubator oder unter Raumatmosphäre durchgeführt werden soll. Abhängig davon wird als Puffersubstanz $NaHCO_3$ oder ein biologisch verträglicher Puffer wie HEPES bzw. Buffer All (Sigma) verwendet. Der pH des Kulturmediums sollte 7.2 – 7.4 betragen. Zur visuellen Abschätzung des pH Bereiches wird Phenolrot als Farbindikator dem Kulturmedium beigegeben. Doch sollte man vorsichtig sein, wenn mit Zellen gearbeitet wird, die Östrogenrezeptoren besitzen. Phenolrot hat eine Affinität zu diesen Rezeptoren und kann deshalb hormonelle Bindungsstudien beeinflussen. Speziell aus diesem Grund werden Kulturmedien auch ohne Phenolrotgehalt angeboten.

Zusätzlich enthalten die Kulturmedien Detergentien wie z.B. Tween 80, um das Präzipitieren von schwer lösliche Substanzen zu verhindern. Beim Testen von Substanzen im pharmakologisch/toxikologischen Bereich sollten diese Bestandteile berücksichtigt werden.

[Suchkriterien: Culture media amino acid composition; Culture media phenol red]

Serumzusätze

Falls die kultivierten Zellen in den weiteren Experimenten ein bestimmtes Bioprodukt wie z.B. Antikörper, Hormone u.a. sezernieren sollen, so ist man darauf bedacht, dem Kulturmedium möglichst keine weiteren Zusätze zuzugeben, die später in irgendeiner Form die Reinigung und Abtrennung des sezernierten Stoffes erschweren oder sogar unmöglich gestalten. Andererseits sind aber die käuflich zu erwerbenden Kulturmedien so weit von den natürlichen Bedingungen des extrazellulären Milieus entfernt, dass man häufig ohne Zusatzstoffe wie Serum nicht auskommt. Die Zugabe von Serum zum Basismedium kann mehrere Dinge bewirken. Manche Zellen vermehren sich überhaupt erst nach Zugabe von Serum. Dabei wird die Proliferation von mehreren Faktoren ausgelöst. Häufig lassen sich Hormone nicht in reinem Kulturmedium, sondern erst nach Serumzugabe lösen. Deshalb wird die Bioverfügbarkeit von Hormonen häufig auch erst in serumhaltigem Medium möglich. Immer wieder ist die Pufferkapazität des Mediums unzulänglich und wird erst durch Zugabe von Serum entscheidend verbessert. Weiterhin kann die Ernährungssituation der Zellen verbessert werden, da Proteine wie Albumin und Immunglobuline durch Phagozytose aufgenommen werden können. Die Zugabe von Serum bewirkt schließlich eine prinzipielle Verbesserung des onkotischen Druckes.

Serum selbst ist eine komplexe und sehr heterogene Mischung aus Proteinen, Hormonen, Wachstumsfaktoren, Elektrolyten und anderen nicht näher definierten Komponenten. Insgesamt sollen mehr als 5000 verschiedene Komponenten enthalten sein. Je nach Serumcharge kann sich die Konzentration einzelner Serumbestandteile verändern. Da durch Serumgabe viele Faktoren in unterschiedlicher Konzentration und sogar ganz unbekannte Substanzen ins Kulturmedium eingebracht werden, kann deshalb auch nicht von einem klar definierten Kulturmedium gesprochen werden. Hinzu kommt, dass die Seren aus verschiedenen Tierarten, unterschiedlichen Herden, verschiedenen Rassen und aus ganz verschiedenen Ländern stammen.

Unterschieden werden muss z.B. beim Kälberserum, ob es von fetalen, neugeborenen oder bis zu 8 Monate alten Kälbern stammt. Fetales Kälberserum (FCS, Fetal calf serum) wird durch Herzpunktion aus Rinderfeten gewonnen und ist nur durch spezielle Abfrage zu erhalten. Daneben gibt es Pferdeserum, welches aus nicht näher definierten Pferdeherden abstammt. Dabei ist unklar, wie alt die jeweiligen Tiere sind. Affenserum wird meist von Grünen Meerkatzen gewonnen. Lammserum stammt von Lämmern, die maximal 6 Monate alt sein sollten. Hühnerserum stammt von geschlachteten Jungtieren. Humanserum wird von erwachsenen Menschen gewonnen. Für die Auswahl des Serums gilt, dass je nach Zellart herausgefunden werden muss, welches Serum für den entsprechenden Versuch besonders geeignet ist. Es gibt eine gute Wahrscheinlichkeit für das Gelingen eines Versuches mit kritischen Zellen, wenn Kälberserum von neugeborenen Tieren verwendet wird. Keine konkrete Vorhersagen gibt es für die anderen Serumarten. Aus diesem Grund bieten viele Firmen verschiedene Serumchargen zum Ausprobieren an.

Seren werden meist in gefrorenem Zustand geliefert und gelagert. Das Auftauen von Serum sollte am besten langsam im Kühlschrank vonstatten gehen. Wenn das Serum aufgetaut ist, sollte man es nicht schütteln, sondern langsam hin und her wiegen, um Proteindenaturation zu vermeiden und die entstandenen Phasen in der Flasche behutsam mischen. Für den laufenden Versuch wird die benötigte Menge an Serum entnommen. Der Rest sollte aliquotiert werden, da mehrmaliges Auftauen und Einfrieren der biologischen Aktivität des Serum ungemein schadet. Entsprechend der jeweils benötigten Mengen wird das Serum in Gefäße pipettiert und sofort wieder eingefroren. Die Aliquotierung hat den Vorteil, dass z.B. zu 100 ml Kulturmedium das entsprechend portionierte Serum ohne weitere Pipetierschritte einfach durch Hinzuschütten beigemischt wird. Diese Technik spart Zeit, Kosten, unnötiges Pipetieren und vermeidet das mehrmalige Auftauen empfindlicher Substanzen.

Häufig wird Serum dem Kulturmedium beigefügt, ohne dass es wirklich notwendig wäre. Werden rein zellbiologische Experimente mit kultivierten Zellen durchgeführt, so spielt es meist keine Rolle, ob mit Kälber-, Affen- oder Humanserum gearbeitet wird. Sollen die Kulturen jedoch für zelltherapeutische Zwecke am Menschen verwendet werden, so muss die Problematik von rinderserumhaltigen Kulturmedien und damit von möglichen BSE- Infektionen (Bovine spongiforme encephalopathy) im europäischen Raum bedacht werden. Argumente, dass das Serum von Tieren außerhalb von Europa stammt, zählen nicht, da es dort BSE- verwandte Erkrankungen wie die Mad cow desease bei Paarhufern gibt. Gleiches Infektionsrisiko wie beim Serum gilt für den Rinderhypophysenextrakt, der häufig Kulturmedien beigegeben wird.

Wichtige Gründe für eine serumfreie Zellkultivierung sind darin zu sehen, dass neben einer möglichen Infektion mit BSE oder anderen noch unbekannten Erregern häufig qualitative und quantitative Schwankungen der Seruminhaltsstoffe vorkommen. Deshalb empfiehlt es sich, bei großen Versuchsserien auch eine entsprechend große und homogene Charge an Serum bereit zu halten, damit nicht innerhalb des laufenden Versuchs von einer Charge auf die andere übergegangen werden muss. Nicht zu unterschätzen ist die Gefahr der mikrobiellen Kontamination, die mit Serumchargen in ein Kulturmedium und damit in die Kultur eingebracht werden kann. Es sollte in jedem Fall darauf geachtet werden, dass die Medien mit Serumzusatz besonders sorgfältig steril filtriert werden.

[Suchkriterien: Culture medium serum addition; Culture medium fetal calf serum]

Serumfreie Kulturmedien

Ein Grund, um eventuell auf serumfreie Medien umzusteigen, kann eine Frage der Wirtschaftlichkeit sein. Gerade bei Großserien werden Versuche mit serumhaltigem Kulturmedium teuer. Hier ist genau abzuwägen, ob nicht die Umstellung auf ein serumfreies Medium das Mittel der Wahl darstellt. Die Umstellung auf ein serumfreies Kulturmedium gestaltet sich häufig aber auch als schwierig. Die Zellen reagieren empfindlich auf eine abrupte Veränderung des extrazellulären Milieus beim Wechsel von einem serumhaltigem zu einem serumfreien Medium.

Die Kulturen wachsen besonders gut, wenn die Umstellung auf ein serumfreies Medium nicht abrupt, sondern innerhalb einer Adaptationsphase erfolgt. Diese sukzessive Umstellung kann so geschehen, dass mit jedem vollständigen Mediumwechsel in kleinen Schritten auch die Serumkonzentration reduziert wird. Eine andere Möglichkeit besteht darin, dass nur ein kleiner Teil des ursprünglichen Mediums, z.B. 20% entfernt und anschließend mit serumfreien Medium wieder aufgefüllt wird. Beim nächsten fälligen Mediumwechsel wird genauso vorgegangen. So kann man sich behutsam mit dem Serumgehalt herausschleichen.

Serumfreie Kulturmedien sind dadurch charakterisiert, dass jede zugegebene Substanz in ihrer Zusammensetzung und Konzentration bekannt ist. Manchmal kommt man mit einem Basismedium allein nicht zurecht. Statt Serumzugabe könnte dann die Zugabe von Albumin oder Transferrin helfen. Aber auch hier sollte man bei therapeutischen Vorhaben wegen einer möglichen BSE-Infizierung Produkte aus Rinderserumchargen meiden.

Die Anwendung von serumfreien Medien (SFM) ermöglicht die Durchführung von Kulturvorhaben unter definierten Bedingungen. Einschränkend muss aber angeführt werden, dass bei serumfreien Medien zwar kein Serum zugegeben wird, dafür aber grössere Mengen an Protein wie Albumin enthalten sein können. Proteinfreie Medien enthalten keine Proteine, dennoch können Proteinhydrolysate wie Peptide oder Hypophysenextrakt vorhanden sein. Chemisch definierte Medien enthalten keinerlei Serum, Proteine, Hydrolysate oder Komponenten unbekannter Zusammensetzung.

In diesem Fall sind alle Komponenten bekannt. Bei speziellen Arbeiten kann dann auf die Zugabe von Hormonen, Wachstumsfaktoren oder Zytokinen nicht verzichtet werden.

Während bei der Zugabe von Serum zum Kulturmedium gleichzeitig eine Vielzahl von Hormonen zugeführt werden, müssen bei einem klar definierten und damit serumfreien Medium je nach Zelltyp notwendige Substanzen zugegeben werden. Dabei handelt es sich je nach Zelltyp möglicherweise um: Prolactin (0.01 - 10 µg/ml), Wachstumshormon (0.1 - 10 µg/ml), Thyroid stimulating hormone (0 1 - 10 µg/ml), Luteinizing hormone (0.1 - 10 µg/ml), Somatostatin (0.1 -100 µg/ml), 3,3′,5 – Triiodothyronine (1×10^{-12} - 1×10^{-7} M), 17 ß- Estradiol (1×10^{-11} - 1×10^{-7} M), Prostaglandin E (1-50 ng/ml), Gastrin (1 -150 ng/ml), 7 S Nerve growth factor (0.1 - 50 ng/ml), Epidermal growth factor (5 ng/ml), Fibroblast growth factor (1 -100 µg/ml), Endothelial cell growth factor (1 -100 µg/ml), Platelet derived growth factor (0.01 - 1 µg/ml), Interleukin II (1-100 U), Transferrin (5 - 50 µg/ml), Glycyl-histidyl-lysine (0.01 - 5 µg/ml), Insulin (5 µg/ml), Hydrocortison (1×10^{-6} M), Phosphoethanolamin (1×10^{-4} M) und Ethanolamin (1×10^{-4} M).

Die Gruppe der wachstumsstimulierenden Zusätze umfasst neben den Hormonen, Wachstumsfaktoren und Zytokinen Spurenelemente sowie Vitamine. Einige Substanzen sind essentielle Bestandteile von serumfreien, serumreduzierten und definierten Medien. Manche Faktoren unterstützen das Wachstum nur von manchen Zelltypen. Optimale Bedingungen und Konzentrationen von wachstumsfördernden Substanzen müssen deshalb häufig erst experimentell ermittelt werden.

[Suchkriterien: Serum free culture conditions; Growth factors culture media]

pH im Medium

Die Aufrechterhaltung des Säure - Basen - Gleichgewichtes erfolgt normalerweise mit Natriumhydrogenkarbonat, das sowohl als Puffersubstanz wie auch als essentieller Nahrungsbestandteil dient. Eine Erhöhung des CO_2-Gehaltes hat eine Erniedrigung des pH - Wertes zur Folge, was wiederum durch einen erhöhten Gehalt an Natriumhydrogenkarbonat neutralisiert wird. Schließlich wird ein Gleichgewicht bei einem physiologischen pH zwischen 7.2 und 7.4 angestrebt.

Das Natriumhydrogenkarbonat - Puffersystem im Kulturmedium besteht aus:

Na HCO$_3$ und CO$_2$

Na HCO$_3$ dissoziiert: $\quad$ Na HCO$_3$ + H$_2$O $\quad \Leftrightarrow \quad$ Na$^+$ + HCO$_3^-$ + H$_2$O

$\quad\quad\quad\quad\quad\quad\quad\quad\quad\quad$ Na$^+$ + H$_2$CO$_3$ + OH$^-$ $\Leftrightarrow$ Na$^+$ + H$_2$O + CO$_2$ + OH$^-$

Diese Reaktion ist abhängig vom CO$_2$-Partialdruck in der Atmosphäre. Bei niedrigem CO$_2$-Partialdruck wird das Reaktionsgleichgewicht auf der rechten Seite liegen, d.h. das Medium enthält viel OH$^-$ und ist demnach basisch. Um dem vorzubeugen, wird im Kulturschrank je nach Bedarf mit CO$_2$ begast.

Die Pufferwirkung des Systems beruht auf den folgenden Reaktionen:

Eine H$^+$-Zunahme bewirkt: $\quad$ H$^+$ + HCO$_3^-$ $\quad \Leftrightarrow \quad$ H$_2$CO$_3$ $\quad \Leftrightarrow \quad$ CO$_2$ + H$_2$O

Eine OH$^-$ - Zunahme bewirkt: $\quad$ OH$^-$ + H$_2$CO$_3$ $\quad \Leftrightarrow \quad$ HCO$_3^-$ + H$_2$O

Flüssigmedien, die in einem CO$_2$-Inkubator verwendet werden, werden deshalb meist über die Zugabe von Natriumbikarbonat und das über ein Steuerventil portionierte CO$_2$ in einem definierten pH Bereich gehalten. Werden diese Medien für längere Zeit in Kulturschalen unter einer sterilen Werkbank belassen, so kommt es zu einer pH Verschiebung in den alkalischen Bereich und damit zu einer violetten Verfärbung. Das kommt daher, weil in der Raumatmosphäre nur ca. 0.3% CO$_2$ vorhanden sind, während im Inkubator häufig mit 5% CO$_2$ begast wird. Müssen Medien unter Raumatmosphäre benutzt werden, so wird HEPES, Buffer All oder ein anderer biologischer Puffer zur Stabilisierung des pH verwendet. Zusätzlich gibt es Kulturmedien wie z.B. Leibowitz L15, welche zum Arbeiten unter atmosphärischer Luft mit einem Phosphatpuffersystem ausgestattet sind.

[Suchkriterien: Culture medium pH buffer bicarbonate; Sodiumbicarbonate]

Antibiotika

Antibiotika sind wichtige Hilfsmittel in der Zellkulturtechnologie, doch sollten sie sparsam eingesetzt werden. Einerseits können sie die Zellen schädigen und andererseits kann durch die Verwendung von Antibiotika eine Kontamination unentdeckt bleiben. Es werden einerseits Einzelsubstanzen wie z.B. Penicillin G oder Streptomycin angeboten, andererseits kann man auf ganze Antibiotikacocktails zurückgreifen wie auf eine fertig anwendbare antibiotisch/antimykotische Lösung. Eine Empfehlung für Einzelsubstanzen kann hier nicht gegeben werden. Die meisten Antibiotika werden in gebrauchsfertiger Lösung geliefert. Auch hier sollte je nach Mengenbedürfnis eine entsprechende Aliquotierung durchgeführt werden. Wegen möglicher zytotoxischer Einflüsse sollte allgemeiner Arbeitsstandard sein, dass beim Experimentieren mit Zellen generell auf die Zugabe von Antibiotika verzichtet wird. Bei Primärkulturen, bei denen durch die Präparation am Organismus kein hundertprozentiges steriles Umfeld gewährleistet ist, kann auf Antibiotika nicht verzichtet werden.

Wenn eine unersetzbare Kultur kontaminiert wurde, neigt man leicht dazu, die Kultur zu eliminieren. Man kann aber auch versuchen, die Kontamination unter Kontrolle zu halten. Zuerst sollte man mithilfe eines mikrobiologischen Labors überprüfen, inwieweit eine Bakterien-, Pilz- oder Hefeinfektion vorliegt. Kontaminierte Kulturen sollten von den nicht kontaminierten separiert werden. Wenn zur Eliminierung der Infektion dann vermehrt mit Antibiotika und Antimykotika gearbeitet wird, sollte man wissen, dass diese in höherer Konzentration toxisch für die kultivierten Zellen sein können. Speziell gilt dies z.B. für das Antibiotikum Tylosin und das Antimykotikum Fungizone.

[Suchkriterien: Culture medium antibiotics]

Sonstige Additive

Die Aminosäure L-Glutamin muss als essentieller Nahrungsbestandteil in allen Zellkulturmedien enthalten sein. L-Glutamin ist jedoch oberhalb von −10°C sehr unstabil, so dass bei länger gelagerten Medien schwer zu kontrollieren ist, wie viel L-Glutamin noch enthalten und wie viel schon abgebaut ist. Deshalb ist es von Vorteil, wenn beim Ansetzen von Medien direkt vor Gebrauch L-Glutamin entsprechend den Vorschriften des Herstellers zugegeben wird. Zudem gibt es neuerdings Kulturmedien, die stabilisiertes Glutamin enthalten.

Für ein serumfreies Kulturmedium werden häufig Hormone und Wachstumsfaktoren benötigt. Diese Stoffe haben die unterschiedlichsten chemischen Eigenschaften. Viele sind extrem schwer löslich und müssen deshalb über eine spezielle Vorbehandlung in Lösung gebracht werden. Bei schlecht löslichen Substanzen hilft, wenn das Additiv in einem möglichst kleinen Volumen absolutem Äthylalkohol gelöst werden kann. Danach kann die alkoholische Lösung in kleinsten Pipettierschritten dem angewärmten

Kulturmedium unter leichtem Schwenken zugegeben werden. Dabei sollte beachtet werden, dass jetzt Alkohol im Medium vorhanden ist. Aus diesem Grund sollte die eingegebene Menge an Alkohol so klein wie möglich gehalten werden. Hinzu kommt, dass viele dieser Additive z.T. nur eine kurze Bioverfügbarkeit besitzen und damit so kurz wie möglich vor Gebrauch dem Kulturmedium erst zugefügt werden sollten. Das heißt, dass diese Stoffe unter Umständen sehr schnell im Medium abgebaut werden und damit inaktiviert sind. Zudem kann es zu einer Absorption an Kulturgefäßoberflächen kommen, was ebenfalls einen Einfluss auf die Bioverfügbarkeit hat. Um genaue Informationen über die Verfügbarkeit von Additiven zu erhalten, empfiehlt es sich deshalb, das Kulturmedium einmal von einem entsprechenden Labor auf den effektiven löslichen Gehalt des jeweiligen Stoffes testen zu lassen. So kann leicht überprüft werden, ob die wirklich zur Verfügung stehende Menge an Substanz der gewünschten Konzentration entspricht.

[Suchkriterien: Culture medium additives l-glutamine]

Zellkulturen

In der Zellkulturtechnologie gibt es heute zwei ganz unterschiedliche Konzepte, Zellen zu züchten. Diese können entweder im Kulturmedium frei schwimmen (nicht adhärent) oder an einem Kulturgefässboden (adhärent) anhaften. Eine Kombination beider Methoden besteht darin, Zellen auf kleinen porösen Perlen anhaften zu lassen und sie dann durch Rührbewegungen in einer permanenten Schwimmrotation zu halten. Auf alle Fälle möchte man bei dieser Art von Kultur die Zellen auf möglichst einfache Weise vermehren, um entweder die von ihnen gebildeten Produkte oder das gebildete zelluläre Material nutzen. Nach der Vorstellung von Kulturgefäßen für den analytische Maßstab sollen verschiedene Kulturtechniken mit den dazu notwendigen Medien und Additiven vorgestellt werden. Anhand von 3 Beispielen, die mit steigendem Arbeitsaufwand verbunden sind, soll die Kultur von ganz unterschiedlichen Zellen beschrieben werden. Verwendet wird dafür eine Antiköper produzierende Zelllinie, Madin Darby canine kidney (MDCK) Zellen als Modellbeispiel für eine Epithelzelllinie und isolierte Herzmuskelzellen als ein Beispiel für Primärkulturen.

[Suchkriterien: Rotating cell culture system; Rotating bioreactor microgravity; Cell culture sytem; Adherent cell culture]

Hybridomas zur Produktion monoklonaler Antikörper

Antikörper sind globuläre Proteine (Immunglobuline, Ig), die von den B-Lymphozyten des Immunsystems gebildet und ausgeschieden werden. Dies geschieht als Antwort auf die Anwesenheit einer fremden Substanz, eines sogenannten Antigens. Experimentell kann diese Eigenschaft in Hybridomas induziert werden. Hybridomas können inzwischen aus dem Katalog einer Zellbank ausgewählt werden. Diese werden dann zugestellt (Abb.4). Unter Kulturbedingungen sezernieren diese Zellen einen monoklonalen Antikörper, der mit dem gewünschten Antigen reagiert. Die selbst produzierten Antikörper können z.B. für immunhistochemische oder biochemische Nachweise der Proteinerkennung genutzt werden.

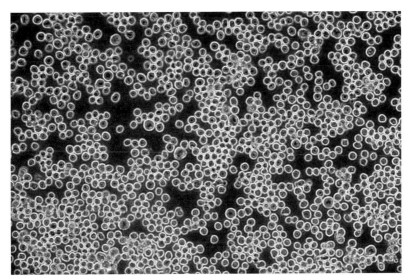

Abb. 4: Hybridomas sind runde, nicht polarisierte Zellen, die Antikörper produzieren und auf dem Boden von Kulturgefäßen liegend wachsen, ohne sich dabei fest anzuheften.

Die Hybridomazellen werden entweder in gefrorenen Zustand oder als wachsende Zellpopulation in einem Gefäß zugesandt. Zur Kultur werden meistens folgende Medien verwendet: DMEM; FCS 10%; Na-Pyruvat 1%; L-Glutamin 1% oder RPMI 1640; Mercaptoäthanol 3 µl auf 500 ml; FCS 10%; Gentamycin 1%; Amphotericin 0.5%.

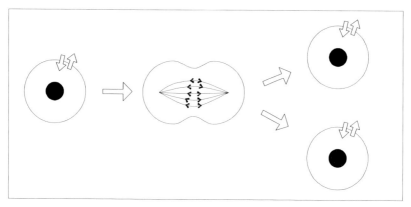

Abb. 5: Producer-Zelllinie; Eine Hybridomazelle sezerniert einen monoklonalen Antikörper ins Kulturmedium. Bei der Teilung entstehen daraus 2 identische Tochterzellen, die wiederum Antikörper produzieren.

Ziel dieser Kulturarbeiten ist, in möglichst kurzer Zeit möglichst viele Hybridomazellen zu erhalten, die eine möglichst große Menge an Antikörpern produzieren. Dazu werden die Hybridomazellen in einer 24- well Kulturplatte mit 1 ml Kulturmedium pro Vertiefung so lange vermehrt, bis die Zellen den Schalenboden komplett bedecken und damit die Zelldichte so groß ist, dass sie in kleine Kulturflaschen überführt werden können (Abb. 4). Optimal adaptierte Zellen wachsen dabei wie von selbst. Gut wachsende Klone können beim erneuten Aussäen auf bis zu 20% verdünnt werden. Von kleinen Kulturflaschen können die Zellen Schritt für Schritt dann in beliebig grosse Flaschen überführt werden. In diesem Stadium werden die Zellen zur Antikörperproduktion gehalten. In jedem Fall steht bei diesen Versuchen allein die Vermehrung von spezieller Biomaterie im Vordergrund. Verständlicherweise sollen dazu die Producer-Zellen so einfach wie möglich zu vermehren sein. Diese Kulturen haben den großen Vorteil, dass nach Produktionsaufnahme eines bestimmten Stoffes die Produktionszeit und damit die Produktmenge beliebig eingestellt werden können, da sich bei optimalen Wachstumsbedingungen die Hybridomazelle teilt und sich daraus 2 identische, produzierende Tochterzellen entwickeln (Abb. 5).

[Suchkriterien: Hybridoma cells antibody production; Antibody engineering]

Kontinuierliche Zelllinien als biomedizinisches Modell

Bei Zelllinien unterscheidet man generell zwei Kategorien, nämlich die "primären" und die "kontinuierlichen" Zelllinien. Die Züchtung frisch isolierter Zellen eines Organs oder Gewebes in vitro wird als Primärkultur bezeichnet, wie dies anhand der Kultur von Herzzellen später noch gezeigt wird. Wenn solche Zellen ungestört wachsen und sich teilen, können bzw. müssen sie nach einiger Zeit auf neue Kulturgefäße verteilt werden. Dies geschieht meist, wenn sie den Kulturschalenboden vollständig bewachsen haben, d.h. einen konfluenten Monolayer gebildet haben. Dabei werden die Zellen aus ihrer vollgewachsenen Kulturschale herausgelöst, portioniert, und in Teilmengen auf neue Schalen oder Flaschen verteilt. Wird die Subkultivation nicht durchgeführt, so sterben die Zellen nach einiger Zeit ab. Vom Zeitpunkt dieser ersten Subkultivation an spricht man von einer primären Zelllinie. Kann eine Zelllinie mehr als 70 mal nach der Primärisolation ohne Einschränkung subkultiviert werden, so geht sie per Definition in eine kontinuierliche Zelllinie über. Während der Kultivation über längere Zeit bleiben die Eigenschaften der Zellen nicht konstant. Es können typische Zelleigenschaften verloren gehen, aber auch atypische Charakteristika erworben werden.

Ein gutes Beispiel für eine kontinuierliche Zelllinie sind die MDCK – Zellen (Abb. 6). Die MDCK Zelllinie stammt aus der Niere einer Cockerspanielhündin und wurde 1958 von Madin und Darbin in Kultur genommen. Die 49. Subkultur wurde der American Type Culture Collection (ATTC) übergeben. Heute ist diese Linie in unterschiedlichen Subkulturstadien im Handel erhältlich. Es gibt mittlerweile zwei Stämme (strain I and II) mit verschiedenen morphologischen und physiologischen Eigenschaften. Von jedem Stamm existieren zusätzlich mehrere Klone mit jeweils wiederum ganz unterschiedlichen Eigenschaften. Die Zellen werden in gefrorenem Zustand gelagert und vertrieben. Die MDCK Zellen enthalten Mischcharakteristika und können deshalb keinem eindeutigen Nierentubulussegment zugeordnet werden. Meistens unterscheiden sich die Zellen der kontinuierlichen Linie von denen der primären Linie durch eine veränderte Chromosomenzahl. Wie viele anderen Zelllinien bilden die MDCK Zellen in Kultur ein Epithel, allerdings keine für diese Gewebe typische Basalmembran. Stattdessen sezernieren die Zellen Basalmembrankomponenten wie Fibronektin und Kollagen Typ IV in löslicher Form ins Kulturmedium. Offensichtlich ist die Fähigkeit verloren gegangen, die Proteine am basalen Aspekt des Epithels in eine unlösliche Form zu bringen und hier dreidimensional zu einer funktionellen Basalmembran zu vernetzen.

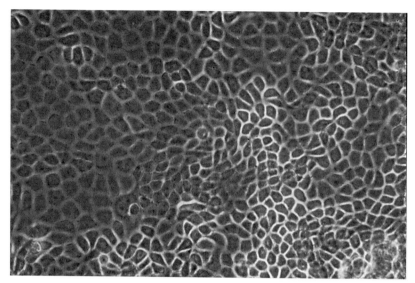

Abb. 6: MDCK Zellen bilden nach dem Anheften ein polar differenziertes Epithel auf dem Boden einer Kulturschale. Extrazelluläre Matrixproteine werden dabei ins Kulturmedium sezerniert, ohne dass eine eigene Basalmembran aufgebaut wird.

Je nach Kulturgefäß und angebotener Wachstumsunterlage zeigen die Zellen ganz unterschiedliche Eigenschaften. In Kulturgefäßen aus Polystyrol wachsen sie als planer Monolayer, das heißt als einschichtige Zellschicht (Abb. 7.2). Spontan oder nach Hormonapplikation bilden die Zellen Hemicysten, sogenannte Domes und Blister aus. Sie haften reversibel am Schalenboden an und können zur Subkultivierung mittels Trypsin und EDTA abgelöst werden. Auf speziellen Filtersystemen entwickeln sich die MDCK-Zellen zu einem stärker polarisierten Epithel mit physiologischen Transporteigenschaften (Abb. 7.2). Obwohl die MDCK Zellen sich sonst in ihrer Proliferation wie Tumorzellen verhalten, sind sie in diesem differenzierten Zustand nur noch begrenzt lebensfähig und eine Subkultur ist dann oft nicht mehr möglich.

Die Stammkulturen werden deshalb nicht in Filtereinsätzen, sondern immer in Plastikgefäßen gezüchtet. Je nach Untersuchungsbedingungen werden die Zellen aus diesen Stammkulturen entnommen und entsprechend weiter kultiviert. Häufig verwendet man MDCK Zellen als Wirtsorganismus für die Virusvermehrung oder als Epithelzellmodell zur Untersuchung der molekularen Mechanismen von Transportvorgängen.

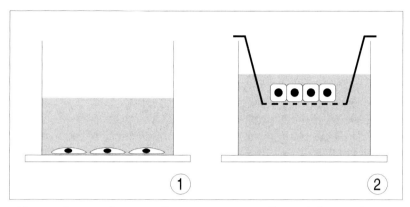

Abb. 7: Schematische Darstellung von MDCK Zellen auf dem Boden einer Kulturschale als flacher Monolayer (1) und in einem Filtereinsatz, der polare Differenzierung unterstützt (2).

Bei der Kultur von MDCK Zellen in einer Petrischale sind die luminale und basale Seite mit dem gleichen Medium in Kontakt. Bei polarisierten Epithelzellen in unserem Organismus ist das nicht der Fall, da hier luminal und basal immer ganz unterschiedliche Milieubedingungen herrschen. Deshalb entwickelt sich in der Kulturschale durch die gleichen Bedingungen auf der luminalen und basalen Seite häufig ein biologischer Kurzschluss, der sich differenzierungshemmend auf die Kulturen auswirken kann. Haben die Zellen zu einem späteren Zeitpunkt dann physiologische Abdichtungen wie Tight junctions ausgebildet, so bedeutet dies, dass die dem Schalenboden zuweisenden lateralen und basalen Kompartimente der Epithelzellen vom Kulturmedium nur noch unvollständig erreicht werden. Auch dies wirkt sich differenzierungshemmend aus. Aus diesem Grund wurden schon in den 70er Jahren Filtereinsätze für die Kultur von Epithelzellen entwickelt. Dabei handelt es sich um einen Hohlzylinder, der auf einer Seite mit einem Filtermaterial verklebt ist (Abb. 7.2). Der Filtereinsatz wird in eine Kulturschale eingelegt. Die Zellen werden in das Lumen des Hohlzylinders einpipettiert und können jetzt auf einem Filter wachsen, der die Bedingungen einer Basalmembran simuliert. Luminal und basal können jetzt auch ganz unterschiedliche Medien zur weiteren Aufzucht verwendet werden. Da die luminalen und basalen Kompartimente kleine Volumina aufweisen, findet leider sehr schnell ein Flüssigkeitsaustausch zwischen unten und oben statt. Jedenfalls kann auf diese Weise über längere Zeiträume kein kontinuierlicher Gradient aufrechterhalten werden.

Im folgenden ist eine Beispielanleitung für die Kultur von MDCK Zellen gezeigt. Dafür werden folgende Medien benötigt:

Einfriermedium: fetales Kalbsserum (FCS) 80%
                 DMSO   20%

Kulturmedium für Stammkulturen in Plastikgefäßen
        EMEM mit 0.85 g/l Bikarbonat   93%
        FCS   5%
        L-Glutamin 200 mM in PBS   1%
        Penicillin/Steptomycin   1%

Medium für die Epithelkultur auf Filtern
        EMEM mit 0.85 g/l Bicarbonat   89%
        FCS   10%
        L-Glutamin 200 mM in PBS   1%
        Penicillin/Steptomycin   1%

Wenn die MDCK Zellen sich in Kultur befinden, vermehren sie sich wie Tumorzellen permanent und müssen nach dem vollständigen Überwachsen des Kulturschalenbodens abgelöst und in neuen Kulturgefäßen ausgesät werden. Wird dies nicht gemacht, so sterben sie ab. Diese Subkultivation der Stammkultur beinhaltet 2 Arbeitsschritte:

1. Vorbereitung: Trypsin 0.05% / EDTA 0.02% in PBS ohne Ca/Mg; 10 ml pro 750 ml Kulturflasche, wird auf 37°C vorgewärmt. Benötigt wird eine 10 ml Spritze mit Sterilfiltervorsatz, 50 ml Becherglas als Ständer, ein Becherglas für Mediumabfall, PBS ohne Ca/Mg, steril, Kulturmedium, steril und vorgewärmt, Kulturflaschen 75 cm^2 und 10 ml Pipetten, steril.

2. Durchführung: Altes Medium vollständig aus der Kulturflasche absaugen. 2 x mit je 10 ml PBS spülen, d.h. PBS aus der Pipette über die Zellen fließen lassen und wieder abziehen. 5 ml Trypsin/EDTA/PBS durch die Spritze mit Sterilfilteraufsatz in die Flasche geben. Den Flaschendeckel locker aufsetzen und 15 Minuten bei Raumtemperatur inkubieren, abgießen, nochmals 1 ml Trypsin/EDTA/PBS zugeben und 15 Minuten im Kulturschrank bei 37°C inkubieren. Die Zellen sollten sich ablösen. Dazu erfolgt die Kontrolle unter dem Mikroskop. Eventuell noch anhaftende Zellen werden durch leichtes Anklopfen der Flasche in Lösung gebracht. 9 ml Kulturmedium zugeben, dann die Zelldichte der Zellen in der Zählkammer bestimmen. Die Zellsuspension wird so verdünnt, dass die Zelldichte 1×10^4 Zellen/cm^2 beträgt.

Das bedeutet bei 75 cm^2-Kulturflaschen etwa 1x10^6 Zellen/ml. In das neue Kulturgefäß wird etwa 20 ml Medium einpipettiert. 1 ml der Zellsuspension wird zugegeben. Die übriggebliebenen Zellen werden entweder eingefroren oder verworfen. Nach 3 - 4 Tagen ist der Schalenboden wieder zugewachsen. Dann müssen die Zellen wieder neu subkultiviert werden.

[Suchkriterien: Continous cell lines; MDCK CHO]

Kultivierung von Herzmuskelzellen

Als Primärkultur bezeichnet man Zellen, die aus einem Organ bzw. Gewebe isoliert und unmittelbar danach in Kultur genommen werden. Bei der Herstellung von Zellkulturen kommt es zunächst darauf an, einzelne Zellen aus dem Organ- bzw. Gewebeverband herauszulösen. Dies geschieht durch mechanische und enzymatische Behandlung der Gewebe, sowie durch spezielle Kultur- und Wachstumsbedingungen. Um die Zellen aus ihrem Gewebeverband herauszulösen, wird die extrazelluläre Matrix mit speziellen Enzymen wie Collagenase, Trypsin, Dispase oder Hyaluronidase abgebaut werden. Durch Gradientenzentrifugation oder Siebtechniken können danach bestimmte Zellen angereichert werden. Ergänzend können die Zellen durch vorsichtiges Schütteln oder Pipetieren mechanisch durch schwache Scherkräfte voneinander getrennt werden.
Anhand einer Beispielanleitung soll das Ansetzen einer Primärkultur aus Hühnerembryonen gezeigt werden. Dazu gehört wiederum ein Vorbereitungsschritt und eine recht umfangreiche Durchführung:

1. Materialien: Vorbebrütete Eier (ca. 8 - 10 Tage alt), 2 sterile große gebogene Pinzetten, 1 sterile mittelgroße Pinzette,1 sterile kleine Pinzette, 1 sterile mittelgroße Schere, 1 sterile kleine Schere, sterile Skalpelle, sterile Pasteurpipetten, sterile Petrischalen 60 und 35 mm im Durchmesser, sterile Metalleierbecher, steriler 100 ml Erlenmeyerkolben mit Schliffstopfen, steriler kleiner Magnetrührer, sterile Zentrifugengläser, Zählkammer.
PBS, 0,25 % Trypsin in PBS, fetales Kälberserum (FCS), Minimal Earle Medium (MEM), Trypanblau.

2. Durchführung: Die Bebrütung der befruchteten Eier erfolgt bei 38.5°C und einer relativen Luftfeuchtigkeit zwischen 60 und 70% in einem speziellen Brutschrank. Die vorbebrüteten Eier werden unter die sterile Werkbank gebracht und geöffnet. Dazu werden die Eier mit dem stumpfen Ende nach oben in einen Eierbecher gestellt und mit 70%igem Äthanol sorgfältig gereinigt.

Mit einer gebogenen sterilen Pinzetten wird das Ei aufgeschlagen und eine runde Öffnung in die Eischale gebrochen, danach wird die äussere weisse Eihülle entfernt. Der Embryo ist jetzt sichtbar und wird mit den grossen gebogenen Pinzetten herausgehoben. Der Embryo wird in eine Petrischale mit 60 mm Durchmesser überführt, die eisgekühlte PBS enthält. Der Kopf wird mit einer großen Schere abgeschnitten und der Brustraum mit einer kleinen Schere oder einem Skalpell eröffnet. Das schlagende Herz wird mit einer kleinen Pinzette entnommen und in eine Petrischale mit eiskalter PBS gelegt. 10 - 15, maximal 20 Embryonen werden derart aufgearbeitet.
Wenn alle Herzen entnommen sind, werden bei jedem Herz die grossen Blutgefässe mit den Stümpfen entfernt. Danach lässt man die Herzen ausbluten und wäscht 2x mit eiskalter PBS. Die Herzen werden jetzt in einem Volumen von 1 - 1.5 ml PBS aufgenommen und mit 2 Skalpellen in möglichst kleine Stücke geschnitten. Mit sterilen Pasteurpipetten werden die Stückchen in den Erlenmeyerkolben überführt und mit 5 ml 0.25 % Trypsinlösung in PBS versetzt. Bei 37°C wird für 10 Minuten unter langsamem Rühren inkubiert. Danach wird mit einer sterilen Pasteurpipette der Trypsinüberstand entfernt und verworfen. Die im Erlenmeyerkolben verbleibenden Stückchen Herz werden wiederum mit 5 ml Trypsinlösung bei 37°C für 10 Minuten und unter schwachem Rühren inkubiert. Danach wird der Überstand mit einer sterilen Pasteurpipette abgenommen und mit 2 ml fetalem Kälberserum versetzt, um die Proteaseaktivität zu blockieren. Es erfolgt eine Zentrifugation für 5 Minuten bei 1300 rpm. Der Überstand wird verworfen. Das Sediment wird mit Nährmedium (85% MEM / 15% FCS) aufgenommen. Das Pellet wird im Nährmedium aufgewirbelt, danach wird die gewonnene Zellsuspension auf Eis gestellt. Mit den restlichen, also noch nicht verdauten Herzstückchen wird die Trypsinierung noch zweimal wiederholt. Die gewonnenen Zellsuspensionen werden jetzt vereinigt und sehr gut durchmischt. Es erfolgt eine Zellzahlbestimmung. Die Zellzahl sollte etwa bei 0.5×10^6 Zellen pro ml liegen. Bei zu hoher Zelldichte wird mit Kulturmedium entsprechend verdünnt. Das Aussäen der Zellen geschieht in Petrischalen oder in Kulturflaschen. Die Kultur erfolgt im CO_2-Inkubator. Nach einem Tag wird der erste Mediumwechsel vorgenommen. Das Füttermedium ist 90% MEM und 10 % FCS. Herzmuskelzellen beginnen nach nach wenigen Stunden auf dem Boden der Kulturschale anzuhaften und nach 48 Stunden rhythmisch zu kontrahieren. Bei entsprechendem Arbeitsstandard kann ohne Antibiotika gearbeitet werden.

Bei all diesen Dissoziations- oder Desintegrationsexperimenten, bei denen zur Zellisolierung mit Hilfe einer Protease gearbeitet wird, darf nicht vergessen werden, dass nicht nur die perizelluläre Matrix, sondern auch die Zellen selbst angegriffen werden können. So kann z.B. eine zu lang dauernde Trypsinierung einen toxischen oder sogar letalen Einfluss auf die isolierten Zellen ausüben. Dies zeigt sich in einer schlechten Vitalausbeute und fehlendem Wachstum.

Neben der enzymatischen Behandlung wird häufig mit Puffersystemen gearbeitet werden, die arm oder frei an Calcium (Ca) und Magnesium (Mg) sind. Der Calcium- und Magnesiummangel führt zu einer Aufweichung von Zellanhaftungsstellen und damit schliesslich zu einer Separierung der Zellen. Häufig wird diesen Medien der Chelatbildner EDTA zugefügt. Die Dissoziationszeiten sind bei dieser Methode bedeutend länger als bei enzymatischen Vorgängen. Unterstützend sollten das Gewebe mehrmals vorsichtig durch dünne Pasteurpipetten gesaugt werden. So können mit Hilfe von leichten Scherkräfte hervorragende Zellsuspensionen gewonnen werden.

Die vorgestellte Vorgehensweise erlaubt, unterschiedliche Zellen aus einem Gewebeverband zu isolieren, ohne die Integrität der Zellen zu zerstören. Das Protokoll ist sicherlich nicht für alle Gewebe gleich gut geeignet. Optimale Bedingungen sind für jedes Gewebe experimentell zu ermitteln. Befriedigende Ergebnisse werden erreicht, wenn beim Anwachsen der Kultur eine hohe Zellausbeute erreicht und die Lebensfähigkeit (Viabilität) grösser als 90% ist.

Da Organe und Gewebe aus ganz unterschiedlichen Zellen bestehen, stellt sich nach der Isolation von Zellen die Frage der Zellreinheit. Dabei muss geklärt werden, ob nur einziger Zelltyp mit der Präparation in Kultur genommen werden oder ob die Kultur aus mehreren Zelltypen bestehen soll. Wie diese verschiedenartigen Zellen voneinander getrennt werden können, soll hier im einzelnen nicht behandelt werden, muss aber dennoch ganz individuell und sehr kritisch gesehen werden. Das Arbeiten mit einer Zellmischung aus vielen verschiedenen Zelltypen wird dadurch kompliziert, dass später in Kultur nicht alle Zellen gleich schnell wachsen. Dadurch kann es mit der Zeit sehr leicht zum Überwachsen eines einzelnen Zelltyps kommen. Umgekehrt kann dieses Phänomen natürlich genutzt werden, um auf recht einfache Art einen schnell proliferierenden Zelltyp in kurzer Zeit, in großer Menge und in reiner Form herauswachsen zu lassen. Wenn jemand gerade an den langsam wachsenden Zellen interessiert ist, können nur noch spezielle Techniken wie z.B. ein Klonierzylinder helfen, um diesen Zelltyp in reiner Form zu erhalten.

Schließlich sollte noch darauf hingewiesen werden, dass erwachsene Herzmuskelzellen ebenso wie die neuronalen Zellen zu den postmitotischen Zellen gehören. Aus diesem Grund können die Zellen nicht gelagert oder subkultiviert werden und es können keine Zelllinien daraus entstehen. Bei pharmakologischen Versuchen müssen deshalb je nach Bedarf jedes Mal aus dem Organ von neuem Zellen isoliert und in Kultur genommen werden.

[Suchkriterien: Primary cell culture]

Gefrierkonservierung

Zellen werden kultiviert, wenn sie gebraucht werden, ansonsten kostet ihre Betreuung viel Zeit und Geld. Viele Zelltypen lassen sich problemlos einfrieren und bei Bedarf wieder auftauen. Beim Einfrieren werden die Zellen durch ein Gefrierschutzmittel vor der Bildung intrazellulärer Eiskristalle geschützt. Die Zellen können in gefrorenem Zustand über fast beliebige Zeiträume gelagert werden. In jedem Fall sollten die Zellen als Suspension vorliegen. Dazu werden die Zellen wie z.B. MDCK mit Trypsin dissoziiert und in normalem Wachstumsmedium in einer Konzentration von $2 - 4 \times 10^6$ Zellen/ml resuspendiert. Die Zellsuspension wird dann in einem Eiswasserbad heruntergekühlt. Unmittelbar danach wird steriles Glycerol oder Dimethylsulfoxid (DMSO) in einer Endkonzentration von 10 Vol% hinzugegeben. Mit einer weitlumigen Kanüle und einer sterilen Spritze wird jetzt 1 ml der Zellsuspension in eine sterile Glasampulle überführt, die sofort verschmolzen wird. Alternativ gibt es auch zahlreiche Einfriergefässe aus Plastik mit Drehverschluss. Die verschlossenen Röhrchen werden dann in eine Styroporbox gestellt. Solche Boxen werden häufig für den Flaschentransport verwendet. Die Box sollte eine Wandstärke von 5 - 10 cm besitzen. Mit dem dazu passenden Deckel wird die Box verschlossen und in eine –70°C Truhe gestellt. Man kann davon ausgehen, dass jetzt das Material um ca 1°C pro Minute heruntergekühlt wird. Nach etwa zwei Stunden werden die Röhrchen in flüssigen Stickstoff überführt und entsprechend eines klar gegliederten Protokolls in den Vorratsbehälter eingeordnet. Hier können die Zellen über viele Jahre aufbewahrt werden.

Bei Bedarf können die Zellen wieder aus ihrem Kälteschlaf geholt werden. Zum Auftauen von gefrorenen Zellen werden mit Handschuhen und bei Verwendung einer Schutzbrille die Kryoröhrchen aus den Stickstoffbehälter entnommen. Dazu werden die Kryoröhrchen sehr schnell in ein 37°C Wasserbad überführt, in dem die Probe aufgetaut und temperiert wird. Danach werden die Röhrchen mit 70% igem Alkohol gut abgewischt und geöffnet. Mit einer sterilen Pipette wird die Probe unter der sterilen Werkbank in ein entsprechendes Kulturgefäss überführt (Abb. 2). Jetzt muss Wachstumsmedium zugegeben werden, um das in der Probe enthaltene Glycerol oder Dimethylsulfoxid (DMSO) auf 1:10 zu verdünnen. Falls überhaupt kein Kryoprotektivum mehr in der Probe enthalten sein soll, müssen die Zellen bei 800 rpm für 5 Minuten zentrifugiert werden. Der Überstand wird abgenommen und durch neues temperiertes Wachstumsmedium ersetzt. Die Zellen werden im CO_2- Begasungsschrank bei 37°C für 24 Stunden gehalten. Danach sollte das Medium erneuert werden.

[Suchkriterien: Cell cryoconservation freezing media]

Arbeitsaufwand bei Zellkulturarbeiten

Die angeführten Beispiele zeigen, dass es nicht eine, sondern verschiedenste Arten der Zellkultur gibt (Abb. 4, 6). Bei der einfachsten Art vermehrt man nicht-adhärente Zellen in einem Kulturmedium allein durch Pipettierschritte (Abb. 4). Aufwendiger werden die Arbeiten, wenn es sich um adhärente Zellen von Zelllinien handelt, da diese vor den Pipetierschritten von der Wachstumsunterlage abgelöst, vereinzelt und gezählt werden müssen (Abb. 6). Der grösste Arbeitsaufwand findet sich bei Primärkulturen wie bei der Isolierung von Herzmuskelzellen (Cardiomyozyten), die in mehreren Arbeitsschritten aus einem Tier bzw. Organ isoliert und dann in Kultur bebracht werden. Experimentelle Erfahrungen zeigen, dass die tägliche Überwachung eines Hybridomastammes nur etwa 30 Minuten benötigt, während bei adhärenten Zelllinien 1.5 Stunden und bei der Gewinnung von Primärkulturen mit etwa 4 Stunden gerechnet werden muss (Abb. 8). Der unterschiedliche Arbeitsaufwand der Gewinnung wurde schon bei den einzelnen Zellkulturbeispielen geschildert. Dabei muss konsequent nach einem vorgegebenen Arbeitsprotokoll vorgegangen werden. Aus diesem Grund können die Arbeitsprozesse nicht beschleunigt werden.

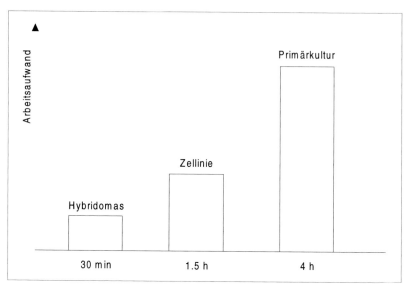

Abb. 8: Hybridomas, Zelllinien und Primärkulturen benötigen bei der Isolierung und Subkultivation ganz unterschiedliche Material- und Zeitaufwendungen.

[Suchkriterien: Cell isolation primary cell culture]

Gewebe und Organe in Kultur

Kulturen mit tierischen und menschlichen Zellen sind heute zu unverzichtbaren Werkzeugen in der biomedizinischen Forschung und Therapie geworden. Meistens denkt man dabei an Zellen, die sich schnell vermehren und dabei einen monoklonalen Antikörper oder ein rekombinantes Protein bilden. In den meisten Fällen wachsen die kultivierten Zellen von ihren Nachbarn isoliert auf dem Boden eines Kulturgefäß. Dabei zeigen sie keine oder nur wenig Eigenschaften von Gewebestrukturen.
Gewebe dagegen bestehen aus sozial organisierten Zellverbänden. Anstatt Zellen so schnell wie möglich zu vermehren, werden deshalb bei Gewebekulturen Explantate in einem möglichst typischen Zustand so lange wie möglich unter in vitro Bedingungen gehalten. Dies erscheint sehr einfach, aber aus unterschiedlichsten Gründen ist es bis heute nicht gelungen, Gewebekulturen in optimaler Form durchzuführen. Seit Jahrzehnten wird diskutiert, ob Gewebekultur echtes Weiterleben von Gewebe zeigt oder lediglich einen verzögerten Zelltod darstellt. Häufig wird in diesen Bereich auch die Organkultur mit einbezogen. Ziel der Organkultur ist nicht die Aufrechterhaltung einer Gewebestruktur, sondern embryonal vorliegendes Gewebe unter in-vitro Bedingungen in eine normale Entwicklung zu führen, wie sie entwicklungsphysiologisch in einem Organismus zu beobachten ist. Das heutige Tissue engineering nimmt in diesem Zusammenhang eine Mittlerstellung ein, da es sowohl Aspekte der Zell- und Gewebekultur wie auch der Organkultur beinhaltet.

[Suchkriterien: Tissue culture; Organ culture]

Gewebearten

Gewebe können aus gleichartigen oder auch aus recht unterschiedlichen Zellen bestehen. Besonderes Merkmal ist, dass in den einzelnen Geweben benachbarte Zellen klar definierte, teils sehr enge, teils auch lockere soziale Kontakte zur Aufrechterhaltung spezifischer Funktionen ausbilden. Im menschlichen Organismus finden sich 4 Grundgewebearten (Abb. 9 – 12). Dazu gehören:

Epithelgewebe

Die Epithelien bestehen aus geometrischen, räumlich besonders eng verbundenen Zellen, die auf einer flächenhaften Basalmembran verankert sind (Abb. 9). Zwischen den Epithelzellen wird kaum Interzellularsubstanz gefunden.

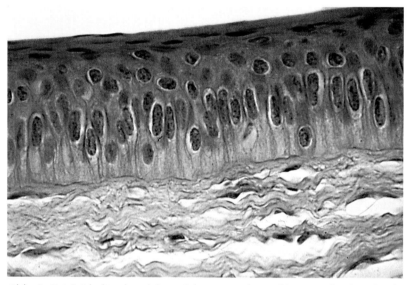

Abb. 9: Bei Epithelien handelt es sich um eng benachbarte Zellverbände, die polar differenziert sind und eine funktionelle Barriere zwischen der luminalen und basalen Epithelseite aufgebaut haben. Damit kontrollieren die Epithelien, was durch die Barriere gelangen soll. Dargestellt ist ein mehrschichtiges, unverhorntes Epithel, wie es z.B. in der Mundschleimhaut gefunden wird.

Bindegewebe

Dieses Gewebe besteht aus vielgestaltigen Zellen, die teils in isolierter Form (Knochen) vorkommen, teils sich zu Zellfamilien (Knorpel) zusammengelagert haben (Abb. 10). Zwischen den Zellen befinden sich unterschiedlich große Räume, die mit mechanisch belastbarer Interzellularsubstanz ausgefüllt sein können.

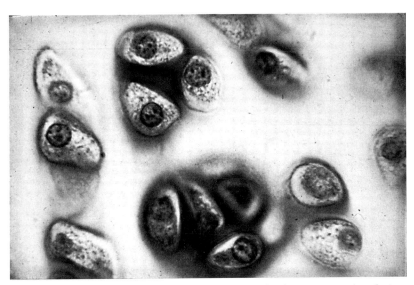

Abb. 10: In vielen Bindegeweben wie z.B. im hyalinen Knorpel auf einer Gelenkoberfläche ist eine diskrete Distanz zu benachbarten Zellfamilien festzustellen. In den Zellzwischenräumen wird mechanisch belastbare extrazelluläre Matrix ausgebildet.

Muskelgewebe

In diesem Gewebe sind kontraktionsfähige Zellen enthalten, mit denen eine Bewegung und Spannungsentwicklung von skeletalen Elementen oder im Herz ermöglicht wird (Abb. 11). Unterschieden werden glatte Muskelzellen in Gefäßen, Magen- bzw. Darmtrakt, Herz- und Skelettmuskulatur.

Nervengewebe

Dieses Gewebe ist ein speziell ausgebildetes Epithelgewebe, welches aus Nervenzellen (Neurone) und Neuroglia (spezielle neuronale Bindegewebezellen) besteht und einen Austausch vielfältiger Informationen innerhalb eines Organismus und zwischen verschiedenen Geweben ermöglicht (Abb. 12). Dabei bilden die Neurone über eine Vielzahl an Zellausläufern (Dendriten und Axone) ein Informations- und Schaltnetz aus.

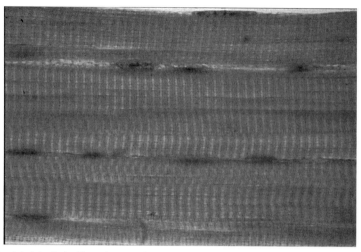

Abb. 11: Muskelzellen dienen der Kontraktion und sind in diesem Fall u.a. an ihrer Querstreifung erkennbar. Dargestellt ist Skelettmuskulatur. Um die Kontraktion der Muskelfaser nicht zu beeinträchtigen, liegen die Kerne in der Peripherie der Muskelfaser.

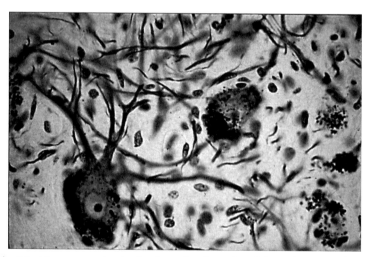

Abb. 12: Nervengewebe ist in den einzelnen Bereichen des zentralen und peripheren Nervensystems ganz unterschiedlich aufgebaut. Zentrale Schaltelemente sind dabei die Neurone. Dargestellt ist eine multipolare Nervenzelle mit zahlreichen Dendriten und einem Axon.

Aus verständlichen Gründen soll in diesem Zusammenhang nicht der gesamte Komplex der recht umfangreichen Gewebelehre rekapituliert werden. Dazu sei auf die entsprechenden Lehrbücher verwiesen. Vielmehr soll darüber informiert werden, dass in den verschiedenen Geweben räumlich engere oder weitere Beziehungen zu den Nachbarzellen bestehen und dass in den jeweiligen Interzellularräumen unterschiedliche Arten und Mengen an extrazellulärer Matrix und interstitieller Flüssigkeit vorgefunden werden. Zudem ist die Geometrie der Interzellularräume ganz unterschiedlich gestaltet und erfüllt damit spezifische Aufgaben. Bei den Epithelien z.B. finden sich an den lateralen Zellgrenzen vorwiegend enge, flüssigkeitsgefüllte Räume, während bei den Binde- und Stützgeweben große Mengen an mechanisch belastbarer Interzellularsubstanz eingebaut sein können. Da häufig relativ dicke Gewebeschichten aus mehreren Zelllagen versorgt werden müssen, stellen die Interzellularräume wichtige Transportwege für die Ernährung und die Entfernung von Stoffwechselmetaboliten der Zellen dar. Epithelien und Knorpel enthalten keine eigenen Blutgefäße, während alle anderen Gewebe eine reiche Vaskularisierung aufweisen.

Typischerweise findet man in den Geweben zusätzlich Leukozyten, Plasmazellen und Makrophagen, die auf Abbauprodukte der Zellen, Antigene oder bakteriellen Befall reagieren und somit im Dienst der immunologischen Abwehr stehen. Diese kurze Übersicht zeigt, dass die Gewebe zwar aus einzelnen Zellen bestehen, aber zu sehr komplexen Gebilden geworden sind, die vielfältige Aufgaben erfüllen. Deshalb müssen Zellfunktionen auch von den Gewebefunktionen unterschieden werden. Gleiches gilt für die Entwicklung von Zellen und Geweben. Beide Strukturen zeigen eigenständige Entwicklungswege.

[Suchkriterien: Epithelia; Cartilage; Nerve tissue; Muscle tissue; Fibroblast; Extracellular matrix]

Zellentwicklung

Embryonale Zellen entwickeln sich im Laufe ihres Daseins zu adulten Zellen mit sehr spezifischen Funktionen. Naturgemäß wird angestrebt, dass auch in Kulturexperimenten diese Funktionen ausgebildet und über längere Zeiträume erhalten bleiben. Isoliert vorkommende Zellen verhalten sich in Kultur jedoch ganz anders als Gewebe.

Zellen des Blutes verbringen die Lebensdauer ihrer Funktionsphase in isolierter Form. Gewebe dagegen sind sozial und kommunikativ agierende Zellverbände mit einer speziellen extrazellulären Matrix, die sich aus einzelnen, embryonal angelegten Zellen entwickeln. Aus diesem Grund muss die Entwicklung von Zell- und Gewebeeigenschaften auch aus ganz unterschiedlichen zellbiologischen Perspektiven gesehen werden. Im Vergleich zur Zelldifferenzierung ist die Entwicklung von Gewebeeigenschaften ein wesentlich komplexerer Vorgang, bei dem neben einer definitiven Gestaltänderung gleichzeitig viele physiologische und biochemische Eigenschaften in enger Kooperation mit benachbarten Zellen und dem extrazellulären Milieu verändert werden. Differenzierung an isoliert vorkommenden Zellen wie z.B. im Blut und die Gewebedifferenzierung im sozialen Zellverband sind unterschiedlich komplexe Vorgänge und müssen deshalb analytisch getrennt voneinander gesehen werden. Häufig werden Mechanismen für die Differenzierung von Zellen und Geweben miteinander vermischt. Zudem kann die Gewebeentwicklung nicht allein mit der Hochregulierung eines einzelnen Gens beschrieben werden.

Funktionsaufnahme

Das einfachste Beispiel für eine Differenzierungsleistung einer einzelnen Zelle unter Kulturbedingungen lässt sich am besten an der Produktionsaufnahme eines Moleküls und damit an dem Auftreten einer einzelnen Funktion zeigen. Kulturen mit proliferierenden Hybridomas werden angelegt, um in möglichst kurzer Zeit eine möglichst große Menge eines monoklonalen Antikörpers zu gewinnen (Abb. 4, 13). Bei dieser Art der Kultur steht allein im Vordergrund, ob das gewünschte Antikörperprodukt effizient zu erhalten ist. Wie die Zellen dabei aussehen, ob sie groß, klein, rund, viereckig, oval sind oder vielleicht miteinander kommunizieren, spielt keine Rolle. Wenn die einzelne Zelle mit ihrer Produktion beginnt, wird dies als Gain of function bezeichnet. In diesem speziellen Fall handelt es sich um die Hochregulierung eines einzelnen Genproduktes. Definitionsgemäß handelt es sich dabei um die einfachste Form einer Zelldifferenzierung unter in vitro Bedingungen, die in diesem Fall ohne erkennbare morphologische, physiologische und biochemische Veränderungen abläuft.

[Suchkriterien: Cell functional differentiation]

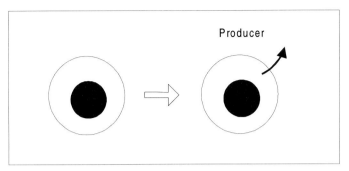

Abb. 13: Die einfachste Form einer Differenzierungsleistung einer Zelle (Hybridoma) ist der Synthesebeginn eines Antikörpers (Gain of function).

Differenzierung von Einzelzellen

Als typisches Beispiel für die zelluläre Differenzierung in einem Organismus wird häufig das blutbildende System und die lebenslange Entstehung einzelner und vor allem isoliert vorkommender Blutzelltypen angeführt. Die verschiedenen Zelltypen stammen von hämatopoetischen Stammzellen ab, die sich im Stroma und Fettgewebe des Knochenmarks befinden und sich ein Leben lang durch Zellteilungen selbst erneuern können. Durch die Einwirkung von Wachstumsfaktoren kommt es neben den symmetrischen Zellteilungen zu asymetrischen Tochterzellen. Dies dient einerseits dem Selbsterhalt und andererseits werden dadurch Tochterzellen für die Weiterentwicklung produziert. Damit ist gewährleistet, dass durch die Zellteilungen ein Teil Stammzellen bleibt, während ein anderer Teil sich entlang der myeloiden und lymphoiden Zelllinien zu differenzierten Blutzellen entwickelt (Abb. 14). In bestimmten Entwicklungsstadien kann es wiederum zu einer Reihe von symmetrischen Teilungen kommen, die ausschließlich der Vermehrung dieser Zellen dienen.

Auf diese Weise entstehen z.B. aus Proerythroblasten in mehreren Zwischenschritten reife Erythrozyten (Abb. 14, 15). Dieser Entwicklungsvorgang läuft nicht automatisch ab, sondern wird hauptsächlich durch das Reifungshormon Erythropoetin ausgelöst und ist je nach Bedarf steuerbar. Zur Anpassung an den geringeren Sauerstoffgehalt im Hochgebirge werden mehr Erythrozyten als im Flachland auf Meereshöhe gebildet. Die aus diesem Vorgang als Erythrozyt resultierende Zelle teilt sich nicht mehr und liegt für die vorgegebene Lebensspanne von 120 Tagen in isolierter Form vor. Typisch für diesen skizzierten Entwicklungsweg ist, dass aus einer embryonal

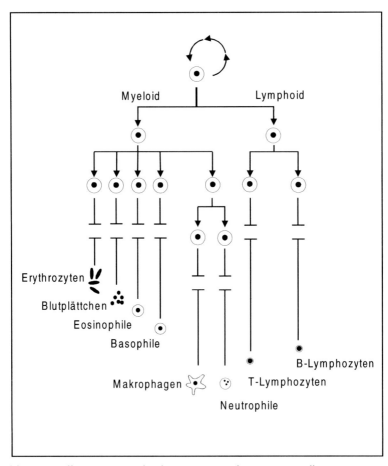

Abb. 14: Differenzierung der hämatopoetischen Stammzellen: Aus Stammzellen und myeloiden bzw. lymphoiden Vorläuferzellen entstehen durch Wachstumsfaktoren und Zytokine einzelne und isoliert vorkommende Blutzelltypen.

angelegten Zelle unter der Steuerwirkung eines einzelnen Morphogens (Wachstumsfaktor, Zytokin) eine differenzierte Zelle entstanden ist.
In der Zwischenzeit gibt es mehr als 40 rekombinante Zytokine und Wachstumsfaktoren, die Einfluss auf die Zellentwicklung im hämatopoetischen System haben und über zelluläre Mechanismen wie z.B. c-fms/M-CSF, c-kit/SCF wirksam sind. Dies lässt sich anhand von Kulturexperimenten

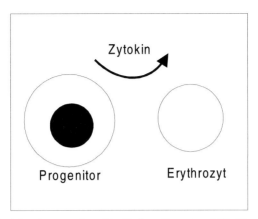

Abb. 15: Beispiel, wie aus einer Vorläuferzelle unter Mithilfe eines Zytokins ein kernloser Erythrozyt entsteht.

mit Vorläuferzellen und nach Zugabe einzelner Zytokine in einer einfachen Kulturschale zeigen. Typisch für alle differenzierten Blutzellen ist, dass sie sich nicht mehr teilen und nach einer vorgegebenen Lebensdauer wieder abgebaut werden.

[Suchkriterien: Stem cells; Progenitor cells; Differentiation; Cytokines; Growth factors]

Gewebeentstehung

Von der Zelle zum Gewebe

Die Differenzierungssteuerung von einzelnen Zellen im hämatopoetischen System ist für die speziellen Aufgaben des Blutes ausgelegt. Entwicklungsphysiologisch ganz anders läuft die Entwicklung von Geweben ab. Dabei sind ganz unterschiedliche zellbiologische Regulationsmechanismen beteiligt. Nicht ein einzelnes Morphogen, sondern eine Vielzahl von externen Faktoren haben Einfluss auf das Entwicklungsgeschehen in einem komplexen Zellverband. Diese Vorgänge sind nicht nur für die Entstehung eines Gewebes aus embryonalen Zellen, sondern auch für seine lebenslange Aufrechterhaltung wichtig. Dazu gehören die Ausbildung von Zell–Zellkontakten, die Interaktion der Zellen mit der extrazellulären Matrix, die Nähr- und Sauerstoffversorgung, sowie mechanische und rheologische Belastun-

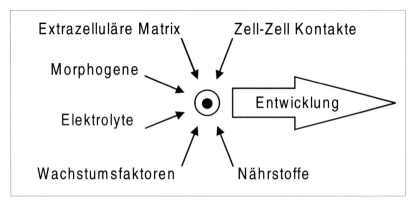

Abb. 16: Gewebe bestehen nicht aus Einzelzellen, sondern aus sozialen organisierten Zellverbänden. Bei der Gewebeentstehung ist nicht nur ein einzelner Wachstumsfaktor beteiligt, sondern ein Zusammenspiel zwischen der extrazellulären Matrix, der Zell–Zellkontakte und den unterschiedlichen Umgebungsstimuli verantwortlich.

gen (Abb. 16). Überraschenderweise gibt es für die Entwicklungsvorgänge bei der Gewebeentstehung beim Menschen mit Ausnahme der Knochenheilung nur relativ wenig entwicklungsphysiologische Kenntnisse.
Im Embryo werden zu einem sehr frühen Zeitpunkt die ersten Urgewebe angelegt. Im Anschluss an das Blastulastadium entsteht beim Menschen ein Trophoblast und ein Embryoblast. Nur im Embryoblast entwicklet sich durch einen primären Induktionsvorgang Gewebe aus ektodermalen (Haut, neurale Strukturen), entodermalen (Verdauungstrakt, Lunge, Leber) und mesenchymalen Keimanlagen (Herz, Blutgefässe, Bindegewebe, Niere). Ein typisches Beispiel für einen Induktionsfaktor ist der vor mehr als 30 Jahren von Heinz Tiedemann isolierte vegetalisierende Faktor, der ento- und mesodermale Organ- bzw. Gewebeanlagen zu induzieren vermag. Inzwischen wird dieser Faktor als Activin bezeichnet. Gesteuert wird die Orchestrierung der frühembryonalen Entwicklung in einem weiten Spektrum von Homöoboxgenen. Aus entwicklungsphysiologischer Sicht ist viel über die Induktionsgewebe bei der frühembryonale Anlage von Geweben erarbeitet worden, während es bisher nur relativ wenig Wissen zu den späteren Vorgängen bei der funktionellen Gewebeentstehung mit all ihren Facetten gibt.
Gewebeanlagen entstehen prinzipiell durch die Einwirkung eines Morphogens wie z.B. Sonic hedgehog oder Bone morphogenic protein und damit über einen Induktionsreiz, der die Entstehung von Gewebezellen aus embryonalen Zellen in Gang setzt. Im Anschluss daran kommt es zu Zellbe-

wegungen und -interaktionen, was morphologisch zuerst an einer Zusammenlagerung und später an einer gewebetypischen Musterbildung zu erkennen ist. Damit ist die Entwicklungsrichtung einer Gewebezelle erst einmal festgelegt. Jetzt aber stellt sich die sehr wesentliche Frage, wie aus dem embryonal angelegten, aber noch völlig unreifen Vorstufen ein Gewebe mit seinen spezifischen Funktionen entsteht.

Von Epithelzellen weiß man, dass nach erfolgtem Induktionsreiz in Kooperation mit benachbarten Bindegewebszellen eine folienartige Basalmembranvorstufe durch Sezernierung von extrazellulären Matrixproteinen gebildet wird (Abb. 17). Dadurch erfolgt eine Kompartimentierung zwischen dem Epithel- und Bindegewebe. Gleichzeitig sind auf der Basalmembran viele Teilungen der Epithelzellen zu beobachten (Abb.17.1). Dadurch kann die gesamte Fläche der Basalmembran besiedelt (Abb. 17.2) und gleichzeitig ein enger Kontakt zu den Nachbarzellen aufgenommen werden. Mit dem Einsetzen einer engen Nachbarschaftsbeziehung durch die Ausbildung von Zell-Zellverbindungen wird die Polarisierung im Epithel festgelegt (Abb. 17.3). Damit ist das entgültige Anhaften der Zellen auf der Basalmembran mit ihrer basalen Seite definiert und die polaren Eigenschaften können ausgebaut werden.

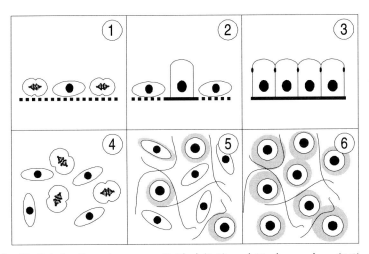

Abb. 17: Bei der Entstehung von Epithel (1-3) und Bindegeweben (4-6) sind unterschiedliche Entwicklungsphasen zu unterscheiden. Dazu gehören die Vermehrung von Zellen (1,4), die Ausbildung einer gewebespezifischen extrazellulären Matrix (2,5) und die Definition einer Nachbarschaftsbeziehung zu anderen gleichartigen Gewebezellen (3,6).

Auch Bindegewebezellen teilen sich nach einem entsprechenden Induktionsreiz und bilden Zellnester (Abb. 17.4), wobei die einzelnen Zellen aufeinander zuwandern. Im Gegensatz zu den Epithelien bilden sie jedoch keine großflächigen lateralen Zellkontakte zu den Nachbarn aus, sondern bleiben in einer diskreten Distanz zueinander, halten Kontakt über lange Zellausläufer und kommunizieren häufig über Gap junctions. Das in Entwicklung befindliche Bindegewebe muss später eine bestimmte Größe einnehmen. Aus diesem Grund wird eine genügend große Anzahl an Zellen benötigt. Auch dabei bleiben sie auf Distanz zueinander. Gleichzeitig werden in die Interzellularräume je nach Gewebetyp in unterschiedlicher Menge Matrixproteine wie Fibronektin, Kollagene und Proteoglykane eingebaut (Abb. 17.5). Dies bedeutet, dass die einzelnen Zellen oder Zellgruppen durch die Synthese von extrazellulären Matrixproteinen voneinander räumlich weit isoliert werden. Im letzten Stadium runden sich z.B. Knorpelzellen ab und bilden die für dieses Gewebe typischen Knorpelhöhlen mit einer spezifischen Knorpelkapsel aus (Abb. 17.6). Gleichzeitig wird die Zahl der in den Knorpelhöhlen lebenden Chondrozyten definiert.

Die Bildung eines Nervengewebes verläuft noch komplizierter. Die spätere Differenzierung hängt hier nicht allein von der Differenzierung und dem richtigen Plazieren der Neurone ab, sondern vor allem von der spezifischen Verbindung zum peripher gelegenen Zielgewebe. Axone der Motoneurone müssen vergleichsweise riesige Strecken überwinden bis es zur Innervation kommt. Die Entfernung vom Rückenmark zur Fußsohle misst dabei 1 Meter. Weitgehend ungeklärt ist dabei, wie das Axon diese Distanz überwindet (Pathway selection) und mit welchem molekularbiologischen Mechanismus das Zielgewebe erreicht wird (Target selection). Diese beiden Entwicklungsschritte verlaufen noch unabhängig von einer neuronalen Aktivität. Schließlich muss das Axon funktionell an das Zielgewebe gekoppelt werden (Adress selection). Navigationsunterstützung erhält das Neuron vorzugsweise durch das extrazelluläre Matrixprotein Laminin, welches punktuell auf Gliazellen beobachtet wird und somit einen Wachstumspfad signalisieren kann. Axone z.B von Retinazellen können über diesen Weg ihr Ziel finden. Vom Augenhintergrund bis zum entsprechenden Gehirnareal muss dabei eine Strecke von ca. 15 cm überwunden werden. In diesen Prozess sind zusätzlich Adhäsionsmoleküle wie N-CAM, L1 oder NrCAM eingeschaltet. Axone können aber auch von einer bestimmten Wachstumsrichtung abgehalten werden und sind damit über Adhäsion und Abstoßung (Repulsion) steuerbar. Richtungsänderungen im Wachstumsverhalten werden mit Proteinen aus der Gruppe der Ephrine, Semaphorine und Netrine geleitet.

[Suchkriterien: Development tissue organ development; Organogenesis; Morphogens; Cell adhesion growth; Matrix organization; Apoptosis]

Interaktionen bei der Differenzierung

Die geschilderten Mechanismen (Abb. 16, 17) zeigen, dass bei der Gewebeentstehung ein multifaktorielles Geschehen vorliegt und dementsprechend ganz unterschiedliche zellbiologische Regulationsebenen beteiligt sind. Dazu gehören offensichtlich:

1. Determination - In gleicher Weise wie beim hämatopoetischen System müssen embryonal angelegte Zellen zuerst durch ein Morphogen (z.B. Bone morphogenic protein) angeregt werden, um sich zu bestimmten Gewebezellen entwickeln zu können.
2. Proliferation - Die für eine bestimmte Gewebeentwicklung festgelegten Zellen müssen sich vermehren, um die notwendige Größe eines Gewebes ausbilden zu können. Dazu gehört die Abdeckung von Oberflächen oder die dreidimensionale Besiedlung des interstitiellen Raumes mit Zellen.
3. Interaktion - Gewebe können sich nur in Verbindung mit einer gewebetypischen extrazellulären Matrix entwickeln. Diese wird teils von beteiligten Gewebezellen, teils von benachbarten und damit ganz anderen Gewebezelltypen gebildet.
4. Kommunikation - Gewebezellen haben soziale Bedürfnisse, die z.B. bei Epithelien, Muskeln oder neuronalen Strukturen für ihre spätere Funktion eine nahe Nachbarschaftsbeziehung benötigen oder aber wie bei Knochen, Knorpel oder Fett Abstände zueinander aufbauen, in die die extrazelluläre Matrix eingelagert wird. Ob schon zu diesem Zeitpunkt festgelegt wird, ob im jeweiligen Gewebe die Zellen sich noch oder nicht mehr teilen sollen, ist unklar.
5. Nutritive Faktoren - Dazu gehören mit Ausnahme von Epithelien und Knorpel die optimale Versorgung des Gewebes mit Blutgefäßen.
6. Physikochemische Einflüsse - Gewebestrukturen müssen mit mechanischem und rheologischen Stress belastet werden, um typische Funktionen ausbilden zu können.

Sicherlich ist die Liste der beteiligten zellbiologischen Faktoren aufgrund fehlender experimenteller Daten noch unvollständig, dennoch vermittelt sie einen Einblick in die unterschiedlichen Steuerungsebenen einer Gewebeentwicklung. Die geschilderten Einflüsse auf das Differenzierungsgeschehen treten nicht alle zur gleichen Zeit, sondern zeitlich versetzt und innerhalb

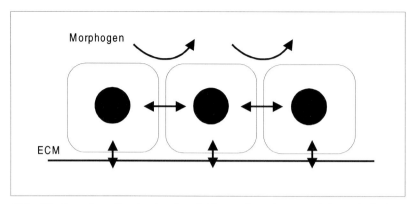

Abb. 18: Gewebezellen in der Entwicklungsphase kommunizieren in hohem Maße mit benachbarten Zellen und der extrazellulären Matrix. Primäres Signal für die Gewebeentwicklung ist die Einwirkung eines Morphogens, daraus resultiert die Zell–Zellinteraktion, bei der definiert wird, ob enge oder räumlich weite Beziehung zu benachbarten Zellen aufgebaut werden. Vermutlich gleichzeitig wird bei Epithelien eine Basalmembran und bei Bindegeweben eine sehr spezifische perizelluläre Matrix aufgebaut.

bestimmter Zeitfenster auf. Dabei bleibt offen, ob sie nacheinander ablaufen oder mehr oder weniger überlappend angelegt sind.

Der heutige Wissensstand kann folgendermaßen zusammengefasst werden (Abb. 18). Initiales Signal für die Gewebeentwicklung ist die Induktionswirkung eines morphogen aktiven Faktors. Im Gegensatz zum hämatopoetischen System treten die entstehenden Gewebezellen in eine enge Interaktion zu den benachbarten Zellen und zur umgebenden extrazellulären Matrix. Bei Bindegeweben wie Knorpel oder Knochen werden dann von den reifenden Zellen in die fast gleichmäßig aufgebauten Zellzwischenräume große Mengen an extrazellulärer Matrix eingebaut. Epithelien bilden die für sie typische Basalmembran und einen ein- oder mehrschichtigen Zellverband mit engsten Nachbarschaftskontakten aus, in den wiederum gleiche oder ganz unterschiedliche Zelltypen eingebaut sein können. Die differenzierten Zellen bleiben von diesem Zeitpunkt an in der Interphase und teilen sich nicht mehr. Bisher ist unbekannt, wie diese Vorgänge im einzelnen gesteuert werden.

[Suchkriterien: Development determination; Proliferation; Cell–Cell contact; Morphogen]

Morphogene Faktoren

Während Einzelfunktionen in einer erwachsenen Zelle mit einem Hormon stimuliert werden können, unterliegt die Entstehung eines Gewebes mit seinen speziellen Anforderungen einem komplexen Regelvorgang. Dieser beginnt damit, dass die Vorläuferzellen eines Gewebes erst einmal angeregt werden müssen, um eine Bereitschaft für die Gewebeentwicklung zu zeigen. Diese Kompetenz ist zeitlich begrenzt und kann in ganz unterschiedlichen Gewebevorläuferzellen von dem Faktor Pax6 für ein Zeitfenster von nur wenigen Stunden geöffnet werden. Morphogene Informationen werden dann über parcrine Faktoren, die extrazelluläre Matrix und zelluläre Kontakte übertragen (Abb. 19).
Während der Kompetenzzeit müssen die jeweiligen Vorläuferzellen dann schnellstmöglich Informationen über die Gewebeentwicklung erhalten.

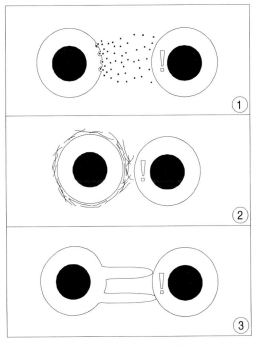

Abb. 19: Morphogene Informationen können bei der Gewebeentwicklung über parakrine Faktoren (1), die extrazelluläre Matrix (2) und zelluläre Kontakte (3) übertragen werden.

Dies kann über instruktive oder permissive Interaktionen zwischen benachbarten Zellpopulationen geschehen. So signalisiert z.B. die Hautepidermis der Dermis über die Sekretion von morphogenen Faktoren wie Sonic hedgehog und TGFß2 bei Vögeln, dass im Bereich der Flügel Flugfedern, in anderen Bereichen Deckfedern oder Krallen ausgebildet werden. Eine analoge Entwicklung ist für die Bildung der menschlichen Haut, der Haare, der Nägel sowie von Talg- und Schweißdrüsen anzunehmen.

Eine spezielle Bedeutung bei der Gewebeentwicklung haben die zellulären Interaktionen, die über paracrine Mechanismen und Wachstumsfaktoren (Growth and differentiation factors, GDFs) vermittelt werden. Dazu gehören vier ganz unterschiedliche Proteinfamilien: Fibroblast growth factor (FGF), Hedgehog (hh), Wingless (Wnt) und Tissue growth factor ß (TGFß) Superfamilie.

Zu den Fibroblastenwachstumsfaktoren (FGF) gehört ein Dutzend strukturell ähnlicher Moleküle, die wiederum Hunderte an Proteinisoformen durch das RNA splicing zu bilden vermögen. FGFs binden an Fibroblast growth factor receptors (FGFRs). Auf der Zellaußenseite bindet das jeweilige FGF Moleküle an den Rezeptor. Auf der Zellinnenseite befindet sich eine ruhende Tyrosinkinase, die durch die Bindung geweckt wird und infolgedessen ein benachbartes Protein phosphoryliert und damit aktiviert. Dadurch können wiederum ganz unterschiedliche Entwicklungs- und Funktionsmechanismen der Zelle ausgelöst werden. Hierzu gehören die Neuentwicklung von Blutgefässen, die Bildung von Mesenchym oder das Auswachsen von Axonen in neuronalem Gewebe.

Zu der Gruppe der Hedgehog Proteine (Sonic - shh, Desert - dhh, Indian - ihh) gehören paracrine Faktoren, die im Embryo spezielle Zelltypen zu bilden vermögen und die natürliche Grenze zwischen unterschiedlichen Geweben schaffen. Sonic hedgehog hat z.B. einen wesentlichen Einfluss auf die Entstehung der Wirbelsäule. Einerseits strukturiert es das gesamte Neuralrohr und sorgt im Laufe der Entwicklung dafür, dass ventral die Motoneurone und dorsal die sensiblen Neurone zu liegen kommen. Wesentlichen Einfluss auf die Entwicklung der Axone haben Neurolin und Reggie1. Andererseits steuert Sonic hedgehog die segmentale Ausbildung der Somiten und Verknorpelung der Wirbel. Dagegen steuern Desert und Indian hedgehog noch lange nach der Geburt das Knochenwachstum und die Spermienbildung.

Bei der Wnt Familie handelt es sich um cysteinreiche Glykoproteine. Während Sonic hedgehog hauptsächlich die ventral im Organismus ablaufende Gewebeentwicklung wie z.B. die Verknorpelung der Wirbelkörper steuert, hat Wnt1 einen Einfluss auf die mehr dorsal liegenden Zellen, damit sie die notwendige Muskulatur ausbilden. Ganz wesentliche Steuerungsmöglichkeiten haben Wnts bei der Entstehung der Extremitäten und des Urogenitalsystems.

Die TGFß Superfamilie umfasst Proteine wie Activin, Bone morphogenic proteins (BMPs) und den Glial derived neurotrophic factor (GDNF). Von diesen Proteinen ist bekannt, dass sie ganz wesentlich die Bildung von extrazellulären Matrixproteinen beeinflussen. Dies geschieht einerseits über eine gesteigerte Kollagen- und Fibronektinsynthese und andererseits über die Hemmung des Matrixabbaues. TGFs kontrollieren das Auswachsen von Epithelstrukturen in der Niere, der Lunge und den Speicheldrüsen. Die BMPs haben Einfluss auf ganz unterschiedliche zelluläre Prozesse wie die Zellteilung, die Apoptose, die Migration und die Differenzierung. Neben der Knorpel- und Knochenentwicklung sind sie bei der Rückenmarkpolarisierung und der Augenentwicklung beteiligt.

[Suchkriterien: Morphogenic factor; Growth factor; FGF, BMP, TGF, RNA splicing]

Terminale Differenzierung

Weitgehend unklar sind die Mechanismen, welche die terminalen Differenzierung steuern. Unter terminaler Differenzierung versteht man eine meist irreversible hochgradige Spezialisierung der Zelle. Dazu gehören beobachtbare Entwicklungsschritte, wie sich z.B. Osteoblasten kollektiv und damit in enger Nachbarschaftsbeziehung an der Bildung von Knochen beteiligen, während Osteozyten sich einmauern und von diesem Zeitpunkt an als Eremiten den Aufbau der mechanisch belastbaren Knochenmatrix in ihrer Umgebung übernehmen. Ähnliches gilt für die isogenen Gruppen der Chondrozyten, die zuerst im lockeren Zellverband, später dann als isolierte Gruppe innerhalb einer Knorpelhöhle mechanisch feste Knorpelgrundsubstanz auf einer Gelenkoberfläche produzieren.

Terminale Differenzierung ist auch zu beobachten, wenn sich aus embryonal angelegten Strukturen Epithelien mit ihren vielfältigen Barriereeigenschaften und selektiven Transportfunktionen entwickeln. Bisher weiß man, dass bei der terminalen Differenzierung nicht ein einzelnes Morphogen, sondern eine Vielzahl an Faktoren Einfluss ausüben. Dazu gehören physikochemische Faktoren wie mechanische Belastung, eine konstante Sauerstoffversorgung, pH und Temperatur, sowie für jedes Gewebe ein ganz bestimmtes Elektrolyt- und Nährstoffmilieu. Besondere Bedeutung kommt sicherlich den Informationssequenzen zu, die in extrazellulären Matrixproteinen eingebaut sind.

Im Zuge der terminalen Differenzierung wird festgelegt, ob das entstehende Gewebe sich in kurzen Abständen von Tagen wie z.B. an vielen Stellen des Verdauungstraktes erneuern wird oder ob wie beim Herzmuskel oder neuronalen Strukturen ein Leben lang keine Zellteilungen mehr vorkommen. Besonders interessant sind Vorgänge zur Epithelgeweberegeneration im Verdauungstrakt, bei dem z.B. Enterozyten und Becherzellen in den Dünndarmzotten innerhalb von wenigen Tagen erneuert werden, während in den unmittelbar benachbarten Krypten Paneth Körnerzellen oder enterochromaffinen Zellen langsame Regenerationszyklen von Monaten und Jahren zeigen. Dementsprechend muss es Regulationsmechanismen geben, die im Rahmen der schnellen Regeneration die dazugehörenden Stammzellen von einer asymmetrischen Mitose in die nächste treiben, während räumlich eng benachbarte Zellen über lange Perioden in der Funktionsphase (Interphase) gehalten werden.

Schließlich gibt es Mechanismen, welche die meisten Gewebezellen ortsständig halten. So bleibt ein Fibrozyt im Gegensatz zu einem Fibroblast in unmittelbarer Nähe zur Kollagenfibrille einer Sehne und eine Leberparenchymzelle verlässt den ihr angestammten Platz am Disse'schen Raum nicht. Diese Vorgänge werden offensichtlich durch Interaktionen der Zellen untereinander, sowie über die extrazelluläre Matrix und das umgebenden Mikroenvironment beeinflusst. Die Aufzählung von Beispielen könnte für alle Gewebearten und Organe fast beliebig lang weitergeführt werden. Allerdings sind auch in all diesen Fällen die beteiligten molekularen Mechanismen zur Aufrechterhaltung von differenzierter Zellleistung in den Geweben nach wie vor unbekannt.

Zusammenfassend lässt sich sagen, dass aus embryonalen Zellen unter der Einwirkung von morphogenen Faktoren Vorläufer von Gewebezellen entstehen (Abb. 20). Dazu gibt es seit Jahrzehnten eine Vielzahl an Publikationen und viel gesichertes Wissen. Im Gegensatz dazu gibt es nur überraschend wenig Informationen zur funktionellen Reifung von Geweben, nämlich wie aus embryonal angelegten Gewebezellen z.B. erwachsene Epithelien mit sehr speziellen Funktionen entstehen können. Vage sind die Vorstellungen, wie die Ausbildung einer polaren Differenzierung gesteuert wird oder warum manche Epithelien sehr gut abdichten, während andere dies nicht tun. Dazu gehören viele weitere Fragen zu Entwicklungsvorgängen wie z.B. in neuronalen Netzwerken die richtigen Kontakte zwischen aussprossenden Dendriten und Axonen gefunden werden oder wie im Herzmuskel dreidimensionale Gewebeverbände mit mechanischer und funktioneller Kopplung strukturiert und vaskularisiert werden.

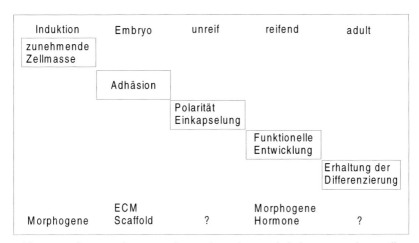

Abb. 20: Schematische Darstellung über den zeitlich langen und vor allem komplexen Verlauf der Gewebeentwicklung. Dazu gehören einerseits embryonale, fötale, perinatale, juvenile und adulte Entwicklungsphasen. Zusätzlich wird die Gewebeentwicklung nicht durch ein einzelnes Morphogen, sondern auf ganz unterschiedlichen zellbiologischen Ebenen gesteuert. Dabei muss die notwendige Zellmenge, die Zelladhäsion, Nachbarschaftsbeziehung, Polarität und funktionelle Reifung in zeitlichem Ablauf reguliert werden. Ganz wenig wissenschaftliche Informationen gibt es zu den Mechanismen, die zur Aufrechterhaltung der Differenzierungsleistung beitragen.

[Suchkriterien: Terminal differentiation functional; Functional development; Chondrocytes extracellular matrix; Maturing tissue organogenesis; Proliferation hormones; Scaffolds adhesion attachment]

Gewebekultur

Histologische Präparate zeigen, dass Organ- und Gewebestücke - auch wenn sie klein sind - recht kompliziert zusammengesetzt sind und meist nicht nur aus einem einzelnen und damit homogenen Gewebe bestehen. Neben den spezialisierten Zellen des jeweiligen Funktionsgewebes (Parenchym) werden Blutgefässe, Fibroblasten und Zellen der immunologischen Abwehr (Stroma) gefunden (Abb. 21). Kulturversuche mit Gewebe beginnen damit, dass ein ca 500µm dünn geschnittenes Stück Leber, Gehirn, Pankreas oder Arterie steril gewonnen und in eine Kulturschale eingelegt wird. Zur Versorgung des jeweiligen Gewebes wird Kulturmedium zugege-

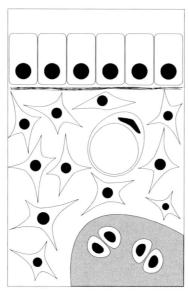

Abb. 21: Schematischer Schnitt durch ein Gewebeexplantat: Im oberen Bereich befindet sich ein Epithel, welches vom darunter liegenden Bindegewebe durch eine Basalmembran getrennt wird. Zwischen den locker verteilten polymorphen Bindegewebszellen befindet sich eine Kapillare für die notwendige Nährstoffversorgung. Im unteren Bereich befindet sich ein Anschnitt von hyalinem Knorpel. Das gezeigte schematische Präparat könnte z.B. aus der Luftröhre stammen.

ben, welches meist fötales Kälberserum enthält. Dabei wird nicht die gesamte Kulturschale mit Medium befüllt, sondern nur so viel dazugeben, dass das Explantat gerade mit Medium bedeckt ist, um zu verhindern, dass das Explantat aufschwimmt. Außerdem kann bei dieser Methode Sauerstoff über kurze Diffusionswege das kultivierte Gewebe erreichen.

Umstrukturierung und Migration

Wenn die Kultur mit einem solch heterogen zusammengesetzten Gewebeexplantat in serumhaltigem Kulturmedium auf dem Boden einer Kulturschale begonnen wird, so überleben in den ersten Tagen prinzipiell alle Zellen. Das Explantat verändert jedoch seine innere Struktur. Aus bisher nicht eindeutig geklärten Gründen beginnt ein hoher Prozentsatz an Zellen

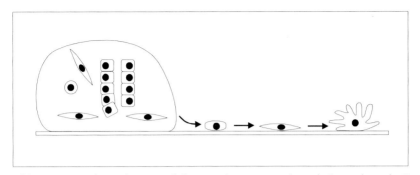

Abb. 22: Gewebeexplantat auf dem Boden einer Kulturschale nach mehrtägiger Kultur in serumhaltigem Medium: Während der Kultur sind zahlreiche Zellen aus dem Explantat ausgewandert und wachsen jetzt auf dem Boden der Kulturschale. Dadurch kommt es zur kompletten Umorganisation des Explantats.

entweder spontan oder erst nach Tagen in die Peripherie des Explantats zu wandern. Zuerst erscheinen Makrophagen und Leukozyten, gefolgt von Fibroblasten. Zuletzt erscheinen auswandernde Epithelzellen (Abb. 22).

Für die auswandernden Zellen eines Gewebeexplantats in Kultur gibt es prinzipiell 2 Möglichkeiten. Wenn das Explantat schwimmend im Kulturmedium gehalten wird, werden die Zellen auf der Oberfläche entlangwandern, aber in unmittelbarem Kontakt zum Gewebe bleiben. In den meisten Fällen ist das Explantat dann mit einer Hülle von Epithelzellen oder Fibroblasten überzogen. Hat das Explantat jedoch Kontakt zu dem Boden einer Kulturschale, so wird ein großer Teil der Zellen zum Boden des Kulturgefäßes wandern. Diese Zellen können nach Entfernen des Explantats als Monolayer weitergezüchtet werden.

[Suchkriterien: Cell migration tissue organ culture explant]

Dedifferenzierung

Häufig werden Gewebeexplantate in Kultur genommen, nicht um ihre urtümliche Struktur zu erhalten, sondern man möchte einzelne Zelltypen aus kleinsten Proben gewinnen. Der Vorteil dieser Methode besteht darin, dass die Zellen durch Migration und damit ohne Aufschluss des Gewebes mit Proteasen gewonnen werden können (Abb. 23). Nachteile dieser Me-

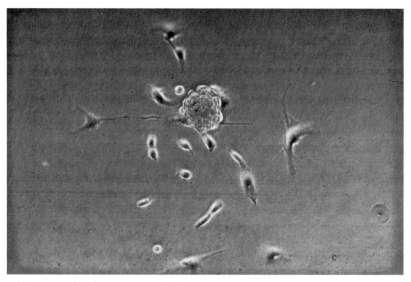

Abb. 23: Mikroskopische Aufsicht auf ein isoliertes Glomerulum der Niere mit auswachsenden Zellen in der Peripherie: Die ausgewanderten Zellen sind anhand ihrer Morphologie nicht mehr als Podozyten, Endothelzellen oder Mesangiumzellen zu identifizieren.

thode bestehen darin, dass viele der auswandernden Zellen infolge der Dedifferenzierung funktionelle Eigenschaften verloren haben.
Sämtliche der von uns durchgeführten Kulturexperimente mit Gewebe zeigten nach wenigen Tagen, dass es sowohl bei den innerhalb des Explantats verbliebenen als auch bei den ausgewanderten Zellen zu starken Veränderungen kommt. Die emigrierten Zellen haben Räume zurückgelassen, die umstrukturiert werden. Die neu entstandenen Areale gleichen allerdings in den wenigsten Fällen der originären Form und Funktion. Aus diesem Grund können Gewebeschnitte wie z.B. von Gehirn, Magen, Leber, Pankreas, Niere, Blutgefäße oder die verschiedensten Bindegewebe nicht ohne den Verlust vieler ihrer typischen Eigenschaften über längere Zeiträume in Kultur gehalten werden. Der Verlust von morphologischen, biochemischen und physiologischen Eigenschaften während der Kultur wird als zelluläre Dedifferenzierung bezeichnet. Bisher ist kein kultiviertes Gewebe bekannt, welches während einer langfristigen Kultur keine Probleme durch zelluläre Veränderungen aufweist.
Am besten lässt sich das Problem der Dedifferenzierung anhand eines Schemas erklären (Abb. 24). Embryonale Zellen reifen in einem Organismus

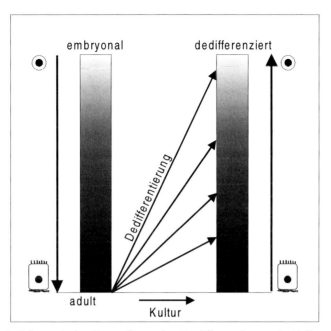

Abb. 24: Schematische Darstellung der Dedifferenzierung in Zell- und Gewebekulturen: Embryonale Zellen entwickeln sich zu funktionellen Gewebezellen. Dieser Vorgang wird als Differenzierung bezeichnet. Werden funktionelle Gewebe in Kultur gebracht, so gehen in unterschiedlichem Ausmaß Eigenschaften verloren. Dies wird als Dedifferenzierung bezeichnet.

zu funktionellen Gewebezellen mit sehr spezifischen Eigenschaften. Dieser natürlich ablaufende Vorgang wird als Differenzierung bezeichnet. Werden funktionelle Gewebe in Kultur genommen, so zeigt sich, dass viele der typischen Eigenschaften nur noch teilweise erhalten sind. Dabei gehen nicht alle Eigenschaften in gleichem Masse verloren. Weder die ausgewanderte, noch die in einem Explantat verbliebenen Zellen zeigen deshalb Gleichheit mit ihrem ursprünglichen Zustand. Bei manchen Geweben gehen mehr, bei anderen weniger funktionelle Eigenschaften verloren. Deshalb müssen die Kulturbedingungen so gewählt und eingestellt werden, dass eine komplette Rückentwicklung zur nicht spezialisierten (embryonalen) Zelle vermieden wird und die Eigenschaften von funktionellen Zellen wiedererworben und aufrechterhalten werden. Erkennbar wird, dass durch die Kultur Zellen entstehen, die in ihrem Entwicklungszustand nicht embryonal oder adult sind, sondern eine Zwischenstellung einnehmen. Besonderes Augenmerk muss deshalb auf den Grad der entstandenen Differenzierungsleistung gerichtet werden.

Die Gründe für eine zelluläre Dedifferenzierung unter Kulturbedingungen sind vielfältig. Einem isolierten Gewebeexplantat fehlt ein funktionelles Gefäßsystem, es besitzt keine befriedigende Entsorgung für Metaboliten und es hat keine neuronale Steuerung mehr. Gewebe im erwachsenen und damit funktionellen Zustand sind so organisiert, dass nach Erreichen einer bestimmten Größe die darin befindlichen Zellen in einer vorgegebenen Dichte zu finden sind. Je nach Organ und Gewebe unseres Organismus sind darin Zellen zu finden, die sich sehr häufig teilen, während andere unmittelbar benachbarte Zellen sich trotz der Gegenwart von serumhaltiger interstitieller Flüssigkeit kaum oder gar nicht mehr teilen. Praktisch alle in einem Gewebeexplantat vorhandenen Zellen werden bei der Kultur in Medium durch die Zugabe von fötalem Kälberserum zur Wanderung und zur Zellteilung stimuliert. Dadurch bedingt, verlassen sie ihre angestammte Umgebung, umwachsen das Explantat oder können als Monolayer auf dem Boden einer Kulturschale weitergezüchtet werden.

Die meisten Kulturmedien sind vor 40 bis 50 Jahren für eine ganz spezielles Problem entwickelt worden. Damals wollte man weniger Gewebe, als vielmehr einzelne Zellen in Form von Monolayern kultivieren. Diese Kulturen sollten sich möglichst schnell vermehren, um so effizient wie möglich Viren zu produzieren. Völlig unwichtig war der Ursprung, das Aussehen und die weiteren Eigenschaften dieser Zellen. Dementsprechend wurden die Kulturmedien in ihren Elektrolytkomponenten und Ernährungsfaktoren so abgestimmt, dass sie ausschließlich eine schnelle Proliferation von Zellen unterstützten. Möglicherweise werden die Zellen durch die Anwendung des Kulturmediums aus der natürlichen Balance zwischen Interphase und Mitose gerissen und beginnen sich permanent zu teilen.

Wie automatisch wird zudem fötales Kälberserum beim Ansetzen von Kulturmedium verwendet. Hauptsächlich unterstützt es die schnelle Proliferation von Zellen. Dies ist auf den Gehalt von mitogenen Faktoren zurückzuführen, welche die Zellen so rasch wie möglich von einem Mitosezyklus zum nächsten leiten. Im gesunden Gewebeverband unterliegen die Zellen einer individuellen Kontrolle zur Teilung, der offensichtlich durch die Isolation außer Kraft gesetzt wird. Zudem sind im fötalen Kälberserum Spreadingfaktoren vorhanden, welche die Zellen veranlassen zu wandern und sich zu verteilen. Möglicherweise bewirken diese Faktoren an einem kultivierten Explantat, dass die gewebetypische Ortsständigkeit für Gewebezellen aufgehoben und damit ein Auswachsen möglich wird.

Zu beobachten ist die Migration von Zellen an vielen Slice- Kulturen, bei denen dünne Schnitte von Geweben oder ganzen Organen wie z.B. dem neuralen Hippocampus in Kultur genommen werden, um daran z.B. physiologische oder pharmakologisch / toxikologische Experimente durchzuführen. Für eine relativ kurze Zeit (einige Stunden) bleiben die Zellen ortsgebunden und behalten ihre typischen Funktionen. Dann kommt es auch hier unwiderruflich zu der Auswanderung von Zellen und zur geschilderten Umorganisation des Gewebes.

[Suchkriterien: Dedifferentiation culture loss differentiation]

Organkultur

Definitionsgemäß unterscheidet man Organkulturen von den Gewebekulturen und den Zellkulturen. Organkulturen stammen von entnommenen Organanlagen, adulten Organen oder Teilen davon. Organe bestehen aus mehreren Geweben. Es kommt bei der Organkultur darauf an, dass während der Kulturphase die Zelldifferenzierung, die Histoarchitektur sowie die Gesamtfunktion des jeweiligen Organs mit seinen einzelnen Geweben möglichst vollständig erhalten bleibt und – wenn möglich – weiter entwickelt wird. Für diese Art der Kultur werden bevorzugt Organe embryonalen, fötalen oder perinatalen Ursprungs wie Lunge, Leber, Mundspeicheldrüsen oder Nieren verwendet, deren Weiterentwicklung man in Kultur beobachten möchte.

Erste wertvolle Informationen zur Organkultur wurden durch Experimente an Explantaten gewonnen. Hier zeigte sich, dass durch die Kombination von embryonalen Geweben (z.B. Rückenmark und Nierenmesenchym) embryonal angelegte Zellen auf den Weg zur Gewebereifung gebracht werden können. Diese Befunde erbrachten aber auch, dass daraus nicht automatisch gereifte, also voll funktionsfähige Gewebe unter in vitro Bedingungen entstehen. Bei genauer Analyse ergeben sich daraus Konstrukte, die ein breites Spektrum von embryonalen bis hin zu erwachsenen Eigenschaften aufweisen können. Besonders wichtig in diesem Zusammenhang ist die Tatsache, dass dabei nicht nur gewebetypische, sondern auch atypische und damit gewebefremde Gen- und Proteinprodukte gebildet werden können.

Embryonales Gewebe verhält sich in der Kultur anders als erwachsene Strukturen, was man leicht anhand des Begriffes Branching morphogenesis erklären kann (Abb. 25). Diesen Entwicklungsvorgang findet man bei der Entwicklung von Drüsenorganen, die aus einem Funktionsgewebe (Parenchym) und einem kompartimentierenden Bindegewebe mit Versorgungsteil (Stroma) aufgebaut sind. Solche Organe entwickeln sich dergestalt, dass

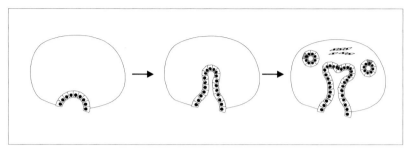

Abb. 25: Schematische Darstellung eines embryonalen Organs, welches sich durch Branching morphogenesis entwickelt. Dabei wächst eine Epithelknospe in ein Mesenchym ein. Die Epithelknospe teilt sich und bildet dadurch ein verzweigtes Schlauchsystem, aus dem sich das spätere Funktionsgewebe (Parenchym) entwickelt.

eine Epithelknospe in ein embryonales Bindegewebe (Mesenchym) einwächst. Der Epithelschlauch verlängert sich, es kommt zu einer Lumenbildung und an derem inneren Ende zu regelmäßig wiederkehrenden Aufzweigungen. Dadurch entsteht ein verzweigtes Ausführungsgangsystem. Die im Bindegewebe liegenden Drüsenepithelendstücke entwickeln sich sekundär zum eigentlichen Funktionsepithel um. Nach diesem Muster entwickeln sich Organe wie z.B. die Leber, Pankreas, Speicheldrüsen oder die Niere.

Von großem Interesse sind die entwicklungsphysiologischen Aspekte, die einerseits zur Stammbildung des Ausführungsgangsystem und andererseits zur funktionellen Entwicklung der Drüsenendstücke mit ihren speziellen Sezernierungsleistungen führen. Experimentell kann dies seit Jahrzehnten sehr gut mit embryonalen Organkulturen durchgeführt werden. Dazu werden die Organanlagen intakt und steril entnommen und in Kultur gebracht. Da dieses Gewebe Zellen mit einer hohen Proliferationskapazität aufweist, können die Experimente auch sehr gut mit serum- oder wachstumsfaktorhaltigen Kulturmedien durchgeführt werden. Das Organ kann dabei aber nur zu einer bestimmten Größe herangezogen werden. Limitierungen sind dadurch gegeben, dass bei Erreichen einer gewissen Gewebedicke wegen der fehlenden Durchblutung eine Einschränkung der Sauerstoff- und Nährstoffversorgung stattfindet. Deswegen kommt es im Innern nach einiger Zeit zum Absterben des Gewebes.

[Suchkriterien: Organogenesis branching morphogenesis; Mitosis proliferation; Differentiation dedifferentiation]

Tissue engineering

Inzwischen gibt es kaum noch einen Bereich in der Biomedizin, der sich nicht mit dem Tissue engineering auseinandersetzt. Dieses neue Wissenschaftsfeld wurde im wesentlichen von Charles und Josef Vacanti sowie Charles Patrick, Antonios Mikos und Larry McIntire Mitte der 80er Jahre begründet. Ziel beim Tissue engineering ist im wesentlichen die zum Erliegen gekommenen körpereignen Regenerationsvorgänge zu aktivieren und wenn nötig durch Gewebeimplantate zu ersetzen (Abb. 26). Die Herstellung von Gewebekonstrukten erfordert wegen ihrer speziellen Schwierigkeiten eine besonders enge Zusammenarbeit von Medizinern, Zellbiologen, Materialforschern und Ingenieuren. Unterschieden wird zwischen der Therapie mit kultivierten Zellen, der Herstellung von Gewebekonstrukten und dem Bau von Organmodulen.

Das Spektrum des Tissue engineerings umfasst dabei alle im Körper befindlichen Gewebearten. Unter dem Begriff wird zudem eine Vielzahl von technischen Verfahren zusammengefasst, mit denen kultivierte Zellen, Gewebe und sogar Organoide aufgebaut werden (Abb. 26). Teils handelt es sich um funktionellen Strukturen, die als lebendes Implantatmaterial am Patienten dienen soll, teils um Maschinen, die am Krankenbett arbeiten.

Bei der heute üblichen Transplantation von Organen und Geweben von einem Spender zu einem Empfänger kommt es meist zu heftigen Reaktionen des Immunsystems mit der Gefahr, dass das fremde Gewebe abgestoßen wird. Der Empfänger einer Organspende muss deshalb in der Regel für den Rest seines Lebens mit immunsuppressiven Medikamenten behandelt werden. Bei der Transplantation von Geweben, die aus körpereigenen Zellen hergestellt werden, ist eine solche Abstoßungsreaktion nicht zu erwarten. Beim Tissue engineering wird deshalb bevorzugt mit autologen, also von Patienten stammenden Zellen gearbeitet (Abb. 27).

[Suchkriterien: Tissue engineering autologous transplantation]

	Einsatz	Erkrankung
Zelltherapie		
Knochenmark	Transplantation	Blutkrebs, Leukämie
Keratinozyten	Transplantation	Verbrennung, Geschwüre
Gewebeersatz		
Nervengewebe	Implantation	Schlaganfall Parkinson Erkrankung Alzheimer Erkrankung Rückenmarksdurchtrennungen Multiple Sklerose Retinadegeneration
Muskelgewebe	Implantation	Herzinfarkt fehlendes Muskelgewebe - z.B. Zwerchfell bei Kindern Muskelschwund
Epithelgewebe	Implantation	Pankreas (Diabetes) Speiseröhrenkrebs, Verätzung Luftröhrenkrebs Speicheldrüsenkrebs Harnblasenkrebs
Bindegewebe	Implantation	Gelenkknorpelbeschädigung, Rheuma Knochensplitterbrüche, Knochenkrebs, Osteoporose Fettgewebe und lockeres Bindegewebe/Tumorentfernung Lymphknoten
Organmodule		
	Überbrückung bis ein Transplantat gefunden oder das Organ sich erholt hat	Leber Niere

Abb. 26: Beispiele von Zelltherapien, künstlichem Gewebeersatz und Organmodulen, die durch Krankheit verlorene Funktionen ersetzen sollen.

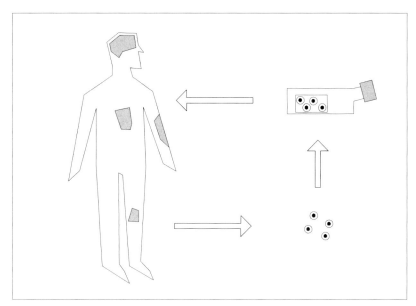

Abb. 27: Prinzip der Zelltherapie und des Tissue engineering: Zur Wiederherstellung von geschädigtem Gewebe werden Zellen des Patienten isoliert und in Kultur gebracht. Die daraus resultierenden Zellen oder Gewebekonstrukte werden dem Patienten an der erkrankten Stelle implantiert.

Zelltherapie

Die wohl längsten klinischen Erfahrungen zur Zelltherapie gibt es zu Knochenmarktransplantationen bei Leukämie und zur Behandlung von Patienten mit schwersten Brandverletzungen, denen mit kultivierten Keratinozyten das Leben gerettet werden konnte. Dazu gibt es viele Beispiele von Unfallopfern, deren Körperoberfläche zu mehr als 90% verbrannt war. Neben der Grundversorgung dieser schwerstverletzten Patienten müssen lebende Keratinozyten aus den geschützten Bereichen der Achsel, Leiste oder Vorhaut isoliert und steril in Kultur genommen werden. Die in Kultur gebrachten Keratinozyten werden dann in Kulturflaschen mit einem abziehbaren Deckel und meist mit Hilfe einer Lage von Fibroblasten (Feeder layer) oder einer synthetischen extrazellulären Matrix vermehrt. Man kann sich vorstellen, wie viele Kulturflaschen mit einer Grundfläche von circa 120 cm^2 benötigt werden, um in Form von vielen Patches die verbrannte Hautoberfläche des Patienten abzudecken (Abb. 28).

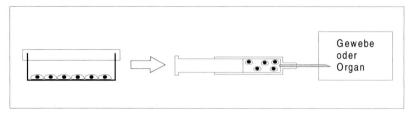

Abb. 28: Bei der Zelltherapie werden kultivierte Zellen z.B. mit einer Spritze aufgenommen und in ein Gewebe oder Organ eingespritzt. Bei der Therapie von Verbrennungen und Geschwüren werden die kultivierten Zellen meist auf die Wundfläche aufgelegt oder aufgesprüht.

Definitionsgemäß handelt es sich bei dieser lebensrettenden Maßnahme nicht um eine Gewebe-, sondern um eine proliferierende Zellkultur, bei der aus Resten der Haut einzelne Keratinozyten isoliert und vermehrt werden, bis eine genügende Zellmasse erreicht ist, die dann zur Wundabdeckung verwendet wird. Man sollte bedenken, dass funktionell wichtige Sekundärbildungen der Haut wie Reservefalten im Bereich der Gelenke, Haare, Schweiß- und Talgdrüsen mit dieser Methode nicht wieder regeneriert werden, was zu einer deutlichen Behinderung und Einschränkung der Lebensqualität der behandelten Patienten führt.

Methodisch relativ einfach erscheint die Wiederherstellung von Knorpel, die in vielen Kliniken seit Jahren schon praktiziert wird. Benötigt wird diese Therapie zur funktionellen Wiederherstellung von Gelenkoberflächen nach einer großflächigen Knorpelabsprengung. Der verletzte Knorpel kann kein mechanisch belastbares Material mehr bilden, vielmehr entsteht relativ weiches, faserartiges Knorpelnarbengewebe.

Zur Therapie wird ein Stück Knorpel des Patienten an einer Gelenkstelle isoliert, die mechanisch nicht beansprucht wird (Epikondulus). Das isolierte Gewebe wird dann einem speziellen Labor zugeschickt, welches sich auf die Isolierung und Vermehrung von Chondrozyten spezialisiert hat. Nach speziellen Arbeitsrichtlinien (GMP) wird das Stück Knorpel mit enzymatischen Scheren (Kollagenasen) verdaut, so dass die Chondrozyten aus der Knorpelgrundsubstanz freigesetzt und in Kultur in meist serumhaltigem Medium vermehrt werden können. Bei Erreichen einer genügenden Zellzahl werden die Chondrozyten mittels Zentrifugation angereichert, dann wird die Probe zur Implantation an den behandelnden Orthopäden zurückgesandt. Dieser formt über der beschädigten Gelenkoberfläche mit einem Periostlappen eine Tasche, in welche die kultivierten Chondrozyten eingespritzt werden. Dann werden die Ränder des Periostlappens zur Abdichtung mit Fibrinkleber verschlossen (Abb. 28).

Per Definition handelt es sich auch hier nicht um Tissue engineering, sondern um eine Zelltherapie, weil nicht ein Gewebekonstrukt, sondern isoliert vorliegende Chondrozyten verwendet werden. Die Chondrozyten sind bei dieser Form der Therapie auf keiner Matrix angesiedelt, haben keine Knorpelgrundsubstanz gebildet und werden als Zellsuspension mit einer Injektionsnadel in eine vorbereitete Periostlappentasche auf der Gelenkoberfläche eingespritzt. Erst innerhalb dieser Tasche kommt es zur Gewebebildung und damit im Laufe der Zeit zur Bildung einer mechanisch belastbaren Knorpelgrundsubstanz.

[Suchkriterien: Autologous chondrocyte transplantation]

Gewebekonstrukte

Große Vorteile sind gegeben, wenn statt isolierter Zellen funktionelle Gewebe oder deren reifende Vorstufen am Patienten angewendet werden können und damit eine entscheidende Verkürzung der Therapie erreicht wird. Besonders häufig werden mechanisch belastbare Knorpel- und Knochenkonstrukte wie z.B. bei Gelenkverletzungen oder Osteoporose benötigt. Artifiziell hergestelltes Knorpelgewebe kann gewonnen werden, indem die isolierten Chondrozyten auf einer geeigneten extrazellulären Matrix (Scaffold) unter Kulturbedingungen angesiedelt werden. Die gereiften Gewebekonstrukte können dann mit einer Pinzette angefasst, auf die richtige Größe zugeschnitten und implantiert werden (Abb. 29). Ähnlich könnte man mit isolierten Osteoblasten zur Knochenherstellung und Fibroblasten zur Gewinnung von Sehnenfragmenten verfahren.

Konstrukte aus hyalinem Knorpel brauchen keine große Schichtdicke zu haben, weil dieses Gewebe naturgemäß eine Gelenkoberfläche mit einer Schichtdicke um 1mm abdeckt, sich durch Diffusion ernährt und somit auf keine eigene funktionelle Blutgefässversorgung angewiesen ist. Artifizielle Knochenkonstrukte dagegen sollten für die Therapie im Bereich von Zentimetern meist recht groß sein und damit eine entsprechend massive Schichtdicke besitzen. Solche dicken Konstrukte benötigen aber ab einer Dicke von ca. 1mm eine eigene Gefäßversorgung, die ihnen unter Kulturbedingungen nicht zur Verfügung steht. Aufgrund dieser Limitierung können Knochenkonstrukte bisher nur relativ klein und sehr dünn gestaltet werden.

Neben den Stützgeweben ist die Herstellung von lockeren Bindegeweben von großer biomedizinischer Wichtigkeit nach chirurgischen Eingriffen. Lockeres Bindegewebe und Fettgewebe werden zur Rekonstruktion von

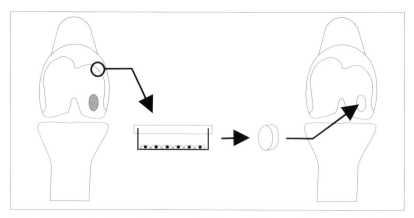

Abb. 29: Bei der Herstellung von Bindegewebekonstrukten werden Zellen eines Patienten entnommen und unter Kulturbedingungen auf einem geeigneten Scaffold angesiedelt. Nach einer gewissen Reifungszeit wird das künstliche Gewebe in die beschädigte Stelle eingesetzt.

Arealen benötigt, in denen z.B. Tumoren der Speicheldrüse entfernt wurden. Probleme bereitet in diesem Fall bisher nicht nur die Herstellung der eigentlichen Gewebekonstrukte, sondern auch die notwendige funktionelle Gefäßanbindung. Zur Ausfütterung werden nämlich Implantate benötigt, die große Schichtdicken von vielen Millimetern bis Zentimetern haben sollten. Technisch ist es bisher nicht möglich, solche Konstrukte unter Kulturbedingungen herzustellen, da die Zellen in tieferen Schichten allein durch Diffusion von Nährstoffen und Sauerstoff nicht mehr versorgt werden können. Würden solche dickschichtigen Konstrukte implantiert, dann sterben die Zellen im Innern ab, bevor ein eigenes Kapillarsystem vom Körper ausgebildet werden kann.

Herzmuskelzellen des erwachsenen Organs vermehren sich ein Leben lang nicht mehr. Ideal wäre es, wenn deshalb Herzmuskelgewebe nach einem ausgedehnten Infarkt implantiert und dadurch die Kontraktionsstärke erhalten und die Narbenbildung vermieden werden könnte. Kontraktile Kardiomyozyten lassen sich auf recht einfache Art als Primärkultur gewinnen, wie in einem vorhergehenden Kapitel beschrieben ist. Auch aus Stammzellen lassen sich kontraktile Kardiomyozyten generieren. In jeden Fall muss man sich darüber im klaren sein, dass es sich dabei um eine Zellkultur, also um einen Monolayer von Zellen auf dem Boden einer Kulturschale handelt. Auf keinem Fall ist diese Kultur ein Stück Gewebe, welches in einem kontraktilen Scaffold angesiedelt ist und nach Implantation eine funktionelle

Verbindung mit dem Kapillarnetz und Reizleitungssystem des Herz aufnehmen könnte.

Zahlreiche degenerative Erkrankungen des Nervensystems wie Morbus Alzheimer, Morbus Parkinson oder Multiple Sklerose haben das Interesse an Regenerationsvorgängen in diesem Gewebe hervorgerufen. Seit kurzem ist bekannt, dass im Gehirn des Erwachsenen Stammzellen existieren, die für Regenerationsvorgänge und somit auch für das Tissue engineering genutzt werden könnten. Deshalb wird versucht, diese Zellen auf geeigneten Scaffolds anzusiedeln und dabei herauszufinden, ob sie interaktive neuronale Geweberverbände aufbauen können. Von besonderem Interesse sind Untersuchungen mit Stammzellen, die in Rückenmarksegmente mit einer Querschnittläsion eingesetzt werden. Dabei sollen die Stammzellen sich zu Neuronen entwickeln, deren Fortsätze in die Leitungsbahnen des durchtrennten Rückenmarksegments einwachsen und auf diese Weise eine unterbrochene Muskelinnervation regenerieren.

Ideale Therapie wäre, wenn ein an Diabetes erkrankter Patient ein kleines Modul implantiert bekäme, welches Insulin produzierende Zellen enthält. Solche Module sind schon vor Jahren von mehreren Arbeitsgruppen entwickelt worden. Dabei wurden die z.B. von Schweinen stammenden Inselzellen mit einer Vielzahl an Biomaterialien umkapselt, um Abstoßungsreaktionen nach einer Implantation zu verhindern, indem Zellen des Immunsystems von dem Implantat ferngehalten werden. Leider traten bei dieser Therapieform bis heute nicht gelöste Probleme auf. Erstens wird das implantierte Modul durch Fibroblasten umwachsen und somit die Insulinsekretion stark eingeschränkt. Hinzu kommt, dass die Insulin produzierenden Zellen mit der Zeit verlernten, Hormon zu produzieren. Experimentell konnte die Synthese bisher nicht wieder hochreguliert werden. Ungeklärt ist bis heute, warum die Herunterregulation der Insulinproduktion in den jeweiligen Modulen und Verkapslungen nicht verhindert werden kann. Dieser Effekt ist sicherlich zum grossen Teil auf eine verminderte Sauerstoffzufuhr zurückzuführen. Intensiv wird deshalb erforscht, ob das generierte Pankreasgewebe Sauerstoffmangel, rheologischen und mechanischen Stress auf Dauer und ohne Verlust der Insulinproduktion tolerieren und somit seine spezifischen Differenzierungsleistungen bis zur Ausbildung eines Gefäßnetzes aufrecht erhalten kann.

Bei vielen Patienten mit Morbus Parkinson verschlechtert sich der Gesundheitszustand, ohne dass ihnen mit Medikamenten geholfen werden könnte. Als letzte Möglichkeit bietet sich an, kultivierte Dopamin produzierende (dopaminerge) Neurone in die Basalganglien des Gehirn zu implantieren. Klinische Erfahrungen mit diesen Patienten zeigen, dass neben anfänglicher Verbesserung der Symptome auch erhebliche Verschlechterungen festgestellt wurden. Ähnlich wie bei Insulin produzierenden Zellen wurde gezeigt, dass anfänglich von den implantierten Neuronen die Dopaminsynthese aufrechterhalten wurde, später dann jedoch verloren gegangen ist. Dabei muss man sich vergegenwärtigen, dass die einmal implantieren neuronalen Zellen nach der Implantation mit dem umliegenden Gewebe verwachsen und nicht wie bei einem Metall-, Keramik- oder Polymerimplantat wieder komplett entfernt werden können.

Große und kleine Gefäße können im Laufe des Lebens erkranken, wodurch sich ihre Wandung verändert und das Lumen für den Blutfluss eingeschränkt oder auch unterbrochen wird. Typisches Beispiel sind die eingeengten Herzkranzgefässe, die Bypassoperationen notwendig werden lassen. Für die operative Umgehung der Engstelle müssen bisher in einem zusätzlichen Eingriff Gefäße aus den Beinvenen entnommen werden. Ideal wäre deshalb, wenn auf Gewebekonstrukte aus körpereignen Zellen zurückgegriffen werden könnte, die in beliebiger Länge, mit beliebigem Durchmesser und guten Verträglichkeitseigenschaften zur Verfügung stehen.

Ungeahnte Möglichkeiten eröffnet das Tissue engineering bei der Herstellung von künstlichen Gefässen. Dazu lässt man Kulturen von Fibroblasten, glatten Muskelzellen und Endothelzellen, die aus einer kleinen Gefäßbiopsie des jeweiligen Patienten gewonnen werden, auf einer geeigneten Biomatrix siedeln. Durch proteolytischen Abbau der extrazellulären Matrix wird zuerst eine Zellsuspension hergestellt, die zur Vermehrung der Zellen mit Wachstumsfaktoren stimuliert wird. Danach wird ein dreidimensionales Geflecht aus Fibroblasten in einer flachen Biomatrix herangezogen. Dieses Konstrukt wird zu einem Röhrchen geformt, welches anschließend außen mit glatten Muskelzellen und innen mit Endothelzellen besiedelt wird. Danach muss das Konstrukt reifen und wird während der Kultur mit Medium durchströmt, um es an die rheologischen Stressbedingungen des fließenden Blutes zu gewöhnen. Die bisher hergestellten Konstrukte halten einem experimentell erzeugten internen hydrostatischen Druck von immerhin 1000 mm Hg stand, was dem 6-8fachen des natürlichen systolischen Blutdruckes entspricht. Es besteht für die Zukunft kein Zweifel daran, dass die artifiziellen Gefäße nach weiteren Optimierungen als Medizinprodukt bei Bypass-Operationen implantiert werden. Naheliegend ist außerdem, dass nach dem vorgestellten Prinzip nicht nur Herzkranzgefässe, sondern auch Arterien und Venen mit einem großen Durchmesser als Gefässimplantat hergestellt werden können.

[Suchkriterien: Tissue engineering artificial constructs]

Organmodule

Ein unerwartet weites Feld ist das Tissue engineering mit Epithelien. Das experimentelle Spektrum reicht hier von der Augenheilkunde mit der Regeneration der Cornea und Retina über Ösophaguskonstrukte, künstliche Darmabschnitte, insulinproduzierende Organoiden oder eine artifizielle Harnblase bis hin zur Konzeption von extrakorporalen Leber- und Nierenmodulen auf der Basis von kultivierten Zellen. Alle Projekte mit Epithelien haben sich im Laufe ihrer experimentellen Realisierung als besonders schwierig erwiesen. Ursache dafür ist, dass die kultivierten Epithelzellen für ihre Verankerung spezielle Oberflächen benötigen, die einerseits die notwendige Stabilität einer Basalmembran garantieren und andererseits einen positiven Einfluss auf die Gewebedifferenzierung haben. Man sollte annehmen, dass bei der Vielzahl der zur Verfügung stehenden Biomaterialien diese Probleme schon längst gelöst sind. Bisher ist das nur sehr eingeschränkt oder gar nicht der Fall. Erahnbar werden die technischen und zellbiologischen Schwierigkeiten, wenn Epithelzellen unter Kulturbedingungen in Kontakt mit neuen Biomaterialien gebracht werden. Dabei zeigen sie sehr häufig Reaktionen, die nicht vorausberechenbar sind. In den meisten Fällen kommt es zu starken morphologischen, physiologischen und biochemischen Veränderungen der Epithelzellen. Infolgedessen verlieren die Zellen ihre Transport- und Abdichtungsfunktionen, halten rheologischem Stress nicht mehr stand und lösen sich von ihrer Unterlage.

Vergiftungen, Hepatitis und Leberzirrhose sind Erkrankungen, die im Endstadium eine Organinsuffizienz zeigen und eine Transplantation des Organs notwendig machen. In den meisten Fällen steht jedoch zu diesem Zeitpunkt kein geeignetes Lebertransplantat zur Verfügung. Zur Überbrückung einer solchen Krisensituation bietet sich deshalb die Herstellung eines künstlichen Lebermoduls an. Untersuchungen mit menschlichen Zellen und Leberzellen vom Schwein zeigen, dass mit den heutigen technischen Möglichkeiten die dafür benötigte Zellmasse gewonnen werden kann. Die isolierten Parenchymzellen lassen sich unter in vitro Bedingungen über lange Zeiträume am Leben erhalten. Zur praktischen Anwendung am Patienten reicht es aber nicht aus, die Zellen auf dem Boden einer Kulturflasche zu kultivieren. Benötigt wird jetzt ein Bioreaktormodul aus Hohlfasern, in dem die Leberparenchymzellen zwischen feinen Kapillargeflechten angesiedelt werden können (Abb. 30). Über einen Strang der Hohlfaserkapillaren werden Nährstoffe und Sauerstoff an die Zellen herangeführt, während über einen anderen Strang das Patientenblut/Serum durch den Bioreaktor geleitet wird. Aktuelle Versuche zeigen, dass die Leberparenchymzellen in einem kapillaren Bioreaktormodul gut überleben können, dennoch einen

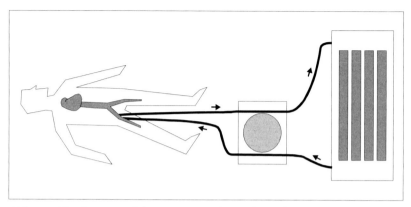

Abb. 30: Ein Organmodul ist ein Bioreaktor, der außerhalb des Körpers arbeitet und mit Zellen besiedelt wird. Bei Bedarf wird das Gerät an die Blutbahn eines Patienten angeschlossen.

großen Teil der Entgiftungsfunktionen nicht für die benötigte Zeitspanne aufrechterhalten können.
Eine weitere Möglichkeit für die Konstruktion eines extrakorporales Lebermoduls ist das Sandwichverfahren, bei dem Leberparenchymzellen in einem kapillaren Raum zwischen zwei permeablen Membranen gehalten werden. Obwohl in den letzten Jahren bei beiden Systemen deutliche biofunktionelle Fortschritte erzielt wurden, wurde bisher kein geeigneter Weg gefunden, um die Entgiftungsleistung der in den Reaktoren gehaltenen Leberparenchymzellen so zu stimulieren, dass sie langfristig das Koma eines Patienten überbrücken können bis ein geeignetes Lebertransplantat gefunden wurde oder sich das patienteneigene Organ erholen konnte.
Bei immer knapper werdenden Spendern von Nierentransplantaten macht es Sinn an die Herstellung eines artifiziellen und ausserhalb des Körpers arbeitenden Dialysemoduls auf der Basis von patienteneignen Zellen zu denken, das zur Optimierung der bisherigen Dialysetechnik eingesetzt werden könnte. Die heute angewendete Dialysetechnik basiert auf einem physikalischen Filter, bei dem harnpflichtige Substanzen durch Poren abgeschieden werden. Ein Teil dieser Substanzen gelangt aber durch Rückdiffusion, also auf dem gleichen Weg wieder durch den Filter zurück in den Körper.
Ein verbessertes Dialysemodul könnte so aufgebaut werden, dass kultivierte Nierenzellen wie im Körper Substanzen nach außen transportieren, gleichzeitig eine Rückdiffusion nicht zulassen und somit eine Ventilfunktion ausüben. Experimentell wird derzeit an einem der Niere nachempfundenen

Reaktormodul gearbeitet. Es besteht aus einem glomerulären wie auch tubulären Teil. Grosse technische und zellbiologische Schwierigkeiten bereitet die Ansiedlung der Nierenzellen auf den künstlichen Basalmembranstrukturen des Reaktors. Offensichtlich sind die verwendeten Materialien nicht optimal geeignet, da die Zellen sich ablösen und somit Transportfunktionen nur eingeschränkt aufbauen. Obwohl eine Vielzahl von Membranen und Hohlfasersystemen zur Verfügung steht, sind die Probleme des membranabhängigen, zellulären Dedifferenzierungs- und Differenzierungsverhalten der Epithelzellen bisher nur im Ansatz gelöst.

[Suchkriterien: Artificial modul bioreactor; Organ transplantation; Liver support devices]

Konzepte zur künstlichen Gewebeherstellung

Zellquellen

Wenn künstliche Gewebe hergestellt werden sollen, so benötigt man dazu entwicklungsfähige Zellen. Ein großes Handicap bereitet in den meisten Fällen die Herkunft und die für die Generierung des Konstruktes benötigte Zellmenge. Um Entzündungen und ein späteres Abstoßungsrisiko so gering wie möglich zu halten, werden am besten Zellen des jeweiligen Patienten entnommen. Wenn die Zellen von einem anderen Menschen stammen, muss eine entsprechend gute Gewebeverträglichkeit vorliegen. Allerdings kann auch dann in den meisten Fällen auf die Einnahme von immunsuppressiven Medikamenten nicht verzichtet werden.

In der aktuellen Diskussion gelten humane Stammzellen als unversiegbare Zellquelle, die sowohl aus embryonalem, fötalem wie auch adultem Gewebe gewonnen werden. Im Gegensatz zu Zellen des erwachsenen Patienten lassen sich Stammzellen beliebig vermehren und sind deshalb für therapeutische Ansätze quantitativ leicht verfügbar. Wenn Stammzellen aus dem eigenen Körper oder dem eigenen Nabelschnurblut gewonnen und für die Generierung eines Gewebekonstruktes verwendet werden, besteht aus immunologischer Sicht kein späteres Abstoßungsrisiko. Werden jedoch Stammzellen eines anderen Menschen verwendet, so gelten die gleichen Gesetzmäßigkeiten der Gewebeverträglichkeit als ob ein Gewebe oder Organ eines anderen erwachsenen Menschen implantiert wird.

Von großem Interesse sind zudem Zellen aus gentechnisch veränderten (transgenen) Tieren, die eine ideale Quelle für erwachsene Parenchymzellen (Funktionszellen) sein könnten, falls nicht genügend menschliche Spenderzellen zur Verfügung stehen. Probleme bereiten in diesem Fall jedoch bisher nicht gelöste hyperakute Abstoßungsreaktionen, die therapeutisch bisher nicht beherrschbar sind. Vielleicht könnte die zukünftige Behandlung von Patienten mit immunmodulierenden Interleukinen (z.B. IL15) die Abstoßungsreaktionen vermindern. Viel zu wenig beachtet ist zudem die Diskussion über mögliche Viren, mit denen tierisches Gewebe infiziert sein könnte. Bei einer Implantation würden diese Viren auf den Menschen übertragen und dadurch möglicherweise erst aktiviert werden.

Die therapeutisch bisher unproblematischste Form der Gewebetransplantation geschieht auf der Basis des autologen Systems. Dabei wird vom Patienten Gewebematerial entnommen, Zellen daraus isoliert, das entsprechende Konstrukt unter in vitro Bedingungen generiert und schließlich dem gleichen Patienten wieder implantiert. Nach diesem Prinzip kann Patienten z.B. ein Stück Knorpel an einer Stelle entnommen werden, die mechanisch nicht belastet wird oder Patienten mit großflächigen Brandwunden oder Geschwüren behandelt werden, denen an gesunder Stelle intakte Zellen entnommen werden können. Dadurch werden Abstoßungs- und Entzündungsreaktionen minimiert. Auch auf die Gabe von immunsuppressiven Medikamenten kann in diesem Fall völlig verzichtet werden.

Ganz andere Probleme bereitet die Beschaffung und Herstellung von Pankreasinselzellkonstrukten bei Patienten mit Diabetes mellitus und damit fehlender Insulinproduktion. Patienteneigene Implantate können in diesem Fall aufgrund des Krankheitsverlaufes und wegen der fehlenden eigenen Insulinproduktion bei Diabetes mellitus Typ I vom Patienten nicht gewonnen werden. Mögliche zukünftige Perspektiven bieten Stammzellen aus Zellbanken oder Zellen, die von transgenen Schweinen gewonnen werden. Um immunologischen Reaktionen des Körpers auf dieses Fremdgewebe vorzubeugen, müssen entweder immunsuppressive Medikamente eingenommen oder die Xenoimplantate in eine Matrix eingeschlossen werden, bevor das Konstrukt implantiert wird. Dadurch soll ein unmittelbarer Zellkontakt zwischen dem Körper des Patienten und dem implantierten Gewebe verhindert werden. Dennoch kann durch die Poren der verwendeten Verkapselungsmatrix Insulin sezerniert und Nährstoffe per Diffusion vom Implantat aufgenommen werden.

Nicht nur bei großflächigen Brandwunden, sondern auch bei Organversagen der Leber oder der Nieren stehen patienteneigene (autologe) Zellen für die Generierung von Gewebekonstrukten entweder nur sehr begrenzt oder nach einer Virusinfektion gar nicht mehr zur Verfügung. Zudem lassen sich die benötigten Zellen in kurzer Zeit nicht in derjenigen Menge heranzüchten, in der sie zur Besiedlung einer verbrannten Körperoberfläche oder eines Reaktormoduls zur Unterstützung der Leberfunktionen gebraucht werden. Aus diesem Grund werden Zellbanken mit unterschiedlichsten Zellen benötigt, die für therapeutische Verfahren zur Verfügung stehen. Probleme bereitet auch in diesem Fall die jeweils benötigte Zellmenge, die sich nach Isolierung der Zellen aus Gewebe von erwachsenen Menschen so leicht nicht gewinnen lässt, da in den meisten Fällen ein geeignetes Organ eher transplantiert als für ein Reaktormodul zur Verfügung gestellt wird. Doch immerhin kommt es in ca. 20% der Fälle vor, dass eine Organspende aus medizinischer Indikation nicht verwendet werden kann. Diese jetzt scheinbar nutzlos gewordenen Organe könnten nach der Isolierung von Parenchymzellen für die Besiedlung eines Organmoduls eingesetzt werden.

[Suchkriterien: Tisue engineering cell source isolation]

Stammzellen

Auf Dauer lässt sich das Problem der nicht im genügenden Ausmaß zur Verfügung stehenden Zellen wahrscheinlich nur mit humanen Stammzellen lösen, die sich theoretisch beliebig vermehren lassen und für die Herstellung von artifiziellem Gewebe besonders geeignet erscheinen. Stammzellen können einerseits aus frühembryonalen Stadien eines menschlichen Keimes gewonnen werden, anderseits findet man sie noch im Nabelschnurblut und im Gewebe des erwachsenen Organismus. Da die Zellen ganz unterschiedliche Entwicklungspotenzen haben, spricht man von toti- bzw. pluripotenten Zellen. Die eigentliche medizinische Eignung der Stammzellen besteht darin, dass sie sich nicht nur beliebig vermehren lassen, sondern durch Wachstumsfaktoren oder Hormone zu ganz unterschiedlichen Gewebezelltypen entwickelt werden können.
Kürzlich wurden Stammzellen beschrieben, die z.B. aus dem Fettgewebe von erwachsenen Menschen isoliert werden können (P. Zuk et al. in UCLA, School of Medicine, Los Angeles, USA). Fettgewebe kann ja bei fast jedem chirurgischen Eingriff gewonnen werden und die daraus isolierten Stammzellen würde man in Gewebebanken deponieren. Dazu wird das Fettgewebe mit Proteasen aufgeschlossen, die Stammzellen isoliert und in Kultur genommen, um sie zu vermehren. Nach Zugabe von Dexamethason, Ascorbinphosphat und Glycerinphosphat zum Kulturmedium entstehen Osteoblasten, während nach Zugabe von Insulin, TGFß und Ascorbinphosphat Chondroblasten beobachtet werden (Abb. 31). Zellen mit muskelspezifischen Eigenschaften (Myoblasten) sollen sich nach Beimischung von Dexamethason und Hydrocortison bilden.

Zellen	Kulturmedium	Serum	Zusätzliche Stoffe
Kontrolle	DMEM	10% FCS	Keine
fettähnliche Zellen (Adipoblasten)	DMEM	10% FCS	Isobutylmethylxanthin, Dexamethason, Insulin, Indomethacin
knochenähnliche Zellen (Osteoblasten)	DMDM	10% FCS	Dexamethason, Ascorbinphosphat, Glycerinphosphat
knorpelähnliche Zellen (Chondroblasten)	DMEM	1% FCS	Insulin, TGFß, Ascorbinphosphat
muskelähnliche Zellen (Myoblasten)	DMEM	10% FCS 5% HS	Dexamethason, Hydrocortison

Abb. 31: Entwicklung von Stammzellen des erwachsenen Fettgewebes: Dabei entstehen nicht funktionelle Gewebezellen, sondern Vorläuferzellen (Blasten) mit beginnenden Gewebeeigenschaften.

In der Öffentlichkeit wird häufig der Eindruck erweckt als würden bei der Kultur von Stammzellen automatisch funktionelle Gewebe entstehen. Das ist nicht richtig. Vielmehr können aus Stammzellen Vorläufer von Gewebezellen, also Zellen mit beginnenden Gewebeeigenschaften entstehen. Erst die Zukunft wird zeigen, ob bei Verwendung einer geeigneten extrazellulären Matrix und mit optimalen Kulturmethoden sich daraus voll differenzierte Gewebe entwickeln können. Die funktionelle Gewebeentwicklung muss experimentell sehr gezielt gesteuert werden. Leider ist über diese elementaren Entwicklungsschritte wie eine unreife Zelle zu einer funktionellen Gewebezelle wird, bisher nur sehr wenig bekannt. Deshalb muss zukünftig in diesem Bereich noch viel an grundlegender Forschungsarbeit geleistet werden.

Beim experimentellen Arbeiten mit Stammzellen gibt es noch viele ungelöste ethische und zellbiologische Probleme, bevor ihr Eignungspotential am Menschen voll überprüft werden kann. Dazu gehört einerseits, dass die Zellen in Form von geeigneten stabilen Zelllinien im notwendigen Umfang gewonnen und in Zellbanken auf Vorrat zur Verfügung stehen. Andererseits muss an diesen Zellen erst erarbeitet werden, wie sich eine funktionelle Gewebeentwicklung steuern lässt. Dazu gehört die äußerst wichtige Frage, ob die verwendeten Stammzellen nach Verabreichung eines morphogenen Entwicklungssignals nur das gewünschte Gewebe entstehen lassen oder ob ein Teil der Zellen sich zu einem anderen Gewebe oder auch zu Tumorzellen entwickeln kann.

Zu bedenken ist, dass ein Einsetzen einer Zahnkrone aus Keramik oder die Implantation eines künstlichen Gelenkes aus Metall mit vergleichsweise geringem Risiko durchgeführt wird. Im Falle einer mangelhaften Funktion, können solche Implantate wieder komplett entfernt werden. Bei einem implantierten Gewebe ist das ganz anders. Es interagiert und verwächst mit seiner Umgebung. Sollten sich neben dem gewünschten funktionellen Gewebe auch Tumorzellen aus den Stammzellen entwickeln, so können diese chirurgisch nicht mehr vollständig mit dem eingesetzten Implantat entfernt werden. In diesem Fall müssten die Zellen des Gewebeimplantates vorher mit einem molekular steuerbaren Selbstmordprogramm ausgestattet werden, welches bei Bedarf aktiviert wird und somit die Zellen durch Einsetzen der Apoptose eliminiert werden können. Die implantierten Zellen könnten ein Gen tragen, welches nach Gabe eines bestimmten Medikaments die Apoptose in diesen Zellen startet und diese selektiv aus dem Körper eliminiert.

Erst anhand all dieser Erfahrungen wird sich herauskristallisieren, ob als Ausgangsmaterial embryonale Stammzellen, Stammzellen aus Nabelschnurblut, Stammzellen aus einem erwachsenen Organismus oder vielleicht besser patienteneigene adulte Zellen für die jeweilige Therapie genutzt werden können.

[Suchkriterien: Embryonic stem cells; Stem cell lines; Transplantation transgenic animals; Atypical protein expression cell culture; Differentiated tissue culture]

Gewinnung von einzelnen Zellen

Beim Tissue engineering kann im optimalen Fall aus autologen, also patienteneigenen Zellen ein künstliches Gewebekonstrukt hergestellt werden. Dazu müssen aus einem gesunden Gewebestück wie z.B. aus einem Stück Gelenkknorpel des Patienten Zellen isoliert und mit klassischen Verfahren in der Zellkultur vermehrt werden. Mit Ausnahme der Blutzellen sind die Zellen in den einzelnen Geweben mehr oder weniger eng kommunikativ miteinander verbunden und auf einer Matrix verankert. Zur Isolierung von Zellen müssen Gewebe deshalb zuerst mechanisch zerkleinert werden, anschließend erfolgt eine enzymatische Behandlung mit Proteasen, um die Zellen aus ihrer extrazellulären Matrix herauszulösen (Abb. 32). Verwendet werden hierbei meist Collagenase und Trypsin, welche die Bestandteile der

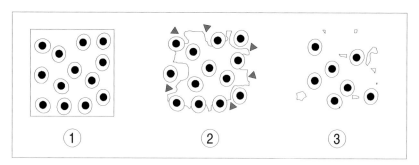

Abb. 32: Schematischer Ablauf der Isolierung von Zellen aus einem Gewebe: In nativem Gewebe sind die Zellen von einer mehr oder weniger dichten extrazellulären Matrix umgeben (1). Mit Proteasen (Trypsin oder Collagenase) wird die extrazelluläre Matrix abgebaut (2). Dadurch gewinnt man isolierte Zellen, die durch Zentrifugation von Fragmenten der extrazellulären Matrix getrennt werden können (3).

extrazellulären Matrix spalten können und so die Freisetzung der Zellen bewirken. Die Inkubation erfolgt bei 37°C, um eine maximale Aktivität der Enzyme zu gewährleisten. Während mit dem relativ unspezifischen Trypsin nur für Minuten ohne eine Schädigung der Zellen inkubiert werden kann, verläuft die Behandlung mit der spezifischen Collagenase über 12 und mehr Stunden, ohne dass eine Proteolyse der Zellen erfolgt.

Die Isolierung von Chondrozyten aus einer Knorpelbiopsie wird folgendermaßen durchgeführt: Die entnommene Knorpelbiopsie wird mit einer scharfen, sterilen Klinge zerteilt. 500 mg Knorpel wird in eine Kulturflasche gefüllt, 3 ml Collagenase-Lösung (0,4 mg/ml Medium) hinzugegeben, dann lässt man den Ansatz 6-8 Stunden bei 37°C unter sanfter Rotationsbewegung inkubieren. Anschließend wird in einem Zentrifugenröhrchen für 5 Minuten bei 200 g zentrifugiert, der Überstand abgenommen und die verbleibenden Zellen in frischem Kulturmedium (z.B. DMEM/F12) resuspendiert. Nach Bestimmung der Zellzahl werden die Zellen in Kulturflaschen in Medium (z.B. DMEM/F12 und Ascorbinsäure) ausgesät. Um die Proliferation der isolierten Zellen anzuregen, sollte das Medium 10% FCS oder humanes Patientenserum (autolog) enthalten. Die Kulturen werden bei 37°C im Brutschrank in wassergesättigter Atmosphäre bei 5% CO_2 und 95% Luft inkubiert.

Die Isolation von Zellen aus einem Gewebe ist technisch gesehen ganz einfach durchzuführen. Zu berücksichtigen ist allerdings, dass es dabei zu morphologischen, physiologischen und biochemischen Veränderungen der

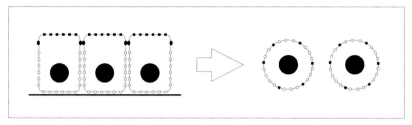

Abb. 33: Bei der Dissoziation werden Epithelzellen aus einem Gewebeverband isoliert. Durch das Auflösen der Zell - Zellverbindungen werden die spezifischen Proteine in der apikalen und basolateralen Plasmamembran gleichmäßig und damit untypisch auf der gesamten Zelloberfläche verteilt.

jetzt isoliert vorliegenden Zellen kommt (Abb. 33). Die aus dem Gewebeverband herausgelösten Zellen runden sich im Kulturmedium aus energetischen Gründen ab, da unter diesen Bedingungen die Plasmamembran die kleinste Oberfläche einnehmen kann. Geradezu faszinierend zu beobachten ist, mit welchen funktionellen Veränderungen dieser Vorgang einhergeht. Nach Gewinnung von Einzelzellen verlieren oder verkürzen z.B. Neurone ihre langen Axone und Dendriten und kugeln sich untypisch ab (Abb. 36). Epithelzellen zeigen keine Polarisierung mehr und kugeln sich ebenfalls untypisch ab. Proteine, die bei den ehemals geometrisch angelegten Epithelzellen nur auf einer Seite (Polarisierung) lokalisiert waren, verteilen sich jetzt untypisch auf der gesamten Plasmamembran (Abb. 33). Ähnliches Verhalten der Umstrukturierung ist bei Muskel- und Bindegewebezellen festzustellen.

Im Vergleich zum Gewebe zeigen isoliert vorliegenden Zellen in Kultur neben einer veränderten Form eine gänzlich andere Adhäsion, zudem veränderte Transport- und Permeabilitätseigenschaften, sowie eine unterbrochene Kommunikation zu ihren Nachbarzellen (Abb. 34). Zusätzlich finden sich teils vermehrt oder teils auch vermindert Proteine in der Plasmamembran, was wiederum Einfluss auf die Ladungsdichte und damit auf das Sekretions- bzw. Phagozytoseverhalten hat. Tatsache ist, dass aus einer im Gewebeverband integrierten Zelle nach ihrer Isolierung ein komplett anderer Phänotyp hervorgegangen ist.

[Suchkriterien: Cell isolation primary culture; Cell adhesion differentiation]

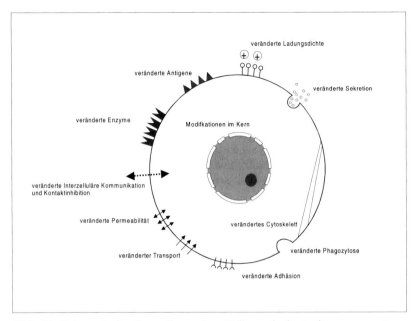

Abb. 34: Schematische Darstellung einer Zelle nach der Isolierung aus einem Gewebe: Dabei kommt es zu zahlreichen morphologischen, physiologischen und biochemischen Veränderungen der Zellen. Ehemals geometrisch angeordnete Epithelzellen runden sich ab. Dazu gehören u.a. eine verminderte Zelladhäsion, die nicht mehr erkennbare Polarisierung, sowie eine veränderte Expression von Proteinen.

Vermehrung der Zellen

Die aus dem Gewebe isolierten Zellen sind häufig nicht zahlreich genug und müssen zur Vermehrung in Kultur genommen und in einer Kulturschale oder –flasche angesiedelt werden. Dazu pipettiert man die isolierten Zellen in Kulturgefäße, wo sie auf dem Boden anhaften. Mit diesem experimentellen Schritt soll erreicht werden, dass sich die Zellen so schnell wie möglich vermehren (Abb. 35). Erreicht wird dies durch die Verwendung eines geeigneten Kulturmediums, sowie durch Zugabe von Wachstumsfaktoren, Patientenserum oder fötalem Kälberserum. Die Kulturen werden bei Bedarf wiederholt in neue Kulturgefäße überführt (passagiert), bis für das weitere Vorgehen eine ausreichende Zellzahl entstanden ist. Bei entsprechend guten Kulturbedingungen sind bei der Kontrolle unter dem Phasenkon-

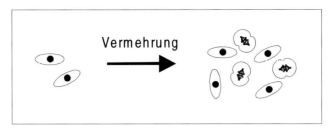

Abb. 35: Nach der Isolierung aus einem Gewebe stehen meist nur wenig Zellen zur Verfügung. Deshalb werden die Zellen auf dem Boden von Kulturgefäßen mit serum- oder wachstumsfaktorhaltigem Kulturmedium so schnell wie möglich vermehrt.

trastmikroskop nach einiger Zeit zahlreiche Mitosen erkennbar. Dies ist ein Zeichen dafür, dass die Zellen sich teilen und nach einiger Zeit der gesamte Kulturgefäßboden mit einem konfluenten Monolayer überwachsen sein wird.

Jeder ist erst einmal zufrieden, wenn die Kulturen nicht infiziert sind, die Zellen gut anhaften und sich möglichst schnell vermehren. Dennoch ist es wichtig zu wissen, was bei diesem Schritt mit einer Gewebezelle geschieht. Nehmen wir an, dass die verwendeten Zellen aus embryonalem Nerven-Epithel oder Bindegewebe stammen, wobei die Zellen aus dem jeweiligen Gewebeverband isoliert wurden. Dabei geht ihre typische dreidimensionale Struktur verloren, sie runden sich ab (Abb. 33, 36). Neurone verlieren die langen Zellfortsätze des Axons und der Dendriten, welche sie zur Kommunikation über lange Strecken befähigt hat. Epithelzellen lösen ihre enge Beziehung zu den Nachbarzellen und zur Basalmembran. Dabei geht die polare Differenzierung verloren. Knorpelzellen werden aus ihrer dreidimensionalen Knorpelhöhle und der Knorpelkapsel herausgelöst. Dabei geht der Kontakt zur umgebenden Knorpelgrundsubstanz verloren. Ergebnis ist, dass die in Suspension befindlichen Zellen nicht mehr als typische Gewebezellen unterscheidbar sind.

Isolierte Zellen haften nach dem Pipetieren in ein Kulturgefäß je nach Gewebetyp mehr oder weniger gerne auf dem Schalenboden an. Während die isolierten Zellen noch eine rundliche Form hatten, so zeigen sich die jetzt anhaftenden Zellen auffallend flach (Abb. 37). Hinzu kommt, dass neurale Zellen kaum noch unterscheidbar von Epithel- oder Bindegewebezellen sind.

Die auf dem Boden der Kulturschale wachsenden Zellen kann man jetzt mit Spiegeleiern vergleichen, deren Zellkern ebenso wie der Dotter den höch-

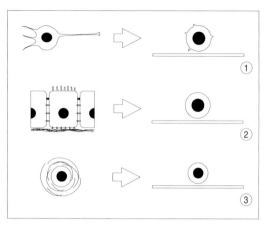

Abb. 36: Zellen werden zur Kultur aus einem Geweberband isoliert (links), dabei geht ihre typische Struktur und Beziehung zur extrazellulären Matrix verloren, infolgedessen runden sie sich ab (rechts). Neurale Zelle (1), Epithelzelle (2) und Bindegewebezelle wie z.B. Knorpel/Knochen (3).

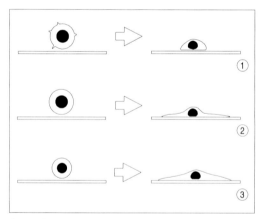

Abb. 37: Von der isolierten zur adhärenten Zelle in Kultur: Neurale Zelle (1), Epithelzelle (2) und Bindegewebezelle (z.B. Knorpel/Knochen) (3). Wenn Zellen aus ihrem Geweberband isoliert werden, so runden sie sich ab und verändern damit entscheidend ihren Phänotyp. Werden die Zellen dann zur Vermehrung in Kultur genommen, so haften sie auf dem Boden eines Kulturgefäßes an. Dabei werden sie im Vergleich zur Zelle im Gewebe untypisch flach. Die unterschiedlichen Gewebezellen gleichen sich jetzt sehr und sind mikroskopisch kaum noch voneinander unterscheidbar.

sten Bereich definiert. Diese in der Kultur erzeugte Dedifferenzierung ist mit vielfältigen, funktionellen Veränderungen an den Zellen verbunden und kann bei einer späteren Implantation schwerwiegende Probleme verursachen (Abb. 34).

[Suchkriterien: Cell proliferation; Cell mitosis growth factors serum]

Mitose versus Postmitose

Die Effizienz von Zellkulturen wird meist danach bemessen, wie schnell der Boden einer Petrischale oder ein dreidimensionaler Scaffold bewachsen wird. Meist werden die Zellen mit Wachstumsfaktoren oder fötalem Kälberserum veranlasst, so schnell wie möglich von einem Mitosephasezyklus zum nächsten zu gelangen. In gleicher Weise wird mit Zellen verfahren, die aus einem Gewebe isoliert und mit einem geeigneten Kulturmedium in die Proliferationsphase überführt werden. Meist wird nicht bedacht, dass viele der verwendeten Zellen unter gewebespezifischen Bedingungen sich in dieser Geschwindigkeit nicht vermehrt hätten. Es werden in-vitro Bedingungen erzeugt, wie sie in den embryonalen, fötalen oder jugendlichen Wachstumsphasen, aber nicht wie in der funktionellen Differenzierungsphase von erwachsenen Geweben vorgefunden werden. Die Zellzahl nimmt dabei unter günstigen Bedingungen rasch zu, jedoch verlieren die Zellen während dieser Phase einen Grossteil ihrer spezifischen Charakteristika (Abb. 38). Untypisch kurz verläuft hierbei die gewebespezifische Interphase, wodurch sich häufig nicht die für das Tissue engineering benötigte Zelldifferenzierung ausbilden kann.

Embryonale, fötale, jugendliche und erwachsene Gewebe unterscheiden sich primär durch die Häufigkeit ihrer Zellteilungen. Beim wachsenden Gewebe dienen die Zellteilungen der Massenvermehrung, dem Längen- und Volumenwachstum. Im erwachsenen Gewebe werden - wenn nötig - durch Zellteilungen meist nur die notwendigen Regenerationsvorgänge gesteuert, sowie mechanische und physiologische Belastungen kompensiert. Proliferierendes, embryonales Gewebe zeigt im Vergleich zu erwachsenem und damit funktionalem Gewebe noch relativ wenig typische Funktionen. Erst im Verlauf und zum Abschluss einer Wachstumsphase werden in einem terminalen Differenzierungsschritt gewebespezifische Eigenschaften vollständig ausgebildet.

Zum Lebenszyklus einer Zelle gehört je nach Zell- und Gewebetyp eine unterschiedlich lang dauernde Interphase, sowie eine konstant verlaufende Mitose- und Zytokinesephase (Kern- und Zellteilung; Abb. 38). Dieser Me-

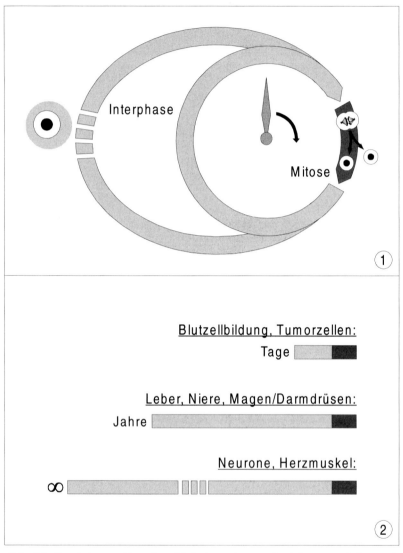

Abb. 38: Der Lebenszyklus einer Zelle besteht aus der Mitose und der nachfolgenden Interphase. In der Mitose entstehen 2 identische Tochterzellen (1). Die Interphase von Zellen ist je nach Zelltyp und Gewebe unterschiedlich lang (2).

chanismus wird durch Cycline, Cyclin-abhängige Kinasen und ihre Inhibitoren gesteuert. Experimentell stimulierbar ist die Zellteilung durch mitogene Substanzen. Häufig wird dies durch die Zugabe von fötalem Kälberserum zum Kulturmedium erreicht. Mit immunologischen und metabolischen Mitosemarkern lässt sich zeigen, dass die Zellteilungsaktivität in embryonalem, reifendem und erwachsenem Gewebe ganz unterschiedlich ausgeprägt ist.

Zellteilung in sehr begrenztem Maße finden sich beim erwachsenen Menschen in neuronalen Strukturen, Knorpel sowie in Herzmuskelzellen (Interphasezeit ∞). Geringe Zellteilungsraten und damit Interphaseperioden über Jahre finden sich auch im Knochen, im Parenchym der Leber, Niere, Nebenniere oder in Darm- bzw. Magendrüsen. Im Vergleich dazu sind hohe Zellteilungsraten in bestimmten Bereichen der Haut, Magen- Darm- und Mundschleimhaut, sowie in Zellen des blutbildenden Systems, Tumorzellen sowie in experimentell genutzten Zelllinien bekannt (Interphase nur 1-2 Tage).

Morphologische und funktionelle Daten zeigen, dass das Proliferationsverhalten nicht nur auf Organebene, sondern bis zu den darin befindlichen erwachsenen Geweben und Subpopulationen an Zellen spezifisch gesteuert wird (Abb. 39). Unbekannt ist, warum bei offensichtlich gleichen Milieubedingungen in einem Organ wie z.B. dem Dünndarm die Zottenepithelzellen eine sehr hohe Erneuerungsrate aufweisen, während die enterochromaffinen Zellen und Paneth'schen Körnerzellen in den unmittelbar benachbarten Krypten eine sehr niedrige Teilungsaktivität zeigen. Entwicklungsphysiologische Unterschiede gelten auch für Bindegewebszellen. Chondroblasten und Osteoblasten z.B. zeigen erstaunlich hohe Zellteilungsraten, während nach der Ausbildung einer extrazellulären Festsubstanz Chondrozyten und Osteozyten keine Teilungen mehr zeigen.

Die natürlich vorhandenen Mechanismen zur Mitosesteuerung sollten bei der Herstellung von künstlichen Geweben unter in vitro Bedingungen berücksichtigt werden. Für die Generierung eines Konstruktes wird zuerst eine genügend große Anzahl von Zellen benötigt. Dazu werden serum- oder wachstumsfaktorhaltige Kulturmedien verwendet. Behält man diese Kulturbedingungen im gesamten weiteren Verlauf des Experiments bei, so werden die Zellen für die gesamte Dauer der Kultur so schnell wie möglich von einem Mitosezyklus zum nächsten geführt. Dabei lässt man ihnen keine Möglichkeit in der Interphase zu verweilen, um funktionelle Eigenschaften auszubilden.

Häufig wird bei der Kultur mit serumhaltigem Medium vergessen, dass sich in den meisten funktionellen Geweben die Zellen nicht in der Mitose, sondern im Interphasestadium befinden. Bei der Kultur im fötalen Kälberserum-

Zellen und Gewebe	täglich neu gebildete Zellen (%)	Lebensdauer (Tage)
Nervenzellen	0	
Epithelzellen: (Parenchym)		
Leber	0,2-0,7	
Niere	0,3-0,4	
Schilddrüse	0,3	
Deckepithelien:		
Harnblase (basale Zellen)	2	64
Trachea	2,1	47,6
Haut (Stratum germinativum)	5,2	19,2
Magen (Corpus)	35,4	2,8
Magen (Regio pylorica)	56,4	1,8
Dünndarm (Jejunum)	79	1,3

Abb. 39: Zellen in den Organen und Geweben erneuern sich in ganz unterschiedlichen Zeitintervallen. Dargestellt ist Gewebe der Maus (nach F.D. Bertalanffy 1967). Verlässliche Daten von menschlichem Gewebe sind schwer verfügbar.

oder wachstumsfaktorhaltigen Kulturmedium, also beim permanenten Einleiten der Zellen in die Mitose gehen funktionelle Charakteristika verloren. Mitose und Interphase einer Zelle sind nicht parallel, sondern nacheinander ablaufende Ereignisse des Zellzyklus. Demnach kann eine sich teilende Zelle gleichzeitig nur eine minimale gewebetypische Differenzierung aufweisen. Im Organismus ist je nach Anforderung und Gewebetyp die Länge der Interphaseperiode festgelegt. Für die Generierung artifizieller Gewebe mit optimalen Differenzierungseigenschaften sollte entsprechend dieser natürlichen Voraussetzungen deshalb zuerst die Mitoseaktivität stimuliert, dann reduziert und schließlich die Interphaseperiode so lange wie möglich experimentell aufrechterhalten werden.

[Suchkriterien: Cell cycle proliferation; Mitogen activated proteinkinases mitosis]

Primärkontakt zwischen Zelle und Biomatrix

Während bei der Zelltherapie nur eine Suspension von proliferierenden Zellen in die Zone des Defektes injiziert wird, möchte man beim Tissue engineering Zellen auf einer artifiziellen extrazellulären Matrix (Scaffold) ansiedeln und dieses Gewebekonstrukt dann als Implantat verwenden. Dabei wird angenommen, dass die Zellen in Kooperation mit der Matrix automatisch zu einem funktionellen Gewebe reifen. Das ist leider nicht so. Die Matrix muss eine Reihe von speziellen Eigenschaften aufweisen, damit Zellen angesiedelt werden können und sich daraus ein funktionelles Gewebe entwickelt. Eine der wesentlichen Voraussetzungen ist, dass die Matrix bioverträglich ist, keine toxischen Auswirkungen auf die angesiedelten Zellen, das sich entwickelnde Gewebe oder nach Implantation auf das umgebende Patientengewebe hat. Außerdem muss die Matrix den Zellen eine optimale Möglichkeit für Adhäsion und Differenzierung gewähren, so dass sich das Konstrukt möglichst gewebespezifisch entwickeln kann. Schließlich sollte die Biomatrix ein mechanisch stabiles Gerüst darstellen, das den kultivierten Zellen eine natürliche, dreidimensionale Anordnung ermöglicht. Optimal wäre es, wenn die Matrix zu einem späteren Zeitpunkt abgebaut und durch gewebespezifisches Material der implantierten Zellen ersetzt werden kann.

Dazu ein Beispiel, wie aus Knorpelgewebe isolierte Chondrozyten auf einer Matrix angesiedelt werden können. Wenn eine ausreichende Zellzahl vorliegt, wird das Kulturmedium aus der Flasche entfernt, mit warmer PBS Lösung gespült, 1 ml Trypsinlösung hinzugegeben und bis zur Ablösung der Zellen bei 37°C inkubiert. Die Enzymreaktion wird durch Zugabe von serumhaltigem Medium gestoppt, die Zellsuspension in Zentrifugenröhrchen überführt und 5 Minuten lang bei 200 x g zentrifugiert. Der Überstand wird abgenommen und die Zellen in frischem Kulturmedium (z.B. DMEM/F12) resuspendiert. Danach wird die Zellzahl bestimmt und die Zellsuspension entsprechend einer optimalen Konzentration in Medium verdünnt. Schließlich wird die eingestellte Zellsuspension auf die ausgewählte Matrix/Scaffold pipettiert. Nach ca. 8 Stunden haften die Chondrozyten auf dem Scaffold und die Konstrukte können weiter kultiviert werden. Wenn Zellen mit einem Scaffold in Kontakt gebracht werden, so soll sich daraus unter Kulturbedingungen möglichst schnell und möglichst gut ein gewebespezifisches Konstrukt entwickeln (Abb. 40). Dies gelingt jedoch nur, wenn die Zellen und die angebotene extrazelluläre Matrix/Scaffold optimal interagieren. Nur dann sind Chancen zu einer gewebespezifische Differenzierung gegeben. Entsprechend der Qualität der Matrix zeigt sich sofort nach dem Aufpipetieren, ob die Zellen gut anhaften. Damit signalisie-

Abb. 40: Inwiefern entwickeln Zellen in Verbindung mit einer Biomatrix automatisch gewebetypische Eigenschaften?

ren sie, dass sie sich wohlfühlen. Erst dadurch ist die Voraussetzung gegeben, dass ein funktionelles Gewebe entsteht. Erst nach Tagen wird erkennbar, ob alle angesiedelten Zellen eine gleiche Entwicklungsrichtung einschlagen oder ob ein Teil der Zellen embryonale Eigenschaften behält und damit eine potentielle Gefahr z.B. für eine spätere Tumorentstehung in sich birgt. Besondere Bedeutung haben diese wichtigen Aspekte nicht nur bei Verwendung adulter körpereigner Zellen, sondern auch besonders bei der Verwendung von Stammzellen.

Die bisherigen experimentellen Erfahrungen mit Zellen auf Biomatrices zeigen, dass es kein Einheitsmaterial gibt, welches für die Entwicklung eines jeden Gewebes gleich gut geeignet wäre. Vielmehr zeigt sich, dass für jedes Gewebe mit seinen sehr spezifischen Anforderungen eine ganz individuelle Matrix angewendet werden muss. Dies bedeutet, dass z.B. auf einer Matrix, die gut für Leberparenchymzellen geeignet ist, nicht automatisch auch Insulin produzierende Zellen gedeihen. Höchstwahrscheinlich ist diese Matrix sogar für Bindegewebezellen überhaupt nicht geeignet.

Bei der Neuentwicklung einer Matrix für einen bestimmten Zelltyp kann eine Eignung nicht vorhergesagt werden, sondern muss experimentell jedes Mal neu bestimmt werden, da allein die Zellen in Kontakt mit der Matrix das eigene Differenzierungsprofil definieren. Zu Beginn unserer eigenen Arbeiten waren wir uns nicht bewusst, wie sensitiv Zellen auf einer Matrix mit erwünschter Differenzierung oder auch mit unerwünschter Dedifferenzierung reagieren. Ungelöstes Problem ist, warum die Zellen bei Besiedlung eines Scaffolds nicht automatisch alle funktionellen Eigenschaften des Gewebes entwickeln, sondern in einem mal mehr oder mal weniger unreifen Entwicklungszustand stecken bleiben (Abb. 41).

Zur Ansiedlung von Zellen auf einer Matrix/Scaffold werden Zellen in Suspension, also im Kulturmedium abgerundete Zellen aufpipetiert. Wichtig ist jetzt ihre Ausbreitung und ihr Anhaften zu beobachten, damit erkennbar

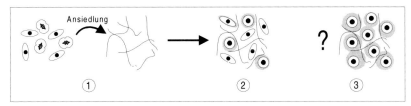

Abb. 41: Ansiedlung von isolierten Zellen auf einem Scaffold. Dabei entscheiden die proliferierenden Zellen, ob die Matrix zum Anhaften geeignet ist. Falls ja, suchen sie sich ihren individuellen Platz (1). Dabei entwickeln sie meist einen halb gereiften Differenzierungszustand aus (2). In den meisten Fällen ist unbekannt, mit welchen Faktoren die terminale Differenzierung von Geweben angeregt werden kann, damit sich aus einem halb gereiften ein funktionelles Gewebe entwickelt (3).

wird, ob sie mehr an der Oberfläche des Fasermaterials anhaften oder mehr die dazwischen liegenden Räume besiedeln (Abb. 41). Dadurch können erste Erfahrungen über das Sozialverhalten der Zellen innerhalb eines verwendeten Scaffold gesammelt werden. Bedenken sollte man bei diesem Schritt, dass isolierte und damit abgerundete Gewebezellen mit dem jeweiligen Scaffoldmaterial in Kontakt gebracht werden. Dabei sehen die verschiedenen Gewebezelltypen fast gleich aus. Im Primärkontakt zur Matrix zeigt sich dann, ob Bindegewebezellen, neuronale Zellen oder Muskelzellen naturgemäß das Innere des Scaffolds besiedeln oder ob Epithelzellen wie zu erwarten auf der Oberfläche bleiben.

Um aus proliferierenden Zellen auf einer Biomatrix ein funktionelles Gewebeimplantat herzustellen, muss sich nach Ansiedlung der Zellen eine Reifungsphase anschließen. Für die Entwicklung funktioneller Differenzierung müssen deshalb experimentell Mitose- und Interphase getrennt und den Bedürfnissen der jeweiligen Gewebezellen angepasst werden. Unterschieden wird dabei zwischen einer Proliferationsphase und der Initiation der Differenzierung, in der die histotypischen Eigenschaften von Geweben so weit wie möglich erreicht werden.

Überraschend wenig Informationen gibt es zur funktionellen Gewebeentstehung in vitro und in vivo. Ein zentraler Punkt bei der funktionellen Gewebereifung ist das Wechselspiel zwischen der Mitosesteuerung und dem Beginn der terminalen Differenzierung. Aktuelle Daten zeigen, dass die mitogen-aktivierten Proteinkinasen (MAP) und Proteinphosphatasen eine zentrale Rolle zu spielen scheinen. Zellteilungsaktivität kann über die extrazelluläre Matrix, morphogene Faktoren und über akute physiologische Parameter in den Geweben gesteuert werden. Gänzlich unbekannt sind die morphogenen Einflüsse, die Gewebezellen zu einem gewissen Zeitpunkt veranlassen, die Mitose einzustellen und typische Funktionen auszubilden. Auch die nachgeschalteten Mechanismen, wie aus den embryonal angelegten Zellen dann funktionsfähige Gewebe entstehen, sind noch nicht aufgeklärt. Überdacht werden müssen auch Vorstellungen zur Regeneration an funktionellem Gewebe, warum z.B. eine Knochenfraktur meist in kurzer Zeit und unter Wiederherstellung der ursprünglichen Funktionen durch Proliferation und Differenzierung der beteiligten Zellen verheilen kann, während im benachbarten hyalinen Knorpel nach Beschädigung nur bedingt belastungsunfähiger Faserknorpel produziert wird.

Vor der klinischen Anwendung sollten auf breiter Basis die zellbiologischen Grundlagen der Gewebeentstehung und -regeneration experimentell untersucht werden. Aus zellbiologischer und technischer Sicht stehen wir bei der Entwicklung solcher Gewebekonstrukte erst am Anfang der zukünftigen Möglichkeiten, weil uns das Wissen zu den Abläufen der funktionellen Gewebereifung im Organismus fehlt. Verglichen mit der Vermehrung von Zellen ist das Hochregulieren und die Aufrechterhaltung einer funktionellen Differenzierung in vitro experimentell schwierig und nur über viele Jahre zukünftiger Entwicklungsarbeit zu realisieren. Dies liegt einerseits an bislang ungelösten methodischen Schwierigkeiten, andererseits an fehlenden apparativen Voraussetzungen. Die wohl größte zu überwindende Hürde ist das bisher mangelnde Problembewusstsein auf diesem Gebiet. Es wird angenommen, dass Gewebe unter in vitro Bedingungen sich ohne Zutun entwickelt. Aktuelle experimentelle Daten jedoch zeigen, dass es bisher noch nicht möglich ist, mit dem Organismus vergleichbare funktionelle Gewebe unter reinen Kulturbedingungen herzustellen. Ein wesentliches methodisches Hindernis scheint die falsche Vorstellung zu sein, dass Zellvermehrung immer wünschenswert ist.

Möchte man z.B. Hybridomas mit einer effizienten Antikörperproduktion kultivieren, so stehen dafür eine ganze Reihe abgestimmter und kommerziell erhältlicher Medien und Kulturmöglichkeiten für das Upscale, d.h. dem Arbeiten in immer größer werdenden Dimensionen zur Verfügung. Dieses Beispiel zeigt sehr deutlich, dass fast alle der bisher entwickelten Medien für Kulturen entwickelt wurden, deren Zellen sich möglichst schnell teilen sollen, damit in möglichst kurzer Zeit ein Maximum an Syntheseleistung erreicht wird. Erreicht wurde dieses Ziel durch eine experimentell ermittelte Veränderung der Elektrolytzusammensetzung und der Osmolarität des jeweiligen Mediums. All diese Medien haben jedoch wenig Gemeinsamkeit mit der interstitiellen Flüssigkeit, in der sich Gewebezellen mit einer langen Interphaseperiode und einem entsprechenden Differenzierungsgrad befinden. Wie oben dargestellt wurde, sollten Zellen in der funktionellen Interphase keinem Stress ausgesetzt werden, der permanent Mitosen auslöst. Eine Kultur mit proliferierenden Zellen allein repräsentiert keine funktionelle Gewebekultur und schon gar keine Organkultur. Im Fokus der zukünftigen wissenschaftlichen und technischen Entwicklungen stehen deshalb Kulturgeräte und Medien, mit denen funktionelle Gewebe generiert und über Wochen oder Monate mit ihren funktionellen Eigenschaften erhalten werden können.

[Suchkriterien: Biomatrix; Scaffold sponge; Three-dimensional matrix development]

Atypische Entwicklung

Experimentelle Erfahrungen mit isolierten Zellen und unterschiedlichen Scaffolds in Kultur zeigen, dass daraus nicht automatisch ein funktionelles Gewebe entsteht. Einzelzellen sind zudem nicht vergleichbar mit Geweben, deren Zellen soziale Gemeinschaften bilden, spezielle Umgebungsbedürfnisse haben und damit einen hohen Komplexizitätsgrad aufweisen. Überraschend wenig ist über die Entstehung von Geweben mit seinen funktionellen Eigenschaften bekannt. Neue Strategien und Methoden müssen demnach entwickelt werden, um analog zu den Vorgängen bei der Gewebeentstehung im Körper zu lernen, wie unter in vitro Bedingungen dieses Geschehen simuliert werden kann, da nur mit diesem Wissen das Tissue engineering qualitativ hochwertig und damit therapeutisch beherrschbar werden wird.

Die kritische Analyse der publizierten Literatur im Bereich des Tissue engineering zeigt, dass Gewebeentwicklung in vitro häufig mit einer fehlenden Upregulation, einer nicht beherrschbaren Downregulation von Gewebeeigenschaften oder einer atypischen Proteinexpression verbunden ist. Insulin produzierende Inselzellen des Pankreas vermindern oder beenden die Hormonproduktion unter Kulturbedingungen oder nach der Implantation. Das gleiche gilt für Dopamin produzierende Neurone, die Patienten mit Morbus Parkinson implantiert wurden. Knorpelkonstrukte sind mechanisch nicht in gleicher Weise belastbar, wie dies vom nativen Gelenkknorpel her bekannt ist. Ähnliches gilt für Knochenkonstrukte, die Patienten mit Osteoporose implantiert werden sollen. Bei extrakorporalen Leber- und Nierenmodulen steht ebenfalls das Problem der zellulären Dedifferenzierung im Vordergrund. Obwohl die Zellen in den verwendeten Modulen über lange Zeiträume am Leben erhalten werden können, gehen im Vergleich zur gesunden Gewebestruktur im Organismus ein hoher Prozentsatz an Entgiftungsleistungen bzw. Transport- und Abdichtungsfunktionen verloren.

Ein weiteres ungelöstes Problem beim Tissue engineering ist die Expression atypischer Proteine, was im Fall einer Implantation des Konstruktes zu mangelhafter Funktion, aber auch zu Entzündungs- und Abstoßungsreaktionen führen kann. Bei kultivierten Knorpelkonstrukten z.B. sollte natürliches Kollagen Typ II exprimiert werden, damit sich eine mechanisch belastbare extrazelluläre Matrix bilden kann. Tatsächlich wird häufig aber ein hoher Anteil an untypischem Kollagen Typ I gefunden. Herzklappen sollten aus verständlichen Gründen möglichst lange Zeit elastisch deformierbar bleiben. Probleme bereiten bei den Konstrukten jedoch die Calzifizierung, die normalerweise in diesem Gewebe nicht gefunden wird. Die geschilderten atypischen Entwicklungen sind bisher nur als Phänomen bekannt und deshalb nicht zufriedenstellend experimentell untersucht. Erst langsam beginnt man zu verstehen, wie es zu dieser Entwicklung kommt und wie solche Eigenschaften experimentell zu steuern sind. Unklar ist zudem, warum das Konstrukt in vielen Fällen nach Implantation eine atypische Proteinexpression behält und nicht durch Umgebungseinwirkung zur spezifischen Expression zurückkehrt. Dies zeigt einerseits, dass das Implantat nicht vollständig in die Umgebung integriert ist und andererseits, dass ein atypischer Gen switch sich der Kontrolle des umgebenden Gewebes entziehen kann.

Ideal wäre die in vitro Generierung eines vollständig differenzierten und funktionellen Gewebekonstruktes, in dem eine gewebespezifische Zellproliferation stattfindet. Das Problem dieser Realisierung liegt jedoch darin, dass es zum heutigen Zeitpunkt experimentell noch nicht möglich ist, die natürlichen Vorgänge der Gewebereifung in vitro vollständig nachzuvollziehen. Auch die funktionelle Integration solcher Konstrukte in bestehendes Gewebe ist bisher nicht genügend untersucht. Deshalb muss vorerst akzeptiert werden, dass mehr oder weniger gereifte Konstrukte zur Anwendung kommen. Bei der Implantation von unreifen Geweben geht man bisher davon aus, dass eine vollständige Differenzierung der Implantate erst im Patienten durch die Selbstorganisationsfähigkeit des Körpers im Laufe der Zeit geschieht. Durch die Einbringung von unreifen Gewebekonstrukten oder von Zellsuspensionen hofft man, die Selbstheilungskraft des Organismus zu stimulieren.

[Suchkriterien: Organogenesis; Differentiation dedifferentiation; Bioartificial organs]

Kulturschale und Mikroreaktortechnik

Für die Generierung von Geweben werden geeignete Kulturbehälter benötigt. Während für die Vermehrung von Zellen eine kaum überschaubare Vielzahl von sterilen Einwegkulturgefässen zur Verfügung steht, gibt es für die Gewebezucht bisher nur eine sehr beschränkte Auswahl. Die Einführung von Einmalprodukten im Bereich der Zellkultur hat seit Beginn der 80er Jahre bei den meisten Anwendern dazu geführt, dass eine Sterilverpackung geöffnet und das entsprechende Kulturgefäß für das jeweilige Experiment entnommen wird. Je besser das Marketing, desto größer scheint das Vertrauen in die Qualität der in den Kulturschalen gezüchteten Zellen zu werden. Fast undenkbar ist dabei geworden, dass von einem selbst Änderungen zur Verbesserung des Kulturenvironments und damit Verbesserungen zur Zell- und Gewebequalität vorgenommen werden. Verständlicherweise hat dies zu einer fast unkritischen Einstellung gegenüber diesen Produkten geführt.

Bei der Generierung von Gewebe wird im einfachsten Fall ein Scaffold auf den Boden einer Kulturschale gelegt, dann werden die Zellen zusammen mit dem Kulturmedium aufpipetiert (Abb. 42,1). Die experimentellen Daten zeigen, dass sich die Zellen bei guter Interaktion mit dem verwendeten Biomaterial binnen Stunden ansiedeln. Bei länger dauernder Kultur zeigt sich allerdings häufig, dass die Entwicklung zu einem funktionellen Gewebe nicht weiter voranschreitet. Das Problem besteht darin, dass der Scaffold auf einer Seite Kontakt mit dem Kulturschalenboden hat. In dem statischen Milieu einer Kulturschale führt dies zu ungerührten Schichten mit einer schlechten Nähr- und Sauerstoffversorgung, was naturgemäß einen negativen Einfluss auf die Gewebedifferenzierung innerhalb des Scaffold zur Folge hat.

Bei der professionellen Durchführung von Experimenten mit funktioneller Gewebereifung muss umgedacht und berücksichtigt werden, dass jedes Gewebe seine speziellen Anforderungen besitzt, die experimentell angepasst werden müssen. Konventionelle Einwegkulturgefäße lassen eine solche spezifische Modulierung des Gewebeenvironments nur in den seltensten Fällen zu. In einer Kulturschale können Zellen fast beliebig vermehrt werden, für die Generierung von Gewebe reicht diese Methode aus verschiedensten Gründen nicht aus. Angewendet werden jetzt Kulturmethoden, die den physiologischen Bedürfnissen und damit der Ausbildung spezifischer Eigenschaften in den einzelnen Geweben gerecht werden.

Anpassung an das Gewebeenvironment bedeutet, dass unter sterilen Bedingungen für die Versuche viel vorbereitet werden muss. Scaffolds müssen ausgesucht, auf die geeignete Grösse zugeschnitten und an Gewebeträger angepasst werden. Nach dem Aufpipetieren von Zellen auf den Gewebeträger wird das entstehende Gewebe unter möglichst physiologischen Bedingungen in speziellen Mikroreaktoren kultiviert (Abb. 42.2-5). Dazu müssen geeignete Schläuche und Verbindungen angepasst sowie eine geeignete Förderpumpe für das Kulturmedium installiert werden. Schließlich ist zu bedenken, ob das Gewebe in einem CO_2- Inkubator- oder unter Laborluftatmosphäre entstehen soll. Je nach eingeschlagener Strategie wird ein gewebeverträgliches Puffersystem benötigt, um Experimente unter konstantem pH für Wochen oder auch Monate durchführen zu können. Experimente mit proliferierenden Zellen können meist sehr schnell innerhalb von Tagen durchgeführt werden. Im Gegensatz dazu sind zur Herstellung artifizieller Gewebe Zeiträume von mehreren Wochen nötig.

Verbesserte Methoden zur Gewebeherstellung unter in vitro Bedingungen sind z. B. in Glasgefäßen mit großen Volumina zu erreichen, in denen Kul-

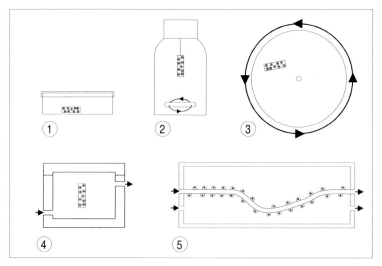

Abb. 42: Technische Möglichkeiten zur Generierung von künstlichen Geweben: Im einfachsten Fall wird der Scaffold mit den aufpipettierten Zellen auf den Boden einer Kulturschale gelegt (1). Scaffolds können an einem Faden befestigt werden, der sich in einem Gefäß mit langsam rotierender Nährflüssigkeit befindet (2). Gewebe kann in einem Modul hergestellt werden, welches permanent in einer vertikalen Position rotiert und damit Mikrogravitation erzeugt (3). Scaffolds können in einen Container eingesetzt werden, der permanent mit frischem Medium durchströmt wird (4). Mit Gewebezellen besetzte Hohlfasern lassen sich in einem Container kultivieren (5).

turmedium mit einem magnetischen Rührfisch in permanente Rotation versetzt wird (Abb. 42.2). Das Gewebekonstrukt wird dabei an einem Faden hängend einem permanenten Flüssigkeitsstrom ausgesetzt. Nachteile dieser Methode bestehen darin, dass das Kulturmedium nicht kontinuierlich ausgetauscht wird und mit zunehmender Kulturdauer immer mehr Stoffwechselprodukte im Medium angehäuft werden. Eine andere Möglichkeit bietet ein Kulturmodul, bei dem das Gewebekonstrukt durch eine ständige rotierende Auf- und Abwärtsbewegung einer Kulturkammer einer Mikrogravitation unterliegt (Abb. 42.3). Auch hier findet eine kontinuierliche Nährstoffversorgung mit immer neuem Kulturmedium meist nicht statt. Dadurch werden freigesetzte Stoffwechselmetabolite nicht kontinuierlich entfernt und können durch die permanente Anhäufung entstehendes Gewebe schädigen. Trotz deutlicher Erfolge dieser beiden Methoden sind wichtige Aspekte einer gewebespezifischen Simulierung des Environments nicht durchführbar. Konstante Ernährungsbedingungen lassen sich in Perfusionscontainern erzeugen, die permanent mit immer frischem Kulturmedium versorgt werden (Abb. 42.4). Dabei gibt es zwei unterschiedliche Strategien. Die eine Möglichkeit ist, einen mit Zellen besiedelten Scaffold in einen Träger einzuspannen und im Zentrum eines Perfusionscontainers reifen zu lassen. Bei der anderen Möglichkeit kann Gewebe an der Grenze zu Hohlfasern in einem Gehäuse herangezogen werden (Abb. 42.5).

[Suchkriterien: Cell culture rotating bioreactor; microgravity cell culture]

Matrices

Allein über die zur Verfügung stehenden extrazellulären Matrices, Filter, Scaffolds und Biomaterialien lässt sich wegen ihrer Vielfalt ein Buch schreiben. Unterschieden wird zuerst einmal zwischen technisch hergestellten Materialien und Matrices, die aus biologischen Geweben gewonnen werden. Eine biologische extrazelluläre Matrix kann isoliert werden, indem man aus Geweben die zellulären Komponenten durch biochemische Extraktion z.B. mit Detergentien wie Triton X-100 oder Desoxycholat sowie mit Enzymen herauslöst. Zudem können verschiedenste Kollagene aus Schlachtabfällen wie Knochen, Haut, Hufen, Hörner, Fischblasen und Hahnenkämmen industriell isoliert und in reiner Form für die Herstellung von planen oder dreidimensionalen Scaffolds verwendet werden. Im täglichen Leben werden die technisch isolierten Kollagene in Form von Wursthüllen, Nahtmaterial, Koch- und Backhilfen sowie bei der Verkapselung von Medikamenten wiedergefunden. Besonders vielversprechend für das Tissue engineering sind Schäume, die als Kollagenspray hergestellt werden.

Technisch hergestellte Matrices sind Polymermaterialien, die z.B. aus Polysachariden synthetisiert werden und auf Dextran, Chitosan, Stärke oder Gellan basieren. Beliebte Materialien von Scaffolds für die Generierung von Knorpel- und Knochenkonstrukte ist z.B. Hyaluronsäure mit ihren unzähligen Derivaten. Immer wieder hat sich gezeigt, dass ein einzelnes Material keine optimale Differenzierung der Zellen hervorruft. Deshalb werden immer mehr Kompositmaterialien für die Herstellung von Scaffolds wie z.B. Poly(ε-caprolacton-co-D,L-lactid)/Seide auf ihre Eignung untersucht. Die Aufzählung ist lange noch nicht vollständig, dennoch vermittelt sie einen Einblick in die fast endlos erscheinenden Möglichkeiten für die Herstellung bioartifizieller Matrices. Aufgrund dessen sollte man meinen, dass es inzwischen für jedes Gewebe mit seinen individuellen Spezialisierungen eine Matrix gibt, die das Differenzungsgeschehen optimal unterstützt. Doch leider ist das nicht so. Zu lange Zeit wurde die Interaktion zwischen Zelle und verwendetem Biomaterial wissenschaftlich nicht systematisch genug untersucht. Die Eigenschaften von artifiziellen Biomatrices sind nicht voraussagbar. Deshalb kann die Eignung eines neu entwickelten Materials für einen Gewebezelltyp nur im Experiment herausgefunden werden.

Verschiedenste Materialien stehen in Form von planen Folien, Membranen oder dreidimensionalen Faserstrukturen wie Vliesen bzw. Textilen zur Verfügung, um Zellen als Anhaftungsunterlage zu dienen. Zweidimensionale Matrices können zuerst mit Zellen besiedelt und anschließend zusammengerollt und zu dreidimensionalen Superstrukturen zusammengesetzt werden. Eine andere Möglichkeit bieten dreidimensionale Polymere, in deren Poren oder Faserzwischenräumen lebende Zellen angesiedelt werden können.

Die Auswahl einer Matrix hängt zuerst einmal vom Gewebe ab, welches generiert werden soll (Abb. 43). Bei Epithelgewebe müssen Oberflächen besiedelt werden, dabei dürfen sich die kultivierten Zellen von der Oberfläche nicht ablösen und müssen rheologischem Stress standhalten. Bei Bindegeweben müssen Innenräume des Scaffolds besiedelt werden. Dabei muss das verwendete Biomaterial bei der Generierung von Knorpel oder Knochen die Synthese von extrazellulärem Hartmaterial unterstützen, so dass sich daraus mechanisch belastbare Strukturen entwickeln können. Bei neuralem Gewebe wird das verwendete Material ebenfalls dreidimensional besiedelt. In diesem Fall aber müssen die auswachsenden Dendriten und Axone von der verwendeten Matrix so geleitet werden, dass sich ein zielgerichtetes Wachstum dieser Strukturen ergibt, so dass über Synapsen Kontakte untereinander entstehen können. Bei Muskelgewebe wiederum muss die verwendete Matrix aus flexiblem Material aufgebaut sein, damit die entstehenden Strukturen sich kontrahieren können. Deutlich wird, dass

Abb. 43: Rasterelektronenmikroskopische Ansichten von einer Filterstruktur (1), einem Maschenwerk (2) und einem Kollagenscaffold (3), die für die Besiedlung mit Zellen geeignet sind.

jedes einzelne Gewebe eine sehr spezifische Matrix benötigt. Aus diesem Grund gibt es keine Matrix, die gleich gut geeignet für alle die verschiedenen Gewebe mit ihren Spezialisierungen ist.

Zellwachstum, Zellfunktion und damit die Gewebedifferenzierung werden in großem Maße durch das räumliche Umfeld beeinflusst. Deshalb wird eine Nachahmung der natürlichen räumlichen Organisation im Tissue Engineering angestrebt. Als Support oder Scaffold werden all jene Trägerstrukturen bezeichnet, die den Zellen als Wachstumsunterlage oder als dreidimensionales Gerüst dienen sollen und deren spätere räumliche Organisation unterstützen sollen. Da die Zellen auf diesen Materialien anhaften und mit ihnen interagieren sollen, müssen die Oberflächen eine Reihe wichtiger Eigenschaften aufweisen. Benetzbare, hydrophile Oberflächen bieten bessere Adhäsion als hydrophobe. Es besteht außerdem eine Wechselwirkung zwischen negativ geladener Zellmembran und der Oberfläche des Werkstoffes. Deshalb kann durch Modifikation der Oberflächenladung oft auch die Zellanhaftung verbessert werden. Durch chemische Modifikationen können Proteine wie z.B. Fibronektin auf der Materialoberfläche angebracht werden, mit denen Zellen selektiv über Ankerproteine in Verbindung treten können. Die elektrische Leitfähigkeit metallischer Werkstoffe kann durch ablaufende Redoxreaktionen zur Denaturierung von Proteinen in der Plasmamembran führen und somit die Zellen schädigen. Für das Gewebewachstum entscheidend sind außerdem die Porengröße des verwendeten Materials sowie die Art der Verbindung zwischen mehreren Poren.

[Suchkriterien: Scaffolds biomaterials polymers]

Bioabbaubare Scaffolds

Eine weitere sehr wichtige Eigenschaft von Support- und Scaffoldmaterialien ist ihre Abbaubarkeit. Nach Erfüllung ihrer primären Stütz- und Wachstumsfunktion soll die Matrix durch verschiedene Degradationsmechanismen wie Polymerauflösung, Hydrolyse, enzymatische Degradation und Dissoziation von Polymer-Polymer-Komplexen abgebaut werden. Bei optimaler Anwendung werden die Degradationsprodukte des Polymers in den biologischen Kreislauf des menschlichen Körpers aufgenommen. Zudem sollte das Molekulargewicht der Produkte möglichst gering sein, damit eine Elimination über die normalen Ausscheidungswege möglich ist. Biodegradable Polymere, die im Tissue Engineering Anwendung finden, sind zum Beispiel Polylactide (PLA) und Polyglykolide (PGA). Dies sind aliphatische Polyester, gehören zu den Poly(a - hydroxysäuren) und lassen sich bakteriell herstellen. Die Degradation erfolgt hydrolytisch. Bei der Herstellung von PGA/PLA - Copolymeren kann man die physikalischen und chemischen Eigenschaften durch Variation von Lactid- und Glycolidanteilen verändern. Auch die Abbauzeit variiert deutlich. Bei einer reinen PGA-Faser erfolgt die vollständige Desintegration in 7 Wochen, eine PLA-Faser zeigt erst nach 6 Monaten einen 10%-igen Gewichtsverlust.

Werden biodegradable Polymere als Scaffold für die Generierung von künstlichen Geweben verwendet, so bilden sich im Laufe der Zeit Abbaumetabolite wie z.B. Milch- oder Buttersäure, die in das Kulturmedium abgegeben werden (Abb. 44). Dabei sind 2 Effekte zu berücksichtigen. Die Scaffolds werden nicht gleichmäßig, sondern von bestimmten Zentren ausgehend abgebaut. An Stellen, an denen durch Abbau Monomere freigesetzt werden, ist die Konzentration an Milch- oder Buttersäure besonders hoch. Wenn sich in diesem Bereich Zellen des entstehenden Gewebes befinden, sind sie einer besonders hohen lokalen Ansäuerung ausgesetzt, die sich schädigend auf die Zellen und somit auf die weitere Entwicklung des Gewebes auswirken kann. In diesem Fall liegt aufgrund der lokalen Ansäuerung nur eine partielle Schädigung des kultivierten Gewebes vor. Wenn die Metabolite dann in immer größer werdenden Konzentration ins Kulturmedium gelangen, wird zu einem bestimmten Zeitpunkt die physiologische Toleranzgrenze überschritten. In diesem Fall findet dann eine systemische Schädigung des gesamten beteiligten Gewebes statt. Häufig tritt dieser Fall ein, wenn mit biodegradablen Scaffolds in dem statischen Milieu einer Kulturschale gearbeitet wird. Aus diesem Grund favorisieren wir Perfusionskulturen, bei denen das entstehende Gewebe kontinuierlich mit immer frischem Medium versorgt und das verbrauchte, also Abbauprodukte enthaltende Medium kontinuierlich entfernt wird.

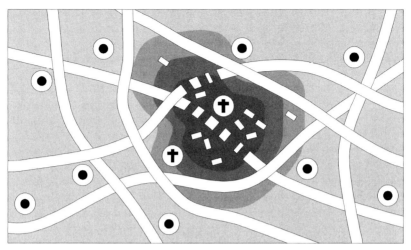

Abb. 44: Biodegradable Scaffolds setzen im Laufe der Kultur Metabolite frei, die benachbarte Zellen durch partielle Ansäuerung des Mediums schädigen können (Zellen mit Kreuz). Erfolgt ein verstärkter Abbau der Matrix, so werden die Metabolite in höherer Konzentration in Medium abgegeben. Dadurch kann es zu einer systemischen Schädigung des gesamten Konstruktes nicht nur während der Kultur, sondern auch nach einer Implantation kommen.

[Suchkriterien: Tissue Engineering biomaterial; Biodegradeable tissue engineering]

Perfusionskultur

Gewebezellen benötigen als Grundlage für eine optimale Entwicklung eine geeignete extrazelluläre Matrix, auf der sie anhaften, sich vermehren und entwickeln können. Dazu werden manuell gut handhabbare Trägersysteme benötigt, mit denen sich die Konstrukte von der Anzuchtphase, über die Differenzierungsperiode bis hin zur experimentellen oder klinischen Anwendung mit einer Pinzette ohne eine Beschädigung überführen lassen. Meist werden bei der Herstellung von Geweben unter in vitro Bedingungen Zellen als Ausgangsmaterial verwendet, die mehr embryonalen als erwachsenen Charakter haben und damit sehr sensitiv reagieren. Um die empfindlichen Zellen nicht zu schädigen, darf von dem Umgebungsmilieu kein toxischer Einfluss ausgehen. Besondere Bedeutung hat dabei das jeweilige Biomaterial/Scaffold, auf dem die Zellen kultiviert werden. Handelt es sich z.B. um ein bioabbaubares Material, so besteht die Gefahr, dass während der Kultur und somit in der sehr sensitiven Phase der Gewebedifferenzierung Zellschädigungen durch Freisetzung von Metaboliten auftreten können.

Analog zur Gewebeentstehung im Organismus sollte für die Generierung von Gewebe unter in-vitro Bedingungen ein Weg beschritten werden, bei dem die Zellvermehrung, die optimale Adhäsion von Zellen und ein typisches Environment experimentell simuliert werden können (Abb. 45). Zur Anwendung gelangen einerseits konventionelle Kulturgefäße für die Proliferation von Zellen, andererseits Gewebeträger für die Aufnahme von Matrices sowie Perfusionscontainer für eine konstante Versorgung der entstehenden Gewebe (Abb. 46). Verwendet werden Gewebeträger mit individuell auswählbaren Biomaterialien, die eine optimale Ansiedlung von Zellen und damit die grundlegende Voraussetzung für eine funktionelle Gewebereifung bieten. Die Gewebeträger können dann in verschiedene Arten von Perfusionscontainer eingesetzt werden, in denen eine permanente Versorgung mit immer frischem Kulturmedium garantiert ist. Weiterer Vorteil ist, dass für das entstehendes Gewebe je nach verwendetem Container ein physiologisches Environment moduliert werden kann, welches den natürlichen Gegebenheiten sehr nahe kommt. Damit lassen sich verschiedenste Gewebe im kleineren oder auch größeren Maßstab konzipieren. Vor allem aber ermöglicht diese modulare Technik auf unterschiedlichen zellbiologischen Ebenen herauszufinden, wie Umgebungseinflüsse gewählt werden müssen, um unter in-vitro Bedingungen optimale Voraussetzungen für die Herstellung eines funktionalen Gewebes zu entwickeln.

in vivo	In vitro	Methode
Zellvermehrung	Kulturgefäß	Wachstumsfaktor, Serum
Adhäsion	Matrix, Scaffold, Biomaterial	Matrix im Gewebeträger
Differenzierung	Perfusionscontainer, Hormone	adaptiertes Kulturmedium

Abb. 45: Simulation eines möglichst gewebetypischen Environments

Abb. 46: Strategie für die Herstellung von künstlichem Gewebe: Nach dem Vermehren von Zellen auf dem Boden einer Kulturflasche (1) werden die Zellen mit einem Biomaterial in einem Gewebeträger in Kontakt gebracht und in stationärem Milieu kultiviert, bis ein gutes Anhaften beobachtet werden kann (2). Nur wenn die Zellen das jeweilige Biomaterial als optimal empfinden, kann sich daraus ein funktionelles Gewebe entwickeln. Die Differenzierung der Gewebe erfolgt dann in Mikroreaktoren bei konstanter Erneuerung des Mediums (3).

[Suchkriterien: Perfusion culture continuous exchange; Bioreactor]

Gewebeträger

Gewebe im Organismus benötigt für eine optimale Entwicklung eine intensive Interaktion mit der extrazellulären Matrix. Voraussetzung für eine funktionelle Gewebeentwicklung beim Tissue engineering unter in-vitro Bedingungen ist deshalb, dass das individuell ausgewählte Biomaterial analog zur natürlichen extrazellulären Matrix das Differenzierungsgeschehen der besiedelten Zellen voll unterstützt. Deshalb muss für das jeweilige Gewebe sehr genau erarbeitet werden, welcher Scaffold, Matrix oder Biomaterial sich mehr und welcher sich weniger eignet.

Neben diesen rein zellbiologischen Aspekten ist wichtig, dass das entstehende Konstrukt ohne eine mechanische Verletzung mit einer Pinzette von einer Kulturschale zu einem Mikroreaktor und dann möglicherweise zu einem Patienten transferiert werden kann. Um dies zu ermöglichen, wird ein Gewebeträgersystem benötigt. Dazu wird ein Haltering verwendet, in den eine große Auswahl an natürlichen oder technischen extrazellulären Matrices mit einem Durchmesser von wenigen Millimetern bis Zentimetern eingelegt werden kann (Abb. 47). Zur Besiedlung der Gewebeträger mit Zellen können plane, starre Matrices wie Filter aus Polycarbonat oder Ni-

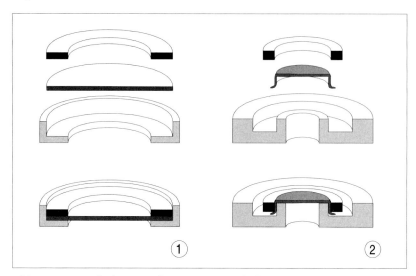

Abb. 47: Beispiele für Gewebeträger zur Aufnahme von starren (1) und flexiblen (2) Matrices: Die jeweilige Matrix wird zwischen einem Halte- und Spannring mechanisch fixiert.

trocellulose bzw. dreidimensionale bioabbaubare Materialien verwendet werden (Abb. 43). Flexible Matrices z.B. aus Kollagen werden in modifizierte Träger wie ein Fell in einer Trommel eingespannt. Schließlich wird zur Befestigung der jeweilig ausgesuchten Matrix ein Spannring in den Haltering eingesetzt. Anschließend wird der Gewebeträger in einer Folie oder einem Behälter sterilisiert.

Gewebeträger müssen mit Zellen besiedelt werden. Dazu können die Träger mit einem eingelegten Scaffold (Durchmesser z.B. 13 mm) an ihrem Rand mit einer Pinzette festgehalten und in eine 24–well-Kulturschale eingelegt werden, ohne dass dabei die eingelegte Matrix beschädigt wird (Abb. 48). In die Vertiefungen der Kulturschale wird jetzt Medium einpipetiert. Dabei sollte der Flüssigkeitsmeniskus gerade die Oberkante des Gewebeträgers benetzen. Wenn mit isolierten Zellen gearbeitet wird, sollte die Suspension vorsichtig auf die Oberfläche der jeweiligen Matrix pipettiert werden, damit nichts verloren geht. Muss ein Stück Gewebe aufgelegt werden, so ist darauf zu achten, dass der Flüssigkeitsmeniskus so niedrig gewählt wird, damit das Gewebestück nicht wegschwimmen kann. Die Zellen müssen sich jetzt je nach gewählter Kulturstrategie vermehren und ansiedeln. Dazu werden die Gewebeträger in der 24-well-Platte entweder

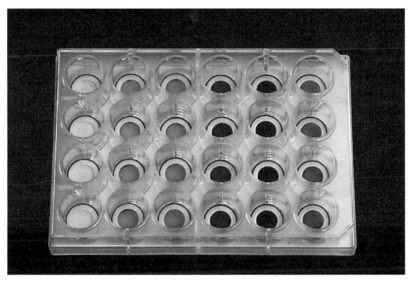

Abb. 48: Gewebeträger mit unterschiedlichen Matrices in einer 24-well-Kulturplatte.

in einem CO_2 - Inkubator oder auf einem Wärmetisch unter Raumluftatmosphäre belassen.

Das Ansiedeln von Zellen auf einer optimalen Matrix dauert wenige Stunden, während bei einer schlecht geeigneten Matrix nach Tagen noch keine befriedigende Verankerung nachzuweisen ist. Zur Kontrolle lässt man die Zellen auf einem Glas- oder Thermanoxplättchen wachsen, welches aus gleichem Material wie die Kulturschale besteht. Nach 3 Tagen Wachstum z.B. werden die Präparate fixiert und mit einem fluoreszierenden Kernfarbstoff analysiert (Abb. 49). Die Zellen reagieren beim Wachstum auf den unterschiedlichen Matrices so sensitiv, dass jedes Material ein individuelles Wachstumsprofil zeigt, obwohl derselbe Zelltyp und dieselben Mediumbedingungen verwendet werden (Abb. 74).

Auf einem Scaffold gewachsene Zellen müssen einfach und schnell nachzuweisen sein. Obwohl die meisten verwendeten Materialien optisch nicht transparent sind, kann der Nachweis lichtmikroskopisch erfolgen. Um Zellen auf undurchsichtigen Unterlagen sichtbar zu machen und eine Aussage über deren Dichte und Verteilung zu bekommen, können Kernfluoreszenzfärbungen sehr einfach angewendet werden. Anstatt mit Durchlicht wird hierbei mit Epifluoreszenzanregung gearbeitet, so dass auf beliebigen, also auch auf nicht-transparenten Unterlagen mikroskopiert werden kann. Bei

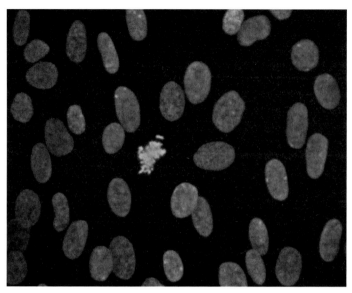

Abb. 49: Markierung der Zellkerne von kultivierten Zellen: Im Zentrum ist eine Zelle zu erkennen, die sich gerade in der Teilung befindet.

dieser Methode müssen fluoreszierende Farbstoffe verwendet werden, die sich z.B. in doppelsträngige DNA einlagern und so zu einer deutlichen Anfärbung des Zellkerns im Fluoreszenzmikroskop führen. Solche Farbstoffe sind Propidiumiodid, DAPI (4-6-Diamidino-2-Phenylidol-di-Hydrochlorid) und Bisbenzimid. Diese Methode ist so sensitiv, dass das Vorkommen einer einzelnen Zelle in einem weitläufigen Scaffold nachgewiesen werden kann. Ein Zellnachweis kann mit DAPI sehr rasch erfolgen. Der bewachsene Support wird für 10 Minuten in eiskaltem 70% Ethanol fixiert, 2 x 2 Minuten in PBS gewaschen, DAPI-Lösung (0,2-0,4 •g/ml) aufpipetiert, 2 Minuten im Dunkeln inkubiert und wiederum für 2 x 2 Minuten in PBS gewaschen. Die Auswertung erfolgt im Fluoreszenzmikroskop unter UV-Anregung, wobei die Zellkerne leuchtend blau erscheinen (Abb. 49).
DAPI- und Bisbenzimid-Färbungen werden auch zur Durchführung eines Mycoplasmen-Tests verwendet. Die verdächtige Kultur wird z.B. mit DAPI gefärbt. Zeigen sich dann außerhalb der Zellkerne noch weitere diffusfädige Anfärbungen, so ist das die gefärbte DNA von Mycoplasmen.

[Suchkriterien: Biomaterial scaffold; Polycarbonate support; Nitrocellulose membrane]

Perfusionscontainer

Es gibt viele Argumente, um artifizielle Gewebe in Perfusionscontainern und nicht in statischem Milieu herzustellen. Kultivierte Zellen bilden im typischen Fall einen Monolayer aus, während Gewebe in den meisten Fällen aus mehreren, also dreidimensionalen Zellschichten und teilweise dikken Lagen natürlicher extrazellulärer Matrix oder artifiziellem Biomaterial bestehen. Diese relativ dicken Schichten müssen kontinuierlich mit Nahrung und Sauerstoff versorgt werden. Als Ersatz zu dem fehlenden Blutgefäßsystem kann in-vitro zur Aufrechterhaltung der Konstanz der Versorgung eine permanente Durchströmung mit Kulturmedium dienen. Dafür eignen sich am besten Perfusionscontainer, denen permanent frisches Kulturmedium zugeführt, während das verbrauchte entfernt wird. Bei einer stetigen Durchströmung der Kultur mit immer frischem Medium können kontinuierlich Nährstoffe sowie Sauerstoff herangeführt werden, während gleichzeitig stoffwechselschädigende Metaboliten zellulären Ursprungs entfernt werden. Besonders wichtig dabei ist, dass auch die durch Biodegradation von Biomaterialien entstandene Metabolite kontinuierlich eliminiert werden können. Zudem werden parakrin wirkende Zelldifferenzierungsfaktoren (Zytokine) auf einem immer gleichmäßigen Niveau gehalten. Schließlich kann die Perfusion kontinuierlich oder in definierbaren Pulsen gestaltet werden, wodurch die Bildung von ungerührten Schichten zwischen Zellen und Biomaterialien minimiert wird.

Bei der Perfusionskultur (Abb. 50) wird Medium mit einer Peristaltikpumpe von einer Vorratsflasche (links) in einen Container transportiert, in den mehrere Gewebeträger eingesetzt sind. Das von den Zellen verbrauchte Kulturmedium wird in einer Abfallflasche (rechts) gesammelt und nicht

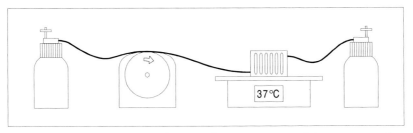

Abb. 50: Perfusionskultur. Medium wird von einer Peristaltikpumpe aus einer Vorratsflasche (links) angesaugt und in einen Kulturcontainer befördert, in dem sich Gewebeträger befinden. Das verbrauchte Kulturmedium wird in einer Abfallflasche gesammelt (rechts).

wieder verwendet. Dadurch werden die Kulturen mit einem immer gleichen Nähr- und Sauerstoffangebot versorgt. Stoffwechselschädigende Metaboliten können sich bei dieser Methode nicht ansammeln.

In einem Perfusionscontainer strömt das Medium an der unteren Seite des Containers ein, verteilt sich am Boden und steigt zwischen den eingelegten Gewebeträgern nach oben, wo es den Container wieder verlässt. Vorteile dieser Konstruktion bestehen darin, dass die Gewebeträger gleichmäßig umspült werden, dass bei Fehlen des Kulturmediums in der Vorratsflasche der Container nicht trocken laufen kann und entstehende Luftblasen automatisch aus dem Gehäuse entfernt werden. Bisher sind eine Vielzahl von Geweben mit unerwartet großer Differenzierungsleistung mit dieser sehr einfachen Methode generiert worden.

Alle Epithelien, aber auch manche neuronale Struktur (Ependym, Bluthirnschranke) oder Bindegewebe (Knorpel) kommen an Stellen vor, wo die eine Gewebeseite einem ganz anderen Milieu ausgesetzt ist als die andere. Zur Simulierung dieser speziellen Gewebesituation können Gewebeträger in Gradientencontainer eingesetzt werden (Abb. 51). Der Gewebeträger teilt den Container in ein luminales und basales Kompartiment, welche wie unter natürlichen Bedingungen separat mit Flüssigkeit durchströmt werden können.

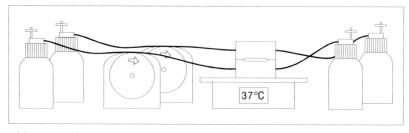

Abb. 51: Kultur von Epithelgewebe in einem Gradienten: Dazu wird ein Gewebeträger in einen Gradientencontainer eingelegt. Der Träger teilt den Container in ein luminales und basales Kompartiment, welche getrennt mit unterschiedlichen Medien und wie unter natürlichen Bedingungen durchströmt werden können.

[Suchkriterien: Adhesion anchor proteins; Perfusion culture continuous exchange]

Transport von Kulturmedium

Bei Perfusionskulturen muss Medium kontinuierlich transportiert werden. Am besten geschieht dies durch eine Peristaltikpumpe. Der Vorteil besteht darin, dass dabei der Pumpkopf mit seinen Kanälen nur über die Wandung eines Silikonschlauches einen Kontakt zum Kulturmedium hat. Zudem kann durch das verwendete Kassettensystem die jeweilige sterile Perfusionslinie problemlos ein- und ausgeklinkt werden. Wichtig sind die Transportraten. Man sollte darauf achten, dass die Pumpe sehr kleine Mengen an Medium transportieren kann. Teilweise sind dies weniger als 1 ml/h. Und ganz wichtig, die Pumpe sollte so einstellbar sein, dass sie sowohl kontinuierlich wie auch in Pulsen arbeiten kann. Dieser Arbeitsmodus wird benötigt, wenn ungerührte Schichten in Kulturen vermieden werden müssen und Scaffolds mit grosser Materialstärke Verwendung finden. Selbstverständlich sollte auch eine R 232 Schnittstelle vorhanden sein und eine Kabelverbindung zu einem Personal Computer hergestellt werden, damit einerseits die kontinuierliche Rotation dokumentiert und sich andererseits eine individuelle Programmierung der Pumpe ausführen lässt.

[Suchkriterien: Peristaltic pump culture; Culture media]

Temperatur für die Kulturen

Perfusionskulturen können in einem Inkubationsschrank, aber auch unter Raumluftatmosphäre auf einer Wärmeplatte durchgeführt werden. Diese sollte eine abwaschbare Oberfläche haben und temperaturstabil im Bereich von 37° C sein. Solche Wärmeplatten werden meist in jedem Labor gefunden, in dem Paraffinschnitte für die Histologie gestreckt werden müssen. Eine Abdeckung aus Plexiglas minimiert Temperaturschwankungen und Staubverschmutzungen, wenn die Gewebe über Wochen oder sogar Monate in der Perfusionskultur generiert werden sollen. Müssen extrem stabile (epikritische) Temperaturwerte erreicht werden, so taucht man die Perfusionscontainer für die Kulturdauer in ein Wasserbad.

[Suchkriterien: Temperature cell culture perfusion]

Sauerstoffversorgung

Kulturmedien für die Generierung von Geweben müssen genügend Sauerstoff enthalten, um ein Absterben der Zellen durch Mangelversorgung zu vermeiden. Zur Oxygenierung des Mediums gibt es prinzipiell 2 Möglichkeiten. Die eine Möglichkeit besteht darin, über ein Ventil und eine elektronische Regeleinheit Sauerstoff in die sterile Nährflüssigkeit einzuleiten. Für Langzeitkulturen hat diese Methode jedoch den Nachteil, dass die Injektion eines Gases sehr leicht Kontaminationen erzeugt, die Gasmenge portioniert und der erreichte Gehalt von Sauerstoff im Medium wiederum gemessen werden muss. Das ist alles möglich, aber dennoch technisch aufwendig. Weitere Probleme und technischer Aufwand entstehen, wenn nicht nur eine Perfusionslinie, sondern viele Proben parallel gefahren werden sollen. Schließlich muss bedacht werden, dass es mit dieser Methode nicht nur zur Anreicherung von Sauerstoff, sondern auch zum Ausperlen von Gasblasen im Kulturmedium kommt, was unerwartet grosse Probleme in Perfusionskulturen erzeugen kann.

Es gibt eine andere und viel einfachere Methode, um Sauerstoff im Medium von Perfusionskulturen auf einem absolut konstanten Niveau anzureichern. Als Lunge der Perfusionskultur werden gaspermeable Schläuche, am besten aus Silikon verwendet. Der Schlauch sollte möglichst lang sein und einen möglichst kleinen Innendurchmesser besitzen. Zudem sollte die Wandstärke entsprechend dünn sein. Alles in allem ergibt sich daraus eine große Oberfläche für die Gasdiffusion. Wenn ein Silikonschlauch mit 1 mm Innendurchmesser und einer Wandstärke von 1 mm für den Transport von Kulturmedium mit 1 ml/h unter Raumluftatmosphäre bei 37° C durchgeführt wird, so ergeben sich genau definierte Werte (Abb. 52). Dabei werden z.B. für IMDM bei einem pH von 7.4 mit dem Gasanalysator mehr als 190 mm Hg O_2 gemessen, wenn das Medium sich während des Transportvorgangs zwischen Vorratsbehälter und Kulturcontainer in Silikonschläuchen gegen atmosphärische Luft äquilibrieren kann. Im Gegensatz dazu stehen in einem Inkubator den wachsenden Geweben deutlich weniger Sauerstoff zur Verfügung.

Überraschend einfach ist die Sauerstoffmessung und sie kann an besonders vielen Stellen durchgeführt werden. Das dafür notwendigen Gerät, nämlich ein Elektrolytanalysator steht überall im klinischen Bereich und in jeder Notfallambulanz. Die Messungen werden durchgeführt mit einem Silikonschlauch, in den ein T-Stück eingesetzt ist. An diesen Port wird nach Äquilibrierung des Mediums eine 2 ml Spritze angesetzt. Dann wird 1 ml Kulturmedium langsam aspiriert. Um Gasdiffusion und damit Verfälschung der Messdaten zu vermeiden, muss innerhalb von 15 Sekunden die Gasmes-

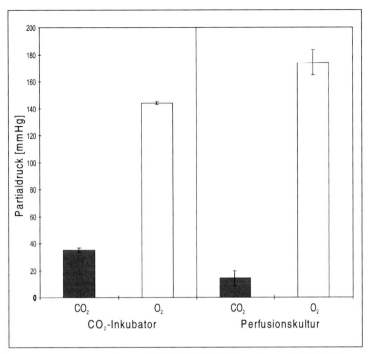

Abb. 52: Messung von O_2 und CO_2 in IMDM in einem CO_2-Inkubator und während der Perfusionskultur in Raumluftatmosphäre: Dabei zeigt IMDM in Perfusionskultur über 190 mm Hg O_2 und damit deutlich mehr Sauerstoff als das Medium im Inkubator.

sung beginnen. Dazu wird der Spritzenkonus an die Aspirationsnadel des Analysators herangeführt. Je nach Gerätetyp werden zwischen 50 und 200 µl Kulturmedium angesaugt. Nach etwa 2 Minuten erscheinen die Analysedaten. Neben dem Gehalt von O_2 und CO_2 können bei dieser Messung zusätzlich der pH, die jeweiligen Elektrolytwerte, zudem die Konzentration von Glukose und Laktat bestimmt werden (Abb. 53).

[Suchkriterien: Oxygen supply culture; gases cell culture]

```
        STAT PROFILE 9

    25 Jan 01    11:12
    ...............................

    Proben Nr:5
    Bediener Nr.:

    Patienten Nr.:

    Arterielle Probe
    Probennahme:
    FIO₂:     20.9
    BUNe:      0.     mg/dl
    ...............................

    Pat. Temp.    37.0 °C
    pH         7.385
    PCO₂      41.3   mmHg
    PO₂       96.3   mmHg

    Hk         6.     %
    ...............................

    Na⁺      140.8   mmol/L
    K⁺         3.80  mmol/L
    Cl⁻       98.5   mmol/L
    Ca⁺⁺       0.98  mmol/L
    Glu      197.    mg/dl
    Lak        2.7   mmol/L
    ...............................

    Hbc        1.9   g/dl
    BE-ECF  - 0.4   mmol/L
    BE-B    + 0.7   mmol/L
    SBC       25.1   mmol/L
    HCO₃⁻     24.9   mmol/L
    TCO₂      26.1   mmol/L
    O₂Sat     97.4   %
    O₂Ct       2.8   ml/dl
    nCa⁺⁺      0.97  mmol/L
    An. Gap   21.
    Osm      282.    mOsm
```

Abb. 53: Ausgedrucktes Protokoll eines Gasanalysators nach Messung einer Probe IMDM: Die Werte erscheinen etwa 2 Minuten nach Aufnahme der Probe. Abgelesen werden kann der O_2 und CO_2 - Gehalt des Mediums, der pH und die Elektrolytwerte. Zusätzlich wird die Konzentration von Glukose und das anfallende Laktat bestimmt. Errechnet wird zudem die gegenwärtige Osmolarität des Mediums.

Konstanz des pH

Nicht nur der zur Verfügung stehende Sauerstoff, sondern auch ein konstanter pH sind für die Generierung von funktionellem Gewebe wichtig. In unserem Körper wird der pH u.a. über das im Körper gelöste CO_2 und über das zur Verfügung stehende $NaHCO_3$ geregelt und über einen recht engen physiologischen pH - Bereich zwischen 7.2 und 7.4 konstant gehalten.
Dem Organismus nachempfunden besteht das Natriumhydrogenkarbonat - Puffersystem im Kulturmedium aus $NaHCO_3$ und CO_2.

$NaHCO_3$ dissoziiert: $\quad NaHCO_3 + H_2O \quad \Leftrightarrow \quad Na^+ + HCO_3^- + H_2O$

$\quad\quad\quad\quad\quad\quad\quad\quad\quad\quad Na^+ + H_2CO_3 + OH^- \Leftrightarrow Na^+ + H_2O + CO_2 + OH^-$

Diese Reaktion ist abhängig vom CO_2- Partialdruck in der jeweiligen Atmosphäre. Bei niedrigem CO_2- Partialdruck wird das Reaktionsgleichgewicht auf der rechten Seite liegen, d.h. das Medium enthält viel OH^- und ist demnach basisch. Um dem vorzubeugen, wird im Kulturschrank je nach Bedarf mit CO_2 begast, der pH sinkt bis auf den gewünschten Wert. Verringert sich die CO_2– Konzentration, so steigt der pH erneut an und infolgedessen muss CO_2 zugeregelt werden. Auf diesem Prinzip beruht die pH Stabilisierung in einem CO_2- Inkubator.
Wenn in einem Inkubator eine 5%ige CO_2 – Konzentration angeboten wird, dann muss für jedes Kulturmedium auch eine entsprechende Menge an $NaHCO_3$ zugegeben werden. Werden nur 4% CO_2 – angeregelt, so muss entsprechend weniger $NaHCO_3$ zugegeben werden, um einen pH von 7.4 zu erreichen. Aus diesem Grund gibt es für jedes Kulturmedium beim Hersteller oder im Katalog eine Liste wie viel $NaHCO_3$ und bei welcher CO_2– Konzentration notwendig ist, um einen stabilen pH zwischen 7.2 und 7.4 zu erhalten.
Werden Perfusionskulturen nicht in einem Inkubator, sondern unter Raumluftbedingungen durchgeführt, so ist die Konstanz des pH sehr einfach einzustellen, wenn gaspermeable Silikonschläuche verwendet werden. Im Gegensatz zu einem Inkubator ist in der Luft naturgemäß ein immer gleicher Gehalt an CO_2 vorhanden. Im Inkubator stehen den Kulturen z.B. 5% CO_2 zur Verfügung, während in der Raumluft nur circa 0.3% CO_2 vorhanden sind. Die experimentelle Konsequenz daraus ist leicht zu ersehen. Wenn man Kulturmedium an der Raumluft stehen lässt, so ist nach kurzer Zeit eine Verfärbung des Phenolrot nach Lila, also in den alkalischen und damit toxischen Bereich zu beobachten. Dies ist allein auf den Gehalt an $NaHCO_3$ im Medium und auf den geringen Gehalt an CO_2 in der Raumluft zurückzu-

führen. Um einen konstanten pH von 7.2 – 7.4 unter Raumluftbedingungen zu erreichen, muss deshalb die NaHCO$_3$ - Konzentration im Medium gesenkt werden. Damit ist erst einmal die pH – Verschiebung in den alkalischen Bereich stark vermindert, aber auf Dauer noch nicht beseitigt und zu unstabil. Zur stabilen Konstanthaltung des pH wird deshalb zusätzlich ein Puffer benötigt. Am besten hat sich die Zugabe eines biologischen Puffers wie HEPES und Buffer All (Sigma-Aldrich) bewährt.

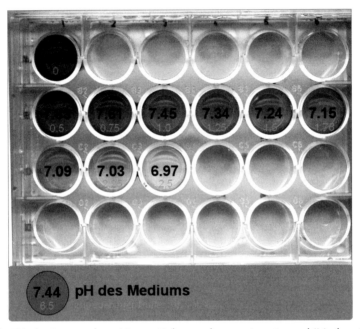

Abb. 54: Justierung des pH von Kulturmedium unter atmosphärischer Luft. Jeweils 1 ml Kulturmedium wird in die Vertiefungen einer 24-well-Platte pipettiert. Zu den Proben wird eine ansteigende Menge an biologischer Puffersubstanz zugegeben. Mit Buffer All wird z.B. eine konzentrationsabhängige Reihe von 0.8 – 1.4 % angesetzt. Danach lässt man die Proben auf einer Wärmeplatte bei 37°C über Nacht gegen Raumluft äquilibrieren. Die Daten zeigen, dass die Probe mit einem pH von 7.4 durch Messung ermittelt werden muss und nicht anhand der Phenolrotfärbung abgeschätzt werden kann. In diesem Fall müsste 1 % Buffer All dem Kulturmedium zugefügt werden, um einen konstanten pH von 7.4 unter atmosphärischer Luft zu erhalten. Phenolrot erweist sich im Bereich zwischen pH 7.2 und 7.4 als ein zu ungenauer Farbindikator.

Der richtige pH für Perfusionskulturen unter Raumluftatmosphäre muss für jedes spezielle Medium eingestellt werden (Abb. 54). Dazu sollte Kulturmedium verwendet werden, welches einen geringen Gehalt an $NaHCO_3$ aufweist. Dann wird je Vertiefung 1 ml Kulturmedium in eine 24-well-Kulturplatte pipettiert. Zu jedem Aliquot Kulturmedium wird eine ansteigende Menge an biologischem Puffer wie HEPES oder Buffer All pipettiert. Die 24-well-Platte wird über Nacht auf einer Wärmeplatte bei 37°C und unter Raumluftatmosphäre inkubiert. Am nächsten Morgen wird in jeder Vertiefung der pH im Elektrolytanalysator gemessen. Der gemessene pH signalisiert die notwendige Konzentration an biologischem Puffer, die dem jeweiligen Medium unter Raumluftatmosphäre zugegeben werden muss. Phenolrot erweist sich im Bereich zwischen pH 7.2 und 7.4 als ungenauer Farbindikator. Mit dieser sehr einfachen Methode lässt sich ein konstanter pH im Kulturmedium für beliebig lange Zeiträume in Perfusionskulturen erhalten.

[Suchkriterien: Cell culture acidosis alcalosis]

Start von Perfusionskulturen

Zu Beginn einer Perfusionskultur werden Zellen zur Vermehrung auf einem Gewebeträger in einer Kulturschale und damit unter statischem Milieu herangezogen (Abb. 48). Dabei ist darauf zu achten, dass die Zellen auf dem verwendeten Biomaterial gut verankert sind und später durch den kontinuierlichen Austausch des Mediums nicht abgespült werden. Nach Zusammensetzen einer Perfusionslinie werden die Träger mit einer Pinzette in den zur Verwendung vorgesehenen Container eingesetzt (Minucells and Minutissue; Abb. 50, 55). Kurz vor dem Container wird eine Klemme am Silikonschlauch geschlossen, damit unerwünschte Bewegungen des Mediums vermieden werden. Um den Zellen den Übergang vom statischen Milieu zur Perfusion so optimal wie möglich zu gestalten, wird in den Container jetzt jenes Medium einpipettiert, aus welchem die Gewebeträger entnommen wurden. Nach Einsetzen des Pumpschlauches in eine Kassette der Peristaltikpumpe wird Medium mit 1 ml/h in Richtung Container transportiert, nachdem die Klemme geöffnet wurde. Mit der Zeit ist durch die Zufuhr von immer frischem Kulturmedium das im Container befindliche Medium ausgetauscht. Eine gute Entwicklung der Zellen oder des entstehenden Gewebes zeigt, dass kein abrupter, sondern einen sanften Übergang zur Perfusionskultur erlebt wurde.
So sanft sich der Übergang auch anhört, so drastisch sind die zellbiologischen Veränderung, die sich mit dem Übergang eines Gewebes von stati-

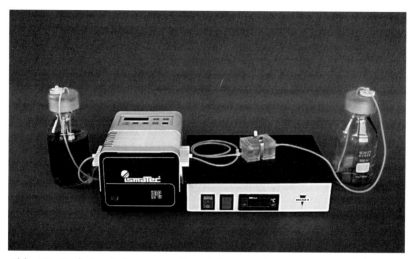

Abb. 55: Perfusionskultur unter Raumluftatmosphäre: Eine Peristaltikpumpe transportiert das Medium von der Vorratsflasche (links) in einen Kulturcontainer, der sich auf einer Wärmeplatte befindet. Das verbrauchte Medium wird in einer Abfallflasche gesammelt (rechts).

schem Milieu zur Perfusionskultur ergeben haben. Unter dem statischem Milieu einer Kulturschale wurden die eingesetzten Zellen/Gewebe mit serum- oder wachstumsfaktorhaltigem Kulturmedium ursprünglich veranlasst, sich auf dem zur Verfügung gestellten Scaffold anzuheften und sich so schnell wie möglich zu vermehren. Bei Einleitung der Perfusionskultur dagegen wird den Zellen das serumhaltige Medium entzogen bzw. reduziert und wenn möglich mit komplett serumfreiem Medium für die nächsten Wochen weitergearbeitet. Für das entstehende Gewebe bedeutet dies, dass die Proliferationsaktivität, also der beschleunigte Kreislauf von einer Zellteilung zur nächsten gestoppt wird, weil vorerst nur damit eine gewebespezifische Interphase erreicht werden kann. In dieser Phase sollen möglichst viele funktionelle Gewebeeigenschaften ausgebildet werden.

[Suchkriterien: Perfusion culture continuous medium exchange; Serum free culture conditions]

Gewebe im Gradientencontainer

Epithelgewebe in unserem Organismus bilden ohne eine Ausnahme funktionelle Barrieren aus. Dabei sind sie auf ihrer luminalen und basalen Seite ganz unterschiedlichem Milieu ausgesetzt. Spezielle Bedeutung hat dies beim Testen neuer Biomaterialien und beim Tissue engineering. Um realistische Informationen über die Interaktionen zwischen dem jeweiligen Gewebe und der artifiziellen Matrix zu erhalten, müssen die Gewebe unter in vitro Bedingungen gleichem mechanischem und rheologischem Stress über lange Zeiträume ausgesetzt werden, wie diese auch im Organismus zu finden sind. Dabei muss gelernt werden, wie Epithelzellen am besten auf einer Matrix verankert werden können, wie die Ausbildung einer funktionellen Barriere gesteuert und die Beeinträchtigung dieser Funktionen im Einsatz minimiert werden kann.

Im Fokus des Interesse steht die Herstellung perfekter Hautäquivalente, Gefäßimplantate, Insulin produzierender Organoide, Leber- und Nierenmodule, sowie die Generierung von Harnblasen-, Ösophagus- oder Tracheakonstrukten. Die biomedizinische Anwendung dieser Gewebe wird sich nur dann mit Erfolg durchsetzen, wenn die einzelnen Epithelgewebe erstens den notwendigen Grad ihrer funktionellen Differenzierung aufweisen. Zweitens müssen sie eine enge strukturelle Beziehung zu den jeweiligen Biomaterialien aufbauen, die als artifizielle extrazelluläre Matrix beim Aufbau dieser Konstrukte verwendet werden muss, da allein sie die notwendige mechanische Stabilität liefert. Da sich lebende Gewebe und artifizielle Matrix zudem gegenseitig beeinflussen, ist es wichtig zu erarbeiten, wie sich Epithelzellen auf einer Matrix verankern, wie diese Bindung experimentell beeinflussbar ist und wie lange sie einer funktionellen Belastung standhalten können. Es geht allein darum, perfekte Abdichtungs- und Transporteigenschaften des Epithelgewebe zu erhalten. Das bisherige experimentelle Wissen darüber ist minimal.

Während es für die Vermehrung von Zellen seit langer Zeit effiziente Techniken gibt, müssen für die Herstellung von Epithelgewebekonstrukten prinzipiell neue Wege gegangen werden. Wenig Informationen gibt es zu den Reifungsvorgängen, wie aus embryonalen Zellen ein erwachsenes Epithel mit seinen spezifischen Funktionen entsteht. Untersuchungen zeigten, dass nicht ein einzelner Wachstumsfaktor, sondern vor allem auch Umgebungseinflüsse wie die extrazelluläre Matrix oder das Ionenmilieu entwicklungsweisend wirken.

Environment für Epithelien kann mit Gewebeträgern simuliert werden, in die eine Vielzahl von Filtern, Folien oder Kollagenmembranen eingelegt und als artifizielle Matrix für die Ansiedlung der Epithelzellen genutzt werden. Die Gewebeträger können dann in einen Gradientenkulturcontainer eingesetzt werden, der durch das wachsende Epithel in ein luminales und basales Kompartiment geteilt wird (Abb. 51, 57).

Was sich logisch anhört, ist experimentell häufig schwierig zu realisieren. Immer wieder zeigt sich, dass die kultivierten Epithelien ihre Barrierefunktion nicht perfekt aufbauen oder, dass diese während einer langen Kulturdauer über Wochen verloren gehen kann (Abb. 56). Undichtigkeiten des Epithels (epithelial leak) sind auf eine unzureichende Konfluenz der Zellen zurückzuführen. Aufgrund ungenügender geometrischer Verteilung oder wegen mangelnder Abdichtung zu benachbarten Zellen kann sich keine funktionelle Barriere entwickeln. Randbeschädigungen (edge damage) da-

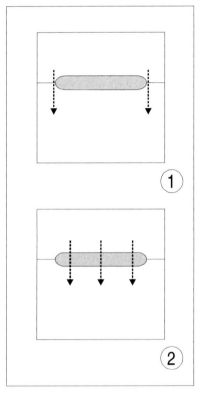

Abb. 56: Epithelgewebe kann seine Barrierefunktion wegen einem mangelhaften Kontakt zur Gewebehalterung (1; edge damage) oder aufgrund einer fehlerhaften Beziehung zu den benachbarten Zellen (2; leak) verlieren.

gegen werden durch die Verwendung suboptimaler Matrices im Gewebeträger und/oder durch Druckunterschiede bzw. mechanische Belastungen im Kultursystem verursacht. Randbeschädigungen finden sich immer an Stellen, wo lebendes Gewebe, artifizielle Matrix und Gewebeträger in Kontakt kommen und dabei einer zu großen mechanischen Belastung ausgesetzt sind. Probleme bereitet das unregelmäßige Auftreten von Druckunterschieden zwischen dem luminalen und basalen Gradientenkompartiment (Abb. 58).

[Suchkriterien: Gradient tissue perfusion culture]

Gasblasen im Kulturmedium

Während Gasblasen bei der Durchströmung eines einfachen Kulturcontainers (Abb. 50, 55) mit Medium wegen ihrer automatischen Eliminierung keine Rolle spielen, zeichnen sich bei Verwendung von Gradientencontainern (Abb. 51, 57) grosse, weil unerwartete Probleme ab. Wenn sauerstoffreiche Kulturmedien mit einer Pumpe transportiert werden, so kommt es sehr leicht zur Ansammlung von Gasblasen. Bevorzugte Stellen für ihre Konzentrierung sind Materialübergänge, wo z.B. eine Steckverbindung eines Schlauches Kontakt mit einem Perfusionscontainer hat. Bei einem Gradientencontainer und einem darin wachsenden Epithel kann dieser Effekt fatale Folgen haben. Luftblasen in der Nähe von Gewebe müssen vermieden werden, weil es in diesem Bereich zu Versorgungsproblemen kommt. An der Stelle, an der sich eine Luftblase befindet, kann sich Medium nicht gleichmäßig verteilen. Zudem kommt es bei Zusammenlagerung von Luftblasen zu Oberflächenspannungsänderungen, die benachbarte Zellen zum Platzen bringen und damit entstehendes Gewebe stark schädigen können.

Perfekte Bedingungen für die Kultur von Epithelien in einem Gradientencontainer findet man, wenn es zwischen dem luminalen und basalen Kompartiment keine Druckunterschiede gibt (Abb. 58.1; $\Delta p = 0$). Da aber bei der Kultur sauerstoffreiche Kulturmedien verwendet werden, stellen Gasblasen ein unerwartetes Problem dar. Ursache dafür ist, dass Medium mit Hilfe einer Peristaltikpumpe (1ml/h) über dünne Silikonschläuche von einer Vorratsflasche zum Gradientencontainer transportiert wird. Dabei kommt es gewollt durch Diffusion zur Anreicherung von Sauerstoff im Kulturmedium. Einerseits ist dies unerlässlich für die Gewebeversorgung, andererseits wird dadurch das Epithel einer unerwarteten mechanischen Belastung ausgesetzt. Im Verlauf des Mediumtransportes separiert sich Gas von der

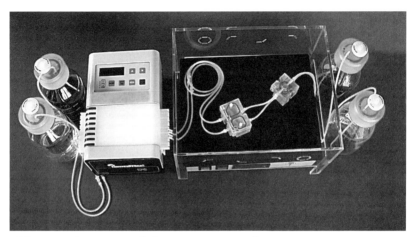

Abb. 57: Kultur von Epithelien in einem Gradientencontainer: Eine Pumpe transportiert von den beiden Vorratsflaschen (links) immer frisches Kulturmedium in das luminale und basale Kompartiment des Gradientencontainers. Das verbrauchte Medium wird gesammelt (rechts). Vor der Gradientenkammer befindet sich ein Gasexpandermodul zur Eliminierung von Gasblasen, um Druckunterschiede im System zu vermeiden.

Flüssigkeitsphase des Kulturmediums. Dabei kommt es zuerst zur Bildung von kaum erkennbaren Bläschen. Ihr Vorkommen im Gradientencontainer oder innerhalb der Schläuche kann nicht vorausgesagt werden. Die Gasbläschen bleiben eine gewisse Zeit an einem Ort und werden dann aber größer. Sie verursachen einen zunehmenden Flüssigkeitsstau und damit eine Änderung des hydrostatischen Druckes analog zu einem Embolus in einem Blutgefäß.

Unvorhersehbar geschieht die Gasblasenbildung entweder im luminalen oder basalen Teil der Gradientenkultur. Zuerst führt dies zu einer noch reversiblen Vorwölbung des Gewebes zu dem Kompartiment mit niedrigerem Druck (Abb. 58.2; $\Delta p > 0$). Bei ansteigender Druckdifferenz jedoch wird das Epithel physiologisch undicht, und es kommt zum Bersten des Gewebes (Abb. 58.3; $\Delta p \gg 0$). Damit kann das Epithel keine funktionelle Barriere mehr bilden.

Perfusionskulturen benötigen oxygenierte Medien mit minimierter Gasblasenbildung, um gewebeschädigende Druckunterschiede im Kulturcontainer zu vermeiden. Festgestellt wurde, dass Gasblasen bevorzugt an Stellen entstehen, wo unterschiedliche Polymermaterialien von Schläuchen, Verbindern und Kammern miteinander in Kontakt kommen. Zur Minimierung

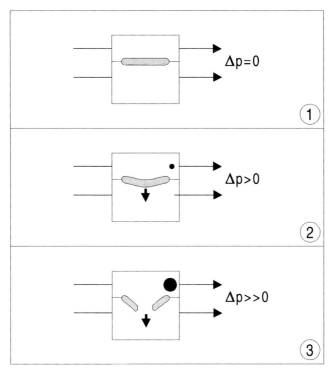

Abb. 58: Gasblasen verursachen hydrostatische Veränderungen. Wenn sich keine Gasblasen in einem Gradientencontainer befinden, dann herrschen luminal und basal gleiche Druckverhältnisse (1). Gasblasen können sich z.B. am Ausgang eines Gradientencontainers ansammeln (2) Fatal wird die Situation, wenn in einem Kompartiment mehr Gasblasen (schwarzer Punkt) zu finden sind als in dem anderen Kompartiment. Dadurch kommt es zu Druckunterschieden. Dies bedeutet, dass das eingelegte Epithel nicht mehr flach zwischen beiden Kompartimenten wachsen kann, sondern zu derjenigen Seite vorgewölbt wird, die weniger Druck aufweist. Steigt der hydrostatische Druck in einem Kompartiment weiter an, so kommt es zur verstärkten Ausbeulung des Epithels. Zu einem nicht bestimmbaren Zeitpunkt kann das Epithel diesen Druckunterschieden nicht mehr widerstehen, es kommt zu Einrissen und damit zu Leckbildung (3).

von Gasblasenbildung mussten spezielle Verschlüsse für Kulturmedienflaschen entwickelt werden. Ein Silikonschlauch wird dabei aus der Flasche herausgeführt, ohne dass das Kulturmedium Kontakt mit dem Material der

Verschlusskappe hat (Abb. 59.1). Zur Verminderung von Gasblasenbildung wurde zudem ein Gasexpandermodul konstruiert (Abb. 59.2). Das eingepumpte Medium erreicht ein kleines Reservoir, muss dann eine Barriere überwinden und kann danach das Modul wieder verlassen. Auftretende Gasblasen werden an der Flüssigkeitsbarriere separiert. Bei Verwendung dieser Teile wird eine deutliche Reduktion der Gasblasen erreicht (Abb. 60). Messung mit einem Detektor über mehrere Tage ergaben, dass bei Verwendung optimierter Verschlüsse für das Absaugen von Kulturmedien und bei Verwendung eines Gasexpandermoduls eine deutliche Reduktion der Gasblasenbildung erreicht wird (Abb. 60.2). In der Abbildung ist zu erkennen, dass bei Verwendung geeigneter Flaschenverschlüsse und eines vorgeschaltetem Gasexpandermodul deutlich weniger Gasblasen registriert wurden als ohne Verwendung dieser Teile (Abb. 60.1). Für die experimentelle Durchführung von Versuchen mit Epithelien in einem Gradientencontainer bedeutet dies, dass bei minimierter Gasblasenbildung Beschädigungen des Gewebes drastisch reduziert werden können. Im Vergleich zu vorher können dadurch weitaus mehr Epithelien mit intakter Barrierefunktion generiert werden.

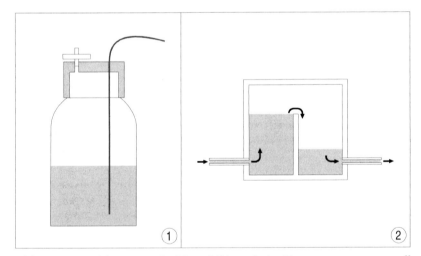

Abb. 59: Vermeidung von Gasblasenbildung beim Transport von sauerstoffhaltigem Kulturmedium: Kulturmedium wird aus der Flasche abgesaugt, ohne dass es Kontakt mit dem Schraubverschluss hat (1). Gasblasen können in einem Gasexpandermodul (2) eliminiert werden, indem Medium eine Barriere überwindet. Dabei trennen sich die Gasblasen von der Flüssigkeit, ohne dass sich der Gehalt an gelöstem Sauerstoff verändert.

Abb. 60: Messung der Gasblasenbildung mit einem Detektor über 96 Stunden: Probleme bei der Gradientenkultur bereiten hydrostatische Druckdifferenzen, die durch Gasblasen verursacht werden (1). Mithilfe neu entwickelter Verschlusskappen für Kulturmedienflaschen und mithilfe von Gasexpandermodulen kann die Gasblasenbildung minimiert werden, ohne dass es dabei zu einer Reduktion des gelösten Sauerstoffes kommt (2).

[Suchkriterien: Gas bubbles tissue culture perfusion culture]

Kontrolle des Milieus

Während einer mehrtägigen oder –wöchigen Kulturdauer ist es notwendig zu wissen, in welchem Milieu sich die Kulturen entwickeln. Dazu wird das Milieu mit einem Blutgasanalysator kontrolliert. Über in die Schläuche eingesetzte T-Stücke wird mit einer sterilen Spritze jeweils 1 ml Medium abgesaugt. Dabei werden Messungen auf der luminalen und basalen Seite, sowie vor und hinter dem Container durchgeführt (Abb. 61).
Für die Kultur unter atmosphärischer Luft werden die Medien mit HEPES oder BUFFER ALL gepuffert. Während der gesamten Perfusionsdauer kann damit ein stabiler pH von 7.4 eingestellt werden. Wegen des niedrigen Gehaltes an CO_2 in der Luft (0.3 %) wird vor dem Container ein relativ niedriger Gehalt von 11 - 12 mmHg CO_2 gemessen. Im Gegensatz dazu kann eine große Konzentration von über 190 mmHg Sauerstoff nachgewiesen werden, die sich während des Transportes von der Vorratsflasche zum Container allein durch Äquilibrierung des Mediums in den Silikonschläuchen einstellt. Die kontinuierlich hohe Konzentration von 415 mg/dl Glucose zeigt, dass der Austausch am Medium hoch genug ist, so dass eine Abnahme an Glukose aerobe physiologische Prozesse nicht einschränkt.

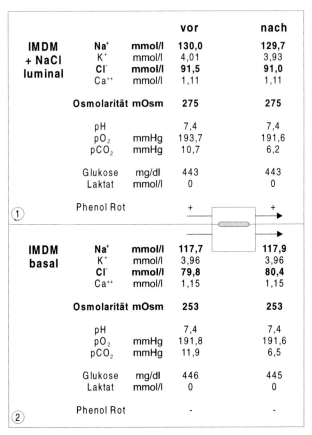

Abb. 61: Messung der physiologischen Parameter während einer Gradientenkultur mit einem intakten Epithel: Die Epithelien sind während der gesamten Kulturdauer z.B. einem Gradienten mit Salzbeladung auf der (1) luminalen Seite und Standardmedium (2) basal (130 versus 117mmol/l Na) ausgesetzt.

Ebenso wird eine unphysiologische hohe Menge an Laktat nicht beobachtet, weil bei der beschriebenen Methode das Kulturmedium in einer Abfallflasche gesammelt und nicht rezirkuliert wird. Wegen der kontinuierlichen Erneuerung des Mediums können Metabolite während der Kultur keinen stoffwechselschädigenden Einfluss ausüben.

Im Organismus entstehen Epithelien in einem Milieu, in welchem sie wegen noch fehlender Abdichtung luminal und basal einem gleichen Flüssigkeitsenvironment ausgesetzt sind. Im Laufe der Polarisierung und Ausbildung von Tight junctions an den lateralen Zellgrenzen kommt es dann zu einer physiologischen Abdichtung. Da die Epithelien jetzt luminal und basolateral ganz unterschiedliche Funktionen aufnehmen, entwickelt sich ein Gradient. Moleküle werden jetzt ganz unterschiedlich durch das Epithel transportiert.

Überträgt man diese natürliche Entwicklung auf die Kultur eines Epithels, so muss auch hier zwischen einem embryonalen und einem funktionellen Environment unterschieden werden. Embryonale Bedingungen lassen sich in einem Gradientencontainer simulieren, wenn luminal und basal das gleiche Medium vorbeigeströmt wird. Für ein Epithel bedeutet das, dass es sich in einem permanenten biologischen Kurzschlussstrom befindet. Dieser kann durchbrochen werden, wenn luminal und basal unterschiedliche Medien vorbeigeströmt werden. Durch Anlegen eines zuerst kleinen und dann größer werdenden Flüssigkeitsgradienten wird die Ausbildung einer funktionellen Polarisierung unterstützt. Während einer mehrwöchigen Kultur von Epithelien in einem Gradienten muss sichergestellt sein, dass das Epithel seine biologische Barrierefunktion ausübt, der Gradient über die Kulturdauer erhalten bleibt und nicht durch Umgebungseinflüsse verloren geht (Abb. 62).

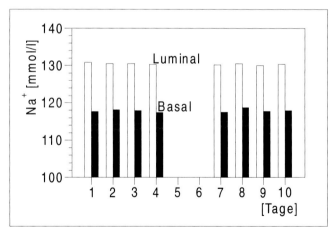

Abb. 62: Messung des luminal/basalen Natriumgradienten über 10 Tage: Die Epithelien sind während der gesamten Kulturdauer einem Gradienten mit Salzbeladung auf der luminalen Seite und Standardmedium basal (130 versus 117mmol/l Na) ausgesetzt. Während der Kulturdauer zeigen die Messdaten eine konstante Aufrechterhaltung des Gradienten.

Während der Kultur wird deshalb kontinuierlich überprüft, ob die Barrierefunktion des Epithels aufrecht erhalten bleibt. Zur optischen Kontrolle wird Medium mit Phenolrot auf der luminalen und Medium ohne Phenolrot auf der basalen Seite verwendet. Nur solche Epithelien werden für weiterführende Versuche verwendet, die den Flüssigkeitsgradienten während der gesamten Kulturdauer von Wochen aufrecht erhalten und es dabei zu keiner farblichen Vermischung beider Medien kommt. Zusätzlich erfolgt eine analytische Kontrolle mit dem Elektrolytanalysator (Abb. 61, 62). Beispielsweise sind die Epithelien während der gesamten Kulturdauer einem Gradienten mit Salzbeladung auf der luminalen Seite und einem Standardmedium basal ausgesetzt (130 versus 117mmol/l Na). Messproben werden deshalb luminal und basal, sowie vor und hinter dem Container entnommen. Die Aufrechterhaltung einer intakten Epithelbarriere kann durch den Vergleich der Na Konzentration, außerdem durch den gemessenen Osmolaritätswert zwischen dem luminalen und basalen Kompartiment erkannt werden.

[Suchkriterien: Epithelia terminal differentiation; Epithelia barrier function; Epithelia culture; Epithelia transport]

Modulierung der Gewebeeigenschaften

Einflüsse des Milieus

Schwerpunkt bei vielen wissenschaftlichen Arbeiten im Bereich des Tissue engineering ist die Frage wie sich aus embryonal angelegten Strukturen funktionelle Gewebe entwickeln, welche morphogenen Faktoren an diesem Prozess beteiligt sind und vor allem welchen Stellenwert dabei die Umgebungseinflüsse haben. Dazu gehört die extrazelluläre Matrix und das Elektrolytenvironment.
Das im weiteren gezeigte Modellgewebe ist ein Sammelrohrepithel aus der Säugerniere, welches zwei Besonderheiten zeigt. Erstens wird es aus embryonalen Zellen generiert, die aus der Sammelrohrampulle der sich entwickelnden Niere herstammen. Dabei handelt es sich im weiteren Sinn um eine Stammzellpopulation der Niere. Diese Zellen bewirken zuerst die Entstehung (Induktion) sämtlicher Nephrone in der Niere, danach entwickeln sie sich zu einem spezialisierten Sammelrohrepithel. Im Gegensatz zu allen anderen Nephronabschnitten ist das Sammelrohrepithel aus mehreren Zelltypen aufgebaut. Diese Entwicklungsvorgänge sind bei der Geburt noch nicht abgeschlossen, deshalb können für die Untersuchungen Nieren von

neugeborenen Kaninchen verwendet werden. Die weitere Besonderheit besteht darin, dass sich das Epithel auf einer nierenspezifischen Matrix entwickeln kann, die aus der kollagenhaltigen Nierenkapsel (Capsula fibrosa), unreifen Nephronen und embryonalem Mesenchym besteht. Ohne Isolierung der Zellen mit Proteasen kann mit diesem Modell unter sehr realistischen Bedingungen die Reifung von einem embryonal angelegten zu einem funktionellen Epithel untersucht werden.

Ein embryonal angelegtes Epithel entwickelt sich generell in einem Milieu, bei dem es auf seiner luminalen und basalen Seite einem gleichen Flüssigkeitsmilieu ausgesetzt ist. Mit Einsetzen der Polarisierung und Abdichtung der lateralen Zellzwischenräume ändert sich dies. Das Epithel bildet jetzt eine biologische Barriere mit spezifischen Transporteigenschaften aus und befindet sich von diesem Zeitpunkt an in einem Gradienten, weil luminal und basal sich ein ganz unterschiedliches Flüssigkeitsenvironment bildet. Solche Entwicklungsvorgänge lassen sich in einem Gradientenkulturcontainer simulieren (Abb. 57). Bedingungen für ein embryonales Epithel können hiermit erzeugt werden, wenn luminal und basal das gleiche Kulturmedium durchströmt wird. Umgebung für ein erwachsenes Epithel entsteht, indem luminal und basal unterschiedliche Medien vorbeigepumpt werden. Damit befindet sich das Epithel in einem Gradienten und kann in einer Ventilfunktion Stoffe von A (luminal) nach B (basal) oder vice versa transportieren (Abb. 61). Mit dieser Anordnung lässt sich besonders gut und unter fast naturalistischen Bedingungen untersuchen, in wie weit ein wachsendes Epithel auf die Veränderungen seiner Umgebung reagiert.

Völlig unklar ist, wie aus einem embryonal angelegten Epithel ein funktionelles Gewebe entsteht. Lange Zeit wurde angenommen, dass allein Wachstumsfaktoren diese Entwicklung steuern. Unklar ist, ob andere Gewebe diese Stoffe bilden (parakrin) oder ob nur das entstehende Gewebe diese zu bilden vermag (autokrin). Geklärt werden muss, wann der auslösende Reiz für die funktionelle Gewebeentwicklung entsteht, die Reaktionsfähigkeit (Kompetenz) aufgebaut wird und welcher Mechanismus die Kooperation zu anderen reifenden Strukturen herstellt. Wir vermuten, dass neben der extrazellulären Matrix das Flüssigkeitsenvironment eine sehr wesentliche Rolle spielt.

In den folgenden Gradientenkulturversuchen wurde generiertes Sammelrohrepithel der Niere zuerst mit IMDM sowohl luminal als auch basal perfundiert, um ein embryonales Environment zu simulieren. Eine Zugabe von NaCl zum luminal perfundierten IMDM sollte eine Gradientensituation hervorrufen. Die Kultur in dem Gradientencontainer für 2 Wochen wurde unter völlig serum-freien Bedingungen durchgeführt. Nach Beendigung der jeweiligen Versuche musste zuerst die Qualität des entstandenen Epithels untersucht werden. Die morphologischen Befunde mit licht- und elektronenmikroskopischen Methoden zeigten, dass in jedem Fall ein polar differenziertes Epithel mit gut erkennbaren Tight junctions ausgebildet war. Da aber aufgrund der morphologischen Befunde der jeweilige Reifungsgrad der Epithelien nicht ersichtlich war, musste immunhistochemisch die Expression individueller Proteine untersucht werden. Das Ausgangsgewebe für die Kultur befand sich in einem embryonalen Zustand. Spezifische Markerproteine des erwachsenen Gewebes waren zu diesem Zeitpunkt noch nicht nachweisbar. Deshalb ging es um die Frage, ob die Zellen während der Kultur diese spezifischen Proteine zu bilden vermögen und ob nur einzelne oder vielleicht alle Zellen des Epithels Strukturen eines adulten Gewebes ausbilden.

Perfusion mit gleichem Kulturmedium auf der luminalen und basalen Seite ergab (Abb. 63/1), dass z.B. Zytokeratin 19 als Leitprotein schon in der embryonalen, später auch in der funktionellen Phase in allen Zellen des Epithels zu finden war. Mit einem Lektin wie Peanut agglutinin (PNA) konnte außerdem gezeigt werden, dass nach der ersten Woche kaum Zellen Reaktion mit dem Lektin zeigten, während nach 14 Tagen mehr als 80% positiv reagierten. Diese Eigenschaft wird aber nur ausgebildet, wenn dem Kulturmedium ein Hormon wie Aldosteron zugefügt ist. Insofern diente die Ausbildung von PNA - Bindungseigenschaften nach Zugabe von Aldosteron neben dem Nachweis von Zytokeratin 19 als eine weitere Kontrolle für die Gewebeentwicklung. Andere Eigenschaften wie die Entwicklung von Bindungseigenschaften, von sammelrohrspezifischen monoclonalen Antikörpern wie mab (cd; collecting duct) CD9, 703 und 503 Bindung werden nur zu einem sehr geringen Prozentsatz von unter 10% der Zellen im Epithel ausgebildet, wenn es luminal und basal mit gleichem Kulturmedium durchströmt wird.

Wenn jedoch Epithelien mit unterschiedlichen Kulturmedien auf der luminalen und basalen Seite und damit in einem Gradienten mit Salzbeladung (130 versus 117 mmol/l Na) im Kulturcontainer ausgesetzt wurden, so ergibt sich im Vergleich zu vorher ein ganz neues Differenzierungsprofil (Abb. 63/2). Nach 14 Tagen entwickelt ein Großteil der Zellen Antigene, an die monoklonalen Antikörper (mab) CD9, 703 und 503 binden. Dies ist nicht nachzuweisen, wenn das Gewebe einem gleichen Medium auf der luminalen und basalen Seite ausgesetzt ist (Abb. 63.1).

Auffallend ist die Beobachtung, dass die Entwicklung dieser Eigenschaften nicht in der ersten, sondern erst in der zweiten Woche nachweisbar wird. Ähnlich lange Entwicklungszeiten werden für das Entstehungsprofil der Zytokeratine in Leberzellen festgestellt. Gleiches wurde für ein typisches Transportprotein wie die Na/K ATPase gefunden. Erst mit den hier geschil-

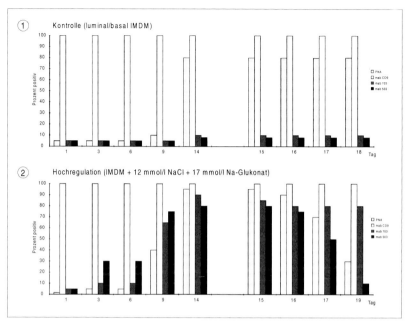

Abb. 63: Immunhistochemische Entwicklung von gewebespezifischen Eigenschaften eines renalen Sammelrohrepithels in einer Gradientenkulturkammer: Durchströmung von gleichem Medium (IMDM) auf der luminalen und basalen Epithelseite (1). Durchströmung von IMDM auf der basalen Seite und IMDM, welches zusätzlich 12 mmol/l NaCl enthält (2). Die Versuche zeigen, dass in einem Flüssigkeitsgradienten von dem Epithel ganz andere Zelleigenschaften ausgebildet werden. Auffallend dabei ist, dass erst zwischen dem 6. und 14. Tag die Expression der individuellen Proteine sichtbar wird.

derten Versuchen ist uns bewusst geworden, welchen enormen Einfluss das Elektrolytmilieu auf das Differenzierungsverhalten eines Epithel haben kann. Dabei wurde dem Kulturmedium nur etwas NaCl hinzugefügt.

Wenn Elektrolyte wie NaCl die Entwicklung von Eigenschaften im embryonalen Gewebe zu induzieren vermögen, so liegt nahe zu untersuchen, ob nach Wegnahme des Stimulus auch die erworbenen Eigenschaften wieder herunterreguliert werden. Deshalb wurden Sammelrohrepithelien in einem NaCl Gradient kultiviert nach 14 Tagen wieder Standardmedium auf der luminalen bzw. basalen Seite perfundiert (Abb. 63/2) und die Kultur bis zum 19. Tag fortgesetzt. Dabei zeigt sich, dass bei Wegnahme des Gradienten manche Eigenschaften wie mab 703 oder CD9 Bindung im Epithel erhalten bleiben, während die mab 503 Reaktion in dieser Zeit auf weniger als 10% der Zellen zurückfällt. Daraus lässt sich folgern, dass das Elektrolytmilieu nicht nur für die Ausbildung, sondern auch für die Aufrechterhaltung der Proteinexpression von großer Wichtigkeit im generierten Epithel ist.

[Suchkriterien: Modulation differentiation gradient perfusion culture]

Einflüsse von Elektrolyten

In den bisher geschilderten Versuchen wurde eine relativ große Menge (12 mmol/l) NaCl zum Kulturmedium (IMDM) auf der luminalen Seite des Epithels zugegeben. Man mag fragen, warum ausgerechnet diese Konzentration verwendet wurde. Das ist ganz einfach zu erklären. In unseren Kulturversuchen wurde aus alter Tradition IMDM als Standardmedium verwendet, welches z.B. 117 mmol/l Na und 81 mmol/l Cl enthält. Beim Messen dieser Elektrolytwerte wurde festgestellt, dass es hier eine große Diskrepanz zwischen den Elektrolytwerten des Mediums und denen des Serums als Modell für das interstitielle Flüssigkeitsmilieu besteht. Im Serum werden z.B. 142 mmol/l Na und 103 mmol/l Cl gemessen. Diese Elektrolytlücke sollte experimentell durch Zugabe von NaCl zu IMDM geschlossen werden. Bei der Angleichung des Elektrolytwertes von IMDM an die Serumkonzentration zeigte sich dann, dass kultivierte Epithelien nach Zugabe von NaCl ganz andere Eigenschaften entwickelten als vorher.

Infolgedessen sollte festgestellt werden, ob nur bei relativ großen oder auch bei kleinen Elektrolytveränderungen ein Wechsel des Differenzierungsprofils im kultivierten Gewebe zu beobachten war. Deshalb wurden Versuchsreihen mit ansteigenden NaCl Konzentrationen durchgeführt (Abb. 64). Dabei zeigte sich, dass schon unerwartet kleine Veränderungen der NaCl Konzentration um die +/- 3 mmol/l Differenzierungseigenschaften modulieren können und, dass die Erhöhung der NaCl Konzentration mit einer konzentrationsabhängigen Reaktion der Zellen verbunden ist. Die Ausbildung eines wichtigen Proteins zum Pumpen der Elektrolyte (Na/K ATPase) ist dagegen von den Elektrolytveränderungen im Medium nicht betroffen, während die Entwicklung für die Bindung von mab 503 und 703 extrem abhängig ist.

Daraufhin sollte geklärt werden, ob Medien mit unterschiedlicher Elektrolytzusammensetzung auch generell einen Einfluss auf das Differenzierungsverhalten zeigen. Renale Sammelrohrepithelien wurde deshalb in Medien

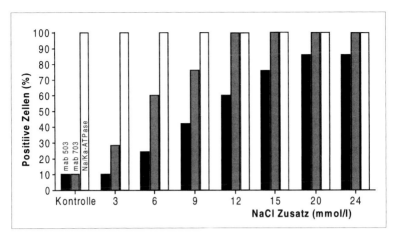

Abb. 64: Modulierung der Differenzierungseigenschaften in kultiviertem renalen Sammelrohrepithel mit Zunahme der NaCl Konzentration nach 14 Tagen in Perfusionskultur

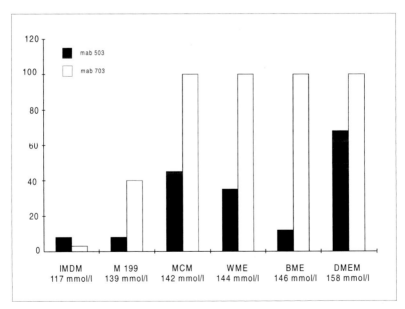

Abb. 65: Immunhistochemisches Differenzierungsprofil von renalen Sammelrohrepithelzellen, die in Medien mit geringem und hohem NaCl Gehalt für 14 Tage in Perfusionskultur gehalten wurden

mit unterschiedlichen NaCl Konzentrationen unter serum-freien Bedingungen in Perfusionskultur gehalten und immunhistochemisch untersucht (Abb. 65).
Die Ergebnisse zeigten, dass in allen verwendeten Kulturmedien ein morphologisch perfekt erscheinendes Epithel generiert werden konnte. Dabei konnte das rein morphologische Erscheinungsbild eines Epithels keinem bestimmten Kulturmedium zugeordnet werden, d.h. die Gewebe glichen einander sehr. Drastische Unterschiede zeigte dagegen das immunhistochemische Differenzierungsprofil (Abb. 65). Kulturmedien mit geringem NaCl Gehalt ließen im kultivierten Gewebe ganz andere Eigenschaften entstehen wie Medien mit einem hohen NaCl Gehalt. Die Entwicklung der mab 703 Bindung verläuft parallel zum NaCl Anstieg. Ganz anders verläuft jedoch die Entwicklung der mab 503 Bindung, die keine Korrelation zum Na Gehalt des Mediums aufweist. Tatsache ist, dass jedes Kulturmedium ein eigenes Differenzierungsprofil im Epithel entstehen lässt.
Diese letzten Versuchsserien müssen jedoch sehr vorsichtig interpretiert werden. Kulturmedien sind komplexe Gemische. Trotz des unterschiedlichen NaCl Gehaltes der verwendeten Kulturmedien kann die Veränderung des Differenzierungsprofils nicht auf die Veränderung der Elektrolyte allein, sondern auch auf eine Vielzahl von anderen Faktoren zurückzuführen sein. Dennoch bleibt der Befund, dass je nach Wahl oder Veränderung eines Kulturmediums mit Veränderungen des Differenzierungsprofils gerechnet werden muss. Dadurch können für das Gewebe typische, aber auch atypische Strukturen durch Überexpression oder Unterexpression entstehen. Außerdem können gewebefremde Proteine gebildet werden. Neuronale Kulturen zeigten z.B. bei einer erhöhten NaCl Belastung die Expression von muskelspezifischen Proteinen.

[Suchkriterien: Development differentiation profile; Gradient culture continuous exchange; Differentiation culture functional; Terminal differentiation growth arrest culture]

Steuerung von Mitose und Differenzierung

Bei den geschilderten Kulturexperimenten mit unterschiedlichen NaCl Belastungen war aufgefallen, dass sich gewebetypische Eigenschaften nicht in den ersten Tagen, sondern frühestens in Verlauf der zweiten Woche voll entwickeln (Abb. 63). Dies musste einen Grund haben, der recht lange Zeit nicht erkannt wurde. Bei der morphologischen Durchsicht der Gewebe fiel auf, dass diese während der Kultur nicht sichtbar an Volumen zugenom-

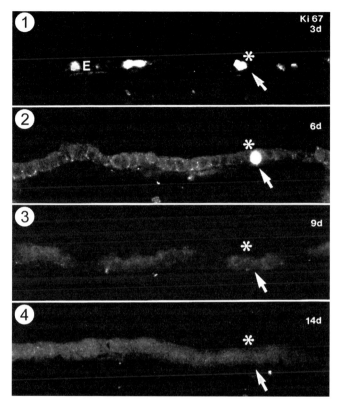

Abb. 66: Messung der Mitosehäufigkeit im Sammelrohrepithel nach Entzug von Serum (1) im Kulturmedium und unter serum-freien Bedingungen nach mehreren Tagen (2-4): Während zu Beginn der Kultur noch zahlreiche Mitosen mit dem monoklonalen Antikörper gegen das Zellzyklusprotein MIB1 nachgewiesen werden können, sind nach zwei Wochen keine sich teilenden Zellen mehr zu erkennen. Das Gewebe hat ein Postmitosestadium erreicht, wie es innerhalb der Niere nachgewiesen wird. Das Erreichen des Postmitosestadiums fällt genau mit dem Zeitpunkt zusammen, ab dem spezifische Charakteristika exprimiert werden.

men, sondern ihre ursprüngliche Größe beibehalten hatten. Aufgrund dessen wurde die Zellvermehrung während der Kultur mit immunhistochemischen Markern untersucht (Abb. 66).

Zur Generierung wurden die Epithelgewebe zuerst für 24 Stunden in serumhaltigen Kulturmedium inkubiert und dann für zwei Wochen in serumfreiem Kulturmedium weiterkultiviert. Im Laufe der Kultur wurden die Konstrukte immunhistochemisch mit Antikörpern gegen Proteine wie Ki67 oder MIB1 untersucht, die Aussagen zum ablaufenden Zellzyklus zulassen (Abb. 66). Während zu Beginn der Kultur noch zahlreiche Mitosen mit dem monoklonalen Antikörper gegen das Zellzyklusprotein MIB1 nachgewiesen werden konnten, sind nach der ersten Woche keine teilenden Zellen mehr sichtbar. Das Gewebe hat damit ein Postmitosestadium erreicht, wie es auch innerhalb der erwachsenen Niere nachgewiesen werden kann.

Die Entstehung von Gewebeeigenschaften und die gleichzeitige Verringerung der Mitosefrequenz müssen ein zusammenhängender Mechanismus sein. Kulturversuche von Epithelien in einem Gradientencontainer zeigten einerseits, dass das Elektrolytmilieu Eigenschaften im Gewebe verändert (Abb. 63/2). Auffallend dabei ist, dass das Gewebe unerwartet spät reagiert und erst am Ende der ersten Kulturwoche mit der Hochregulierung von Eigenschaften beginnt. Andererseits fällt diese Periode mit einem zweiten wichtigen Ereignis zusammen. Werden Epithelien von der serumhaltigen auf serumfreie Kultur umgestellt, so findet man auch erst am Ende der ersten Woche einen vollständigen Verlust der Mitosen (Abb. 66). Demnach werden in den Epithelien zellspezifische Eigenschaften erst dann hochreguliert, wenn die Mitoseaktivität der Zellen zum Stillstand gekommen ist.

Auch bei der Skelettmuskelentwicklung fällt die Arretierung der Mitose mit der Ausbildung spezifischer Charakteristika zusammen. Diese wird aktiviert durch den Transkriptionsfaktor Pax3, der wiederum die zwei muskelspezifischen Transkriptionsfaktoren Myf5 und MyoD induziert. Diese beiden Faktoren gehören zu der Gruppe der myogenen bHLH (basic helix-loop-helix) Proteine, die an die DNA binden und dadurch spezielle Gene aktivieren. MyoD aktiviert die Synthese der muskelspezifischen Kreatinphosphokinase und den Acetylcholinrezeptor. Besonders interessant bei diesem Vorgang ist, dass MyoD immer in großer Menge gebildet werden muss, weil es nur dann in genügender Menge an die DNA binden kann und auf diese Weise die Genaktivität aufrecht erhält. Auf diese Weise können zuerst einmal Myoblasten entstehen.

Muskelgewebe dagegen entsteht erst durch die Fusion der einkernigen Myoblasten zu vielkernigen und später quergestreiften Muskelfasern. Die Fusion beginnt, wenn die Myoblasten die Zellteilungen beendet haben. Diese sezernieren große Mengen an Fibronektin und erhöhen die Synthese ihres Fibronektinankerproteins ($\alpha 5, \beta 1$ Integrin). Die Bindung zwischen dem Integrin und dem Fibronektin ist entwicklungsweisend. Wird dieser Schritt experimentell z.B. mit einem Antikörper blockiert, so unterbleibt die folgende Muskelgewebeentwicklung, bei der sich Ketten von Myoblasten zusammen lagern. Dabei sind Glykoproteine wie Cadherine und Cell adhesion molecules (CAMs) beteiligt. Das Fusionsarrangement findet nur statt, wenn sich die Myoblasten als solche erkennen. Hierbei sind offensichtlich Ca Ionen maßgeblich beteiligt, da mit einem Ionophor wie A 23187 die Fusion aktiviert werden kann. Zusätzlich spielen Metalloproteinasen aus der Familie der Meltrine eine große Rolle.

Bei der Kultur von Geweben sollte man immer kritisch analysieren, welchen Entwicklungszustand man erreichen möchte oder welchen Entwicklungszustand das Gewebe unter Kulturbedingungen zu bilden vermag. Ein Gewebe in der Wachstumsphase wird immer vermehrt Zellen mit hohen Teilungsraten beinhalten, während in Phasen der funktionellen Reifung die Zellteilungsaktivität nebensächlich ist. Entsprechend diesen natürlichen entwicklungsphysiologischen Gegebenheiten müssen die Milieubedingungen der Kultur an die Bedürfnisse des reifenden Gewebes angepasst werden. Für wachsendes Gewebe werden deshalb Kulturmedien verwendet, denen Serum oder Wachstumsfaktoren zugegeben werden. Für Gewebe, welches nicht mehr an Größe zunehmen, sondern funktionelle Eigenschaften entwickeln soll, lässt man Serum und Wachstumsfaktoren weg und verwendet am besten elektrolytadaptierte Medien.

[Suchkriterien: Cell proliferation differentiation growth arrest]

Einflüsse von Wachstumsfaktoren und Hormonen

Für die Generierung von künstlichen Geweben müssen den Kulturmedien meist Wachstumsfaktoren und Hormone zugegeben werden. Diese chemisch ganz unterschiedlich aufgebauten Moleküle lassen sich der Gruppen der eigentlichen Wachstumsfaktoren, der glandulären Hormone und den Gewebshormonen zuordnen (Abb. 67). Verständlicherweise kann diese Gruppeneinteilung nur verkürzt und damit nicht vollständig aufgezeigt werden.

Die Wirkung der einzelnen Faktoren ist dabei sehr vielfältig und kann ganz unterschiedliche Vorgänge in den einzelnen Geweben beeinflussen. Dies liegt zum einen in der unterschiedlichen Rezeptorexpression einer Zelle, zum anderen können nach der Rezeptorbindung eines Hormons unterschiedlich nachgeschaltete intrazelluläre Reaktionen ablaufen. Unerwartet unübersichtlich werden die Effekte von Hormonen und Wachstumsfaktoren aus entwicklungsphysiologischer Sicht. Während der Gewebeentstehung kann sich die Rezeptorexpressione ändern, unterschiedliche Affinitäten zum Liganden können ausgebildet sein und somit zu unterschiedlichen Zeitpunkten ganz unterschiedliche Effekte induziert werden.

	Physiologische Wirkung	Zellentwicklung
Wachstumsfaktoren		
TGF α	Chloridkanalaktivität ↓ Expression von Adhäsionsmolekülen ↓ Steuerung von immunologischen Reaktionen	Zellzyklus Apoptose ↓ Steuerung von neuronaler Differenzierung
TGF ß	Chemotaktische Wirkung Kollagensynthese ↑ Integrinexpression ↑	Fibroblastenproliferation ↑ Mesangiumzellproliferation ↑
Endothelin	Vasokonstriktion Matrixsynthese ↑	Schwannzelldifferenzierung ↓ Fibroblastenproliferation ↑
PDGF	Renale Vasokonstriktion Chemotaktische Wirkung Matrixsynthese ↑	Fibroblastenproliferation ↑ Zellzyklus
Drüsenhormone		
Insulin	Regulierung des Glukosestoffwechsels	Adipozytenreifung ↑
Aldosteron	Renale Elektrolytausscheidung Diurese	Sammelrohrepithelreifung ↑
Hydrokortison	Antiinflammatorische Wirkung Glukoneogenesese	Fettzelldifferenzierung Renale Epithelzelldifferenzierung
Trijodthyronin	Einfluss auf Fett- und Kohlenhydratstoffwechsel Aktivierung der Na/K-ATPase	Zellzyklus Neuronale Zelldifferenzierung
Gewebshormone		
Eikosanoide	Blutdruckregulation Diurese Gastrale Cloridsekretion ↑ Bronchiokonstriktion	Glomerulusreifung ↑
Histamin	Muskelkontraktion Aktivierung der H/K-ATPase	Neuronenentwicklung
Gastrin	HCL-Sekretion ↑ Magenmotilität	Pankreasdifferenzierung Schleimhautwachstum ↑

Abb. 67: Entstehendes Gewebe ist auf die Anwesenheit von Wachstumsfaktoren, glandulären Hormonen und Gewebehormonen angewiesen. Diese biologisch aktiven Substanzen haben häufig während der Gewebeentwicklung ganz andere Effekte wie im erwachsenen Organismus.

Wachstumsfaktoren im adulten Organismus haben eine bekannte physiologische Wirkung, bei der Gewebeentstehung kann diese Wirkung jedoch ganz anders sein. Dabei haben sie sowohl Einfluss auf die Zellentwicklung, die Zellproliferation und die Zelldifferenzierung (Abb. 67). Wachstumsfaktoren fördern im Zusammenhang mit der Zellentwicklung vor allem die Zellteilung von Säugetierzellen. Ein gutes Beispiel für diesen mitogenen Effekt sind Fibroblasten und der Blutplättchenwachstumsfaktor (platelet derived growth factor, PDGF). Hierbei ist interessant, dass PDGF Mitogen nicht nur während der Embryogenese wirkt, sondern auch im erwachsenen Zustand während der Wundheilung diesen Effekt auf Fibroblasten ausübt.

Wachstumsfaktoren induzieren nicht nur die Zellteilung, sondern können auch die Zelldifferenzierung beeinflussen. Der Nervenwachstumsfaktor NGF ist z.B. für die Neuronengröße sowie für die Länge der Dendriten und Axone verantwortlich. Neben den Einflüssen auf das Entwicklungsgeschehen haben Wachstumsfaktoren physiologische Wirkungen. TGFα z.B. steuert die Chloridkanalaktivität und hat gleichzeitig Einfluss auf immunologische Abwehrmechanismen. Endothelin zeigt neben einem Differenzierungseinfluss auf die Schwann'schen Zellen auch vasokonstriktorische Eigenschaften in den Blutgefäßen. All diese Beispiele zeigen die vielfältige und an den einzelnen Geweben ganz unterschiedliche Wirkung von Wachstumsfaktoren.

Für Hormone gilt ähnliches wie für die Wachstumsfaktoren. Allerdings steht hier nicht die proliferative Wirkung, sondern die Zelldifferenzierung im Vordergrund. Die meisten Daten in diesem Zusammenhang wurden aus Zell- und Gewebekulturexperimenten gewonnen. Für Hydrokortison z.B. ist der Einfluss auf den Differenzierungsschritt vom frühen zum späten Präadipozyten gezeigt worden. Andererseits spielt Hydrokortison eine zentrale Rolle bei der Suppression von immunologischen Reaktionen. Gleiches gilt für das Insulin, welches einerseits Differenzierungseinfluss hat, aber gleichzeitig die Schlüsselstellung im Kohlenhydratstoffwechsel des erwachsenen Organismus einnimmt. Ähnliches gilt für Gewebshormone, die in einzelnen Zellgruppen synthetisiert werden. Dabei können Hormone wie z.B. Gastrin an der Bildungstätte eine physiologische Wirkung haben, indem sie die HCl-Sekretion im Magen steuern. Gleichzeitig kann Gastrin die Zelldifferenzierung in benachbarten Organen wie in der Bauchspeicheldrüse induzieren.

[Suchkriterien: Growth factors embryonic development; hormones embronic development, hormones receptores development]

Biophysikalische Einflüsse

Um die funktionelle Differenzierung zu fördern, müssen in einem Kultursystem die biophysikalischen Parameter auf das jeweilige Gewebe abgestimmt werden. Zu diesen Einflüssen sind Druckkräfte, rheologische Beanspruchung, Scherkräfte, Temperatur, Gaspartialdrücke und viele weitere Faktoren zu zählen.

Knorpel an der Gelenkfläche ist z.B. einer gerichteten, intermittierenden Kompression ausgesetzt, die durch die Beanspruchung des Gelenkes verursacht wird. Dieser Kompressionsreiz ist für die Aufrechterhaltung des differenzierten Knorpels notwendig und die Ruhigstellung eines Gelenkes bewirkt eine Abnahme der Knorpeldicke im Gelenk, sowie eine Veränderung im Aufbau der Knorpelmatrix. Um in einem Knorpelkonstrukt eine korrekte Orientierung der extrazellulären Matrix zu bewirken, muss die natürliche Kompression in-vitro imitiert werden. Dies kann z.B. durch eine pneumatische Einheit erreicht werden, die eine physiologische, rhythmische Kompression auf das Konstrukt ausübt.

Eine Sehne ist in vivo Zugbelastungen ausgesetzt, die einen Dehnungsreiz im Gewebe verursachen. Hier kann die korrekte Orientierung und Differenzierung der Zellen innerhalb eines Sehnenkonstruktes durch eine künstlich erzeugte Zugbelastung in vitro bewirkt werden. Herzmuskelzellen werden im Idealfall auf einem flexiblen Support angesiedelt, um in-vitro nicht in ihrer rhythmischen Kontraktionsbewegung eingeschränkt zu werden. Zur funktionellen Differenzierung von Endothelzellen in einem Gefäßkonstrukt kann z.B. eine pulsierende rheologische Beanspruchung beitragen. Im Körper wird eine solche Beanspruchung durch das vorbeiströmende Blut hervorgerufen, in-vitro kann sie z.B. durch eine rhythmische Perfusion mit Kulturmedium imitiert werden.

Auch die Partialdrücke der Atemgase können entscheidenden Einfluss auf die funktionelle Differenzierung eines Gewebes haben. Schlecht oder nicht durchblutete Gewebe wie z.B. Knorpel weisen im Organismus sicherlich einen geringen O_2-Gehalt auf. Um optimale Kulturbedingungen für ein solches Gewebe zu schaffen, müssen die Atemgaskonzentrationen der Situation in-vivo angeglichen werden.

Ein frisch implantiertes Gewebekonstrukt wird nach der Implantation in den Patienten zuerst einmal hypoxischen Bedingungen ausgesetzt sein, da es noch nicht vaskularisiert, also noch nicht mit Blutgefässen versorgt ist. Im ungünstigsten Fall wird ein Implantat zudem noch von Fibrozyten umkapselt, so dass die Versorgung noch weiter eingeschränkt ist. Durch kontrolliertes Absenken des O_2-Partialdrucks in-vitro kann deshalb versucht werden, ein Konstrukt schon während der Kultur an hypoxische Bedingungen zu gewöhnen, so dass es die erste Zeit nach einer Implantation in den Patienten besser übersteht.

[Suchkriterien: Compression cartilage matrix; rheological stress endothelial cells]

In 3 Schritten zum Gewebekonstrukt

Gewebestrukturen entstehen in einem Organismus durch Entwicklungsvorgänge, die auf ganz unterschiedlichen zellbiologischen Ebenen gesteuert werden (Abb. 68). Die aktuelle Literatur im Bereich des Tissue engineering zeigt jedoch, dass bei der Herstellung von Gewebekonstrukten vergleichsweise einfach vorgegangen wird. Das Motto dabei lautet meist: Man nehme kultivierte Zellen, bringe sie in Kontakt mit einer künstlichen extrazellulären Matrix und kultiviere das Ganze in einer Kulturschale in serumhaltigem Kulturmedium. Bei kritischer Durchsicht der Veröffentlichungen ist zu ersehen, dass sich je nach verwendeter Matrix und angewandten Kulturbedingungen Konstrukte bilden, die meist mehr Unterschiede denn Ähnlichkeiten zu den Geweben in unserem Körper zeigen. Morphologische, physiologische und biochemische Charakteristika sind stark verändert, zudem werden häufig atypische Proteine exprimiert, die im Falle einer geplanten Implantation des Konstruktes zu Entzündungen und Abstoßungsreaktionen führen können. Nach dem vorliegenden Wissen ist es bisher in keinem Fall gelungen, eine vom Organismus her bekannte und damit völlig identische Gewebequalität unter in vitro Bedingungen zu generieren.

Erst langsam bildet sich ein Bewusstsein für die vielfältigen zellbiologischen und technischen Probleme bei der Herstellung von künstlichen Geweben, um Konstrukte in adäquater Qualität zu generieren. Alle bisher geschilderten Vorgehensweisen sind Ergebnisse von langjährigen Erfahrungen in einem sonst bisher wenig erforschten Bereich. Aufgrund fehlender Informationen haben wir bisher nichts anderes gemacht als zu fragen, wie sich Gewebe innerhalb eines Organismus entwickeln könnten. Viel ließe sich vom Konzept der Natur übernehmen.

Mit großer Sicherheit sind viele der aufgeworfenen Probleme bei der funktionellen Gewebereifung noch nicht gelöst. Dennoch zeichnet sich klar ab, dass man zuerst lernen müsste, die gewebespezifische Proliferationsaktivität und die unterschiedlich lang dauernde Interphase experimentell zu steuern. Dabei sollte ganz individuell entschieden werden, wann Zellen sich teilen und zu welchem Zeitpunkt gewebespezifische Eigenschaften unter Kulturbedingungen induziert und aufrechterhalten werden sollen. Dazu muss der

	Schritt 1	**Schritt 2**	**Schritt 3**
Vorhaben	Expansion der Zellen	Beginn der Differenzierung	Aufrechterhaltung der Differenzierung
Epithelien		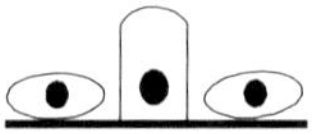	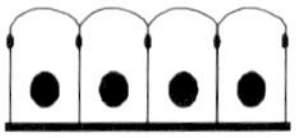
Bindegewebe	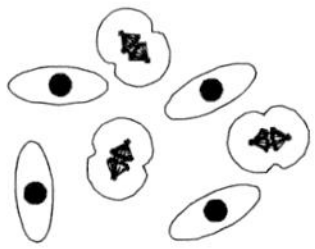	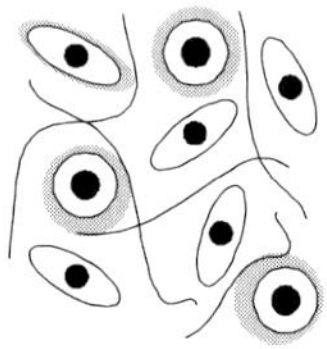	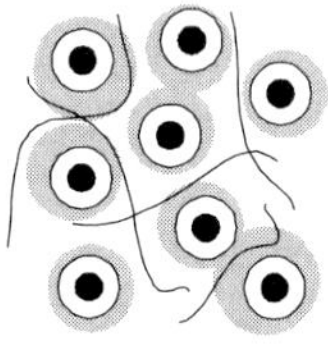
Kulturtechnik	Statische Kultur	Perfusionskultur	Perfusionskultur
Medium	Wachstumsfaktoren FCS im Medium	Serum-freie Medien	Electrolyt-adaptierte, Serum-freie Medien
Biophysikalische Einflüsse	Keine	Gering	Gesteigert
Hormonelle Stimulation	Keine	Vorhanden	Vorhanden
Reaktion	Schneller Zellteilungszyklus	Verlangsamter Zellteilungszyklus	Postmitose Interphase
Mitotischer Stress	Hoch	Niedrig	Niedrig
Differenzierung	niedrig	zunehmend	hoch

Abb. 68: Bei der Generierung von Geweben müssen Teilungsphase und Differenzierungsphase getrennt werden, da diese entsprechend des Zellzyklus nicht parallel, sondern nacheinander ablaufen.

natürliche Lebenszyklus einer Zelle im Auge behalten werden (Abb. 38, 39). Eine sich teilende Zelle kann gleichzeitig keine funktionelle Differenzierung zeigen. Dabei muss man sich von einer sicherlich unbewusst existierenden Vorstellung lösen, dass Zellen und Gewebe in jedem Fall in serumhaltigem Kulturmedium generiert werden müssen.

Analog zu dieser natürlichen Entwicklung von Geweben arbeiten wir mit Kulturen nach einem Schema, welches im wesentlichen drei aufeinanderfolgende Schritte beinhaltet (Abb. 68). Der erste Schritt umfasst die Vermehrung der Zellen, um für das weitere Vorgehen genügend Zellmaterial zu besitzen. Dieses Kulturmedium enthält Wachstumsfaktoren, fötales Kälberserum oder Humanserum vom Erwachsenen. Im zweiten Schritt wird mit serum-armen oder serum-freien Medien gearbeitet, um die Mitosefrequenz der Zellen zu drosseln und gleichzeitig die Hochregulierung spezifischer Eigenschaften im reifenden Gewebe zu induzieren. In dieser Kulturphase sind die Gewebe keinem stationären Milieu in einer Kulturschale mehr ausgesetzt, sondern werden in Perfusionscontainern kontinuierlich mit immer frischem Medium versorgt. Verwendung finden jetzt vorwiegend serum- und wachstumsfaktor freie Kulturmedien. Kann auf fötales Kälberserum nicht verzichtet werden, so wird depletiertes Serum vom erwachsenen Spender in geringer Konzentration angewendet, wodurch Wachstumsfaktoren verringert, aber sonst die nutritiven Eigenschaften erhalten bleiben. Die bisher vorgestellten Experimente haben gezeigt, dass dafür mindestens zwei Woche Kulturzeit benötigt werden. Im dritten Schritt muss sicher gestellt sein, dass es zu einer Stabilisierung der Differenzierungsleistung kommt und einmal induzierten Eigenschaften während der weiteren Kultur nicht wieder verloren gehen.

[Suchkriterien: Cell culture technique differentiation; Steps differentiation culture; Organogenesis]

Qualitätskontrolle

Aus der Sicht des Chirurgen ist es unwichtig, ob ein generiertes Implantat reif oder unreif ist, solange es perfekt einheilt und die verlorengegangenen Funktionen ersetzt. Dieser Standpunkt ist verständlich. Nicht berücksichtigt wird dabei allerdings, dass es bisher nur minimal klinische Erfahrungen zur Implantation von kultivierten Gewebekonstrukten gibt und dass es noch viele Jahre wenn nicht Jahrzehnte braucht, bis klare Aussagen über eine für den Patienten optimale Anwendung vorliegen. Auch bei den Metall- oder Polymerimplantaten als künstlicher Gewebeersatz wurde erst in einem über mehrere Jahrzehnte dauernden Optimierungsprozess der heutige Wissens- und Qualitätsstandard erreicht. Bei den künstlich generierten Geweben wird das nicht anders verlaufen. Der Schlüssel für den späteren Erfolg ist sicherlich die Fähigkeit zu erlernen, eine gewebetypische Differenzierung in den entstehenden Konstrukten zu steuern.

Für die Entwicklung von Gewebekonstrukten müssen neue Strategien gefunden werden, da viele der bisher entwickelten Kulturmethoden sich als wenig brauchbar erwiesen haben. Mit einem gesicherten Wissen über die Gewebeentwicklung im Organismus könnten von der Natur erprobte Mechanismen übernommen und damit die Qualität der Konstrukte entschieden verbessert werden. Überraschend viel ist über die Funktionssteuerung einzelner Zellen in jüngerer Vergangenheit erarbeitet worden. Dagegen weiß man vergleichsweise wenig über die molekularen Abläufe bei der Gewebeentwicklung. Realisierbar ist die professionelle Gewebeherstellung aber nur mit verstärkten Forschungsarbeiten und einer bildungspolitischen Einsicht, die anstehenden Probleme der Differenzierungssteuerung mit adäquaten Forschungsprogrammen zu lösen.

Viele fühlen sich kompetent, um bei Fragen der Stammzelldifferenzierung mitzureden und darüber zu urteilen. Von der Mehrzahl der Medien und einem Teil der Wissenschaftswelt wird der Bevölkerung mitgeteilt, dass es völlig risikolos sei, aus den embryonalen Stammzellen alle Arten von Geweben herzustellen. Dieser erweckte Eindruck ist jedoch zum derzeitigen Zeitpunkt euphorisch und damit unsachlich. Richtig ist vielmehr, dass es bisher nur gelungen ist, aus Stammzellen Vorläufer von funktionellen Neuronen, Bindegewebe-, Muskel-, oder Epithelzellen als Monolayer in einer Kulturschale zu erhalten. Ein Monolayer mit Vorläuferzellen ist aber definitiv noch kein funktionelles Gewebe. Diese Entwicklung zu einem funktionellen Gewebe konnte bisher noch in keinem Fall gezeigt werden und bleibt deshalb die wissenschaftliche Aufgabe für die nächsten Jahrzehnte.

Die grosse Herausforderung und damit die bisher nicht gelösten Schwierigkeiten bestehen darin, aus den kultivierten Zellen auf dem Boden einer Kulturschale ein funktionelles dreidimensionales Gewebe zu generieren, welches mit einer Pinzette handhabbar ist und implantiert werden kann. Dieses Konstrukt muss einen perfekten Anschluss an das Gefäßsystem finden. Fachleute wissen, dass sich aus Stammzellen nicht automatisch funktionelle Gewebe entwickeln. Intensiv muss in diesem Forschungsbereich noch gearbeitet werden, um die vielschichtigen zellbiologischen Probleme der künstlichen Gewebeherstellung zu lösen. Viel zu wenig Forschungsgelder stehen dafür bisher zur Verfügung.

Bei der Herstellung von Gewebekonstrukten müssen die unterschiedlichen Einflüsse gesehen werden, welche die zelluläre Differenzierung und die daraus resultierende biologische Variabilität des Konstruktes beeinflussen können. Beim hämatopoetischen System wurde schematisch gezeigt, dass sich embryonal angelegte Zellen in mehreren Zwischenstufen zu funktionellen, aber isoliert vorkommenden Blutzellen entwickeln (Abb. 14). Man weiß, dass es bei diesem Vorgang von A über B nach C keine umkehrbaren Zwischenschritte gibt. Ein Erythrozyt kann sich nicht wieder in einen Proerythroblasten verwandeln. Gleiche Entwicklungsrichtung gilt im Körper nicht für alle, aber für viele Gewebezellen. Aus einer Mesenchymzelle entsteht z.B. ein Chondroblast und daraus ein Chondrozyt (Abb. 69.1-5). Diese Entwicklung beinhaltet die Umwandlung einer polymorphen Mesenchymzelle zu einem abgerundeten Chondroblasten, der in Interaktion mit der extrazellulären Matrix seine Knorpelhöhle entwirft. Dabei muss festgelegt werden, wie viele Chondrozyten in dieser Höhle leben und wie die Knorpelkapsel aufgebaut werden muss. Entsprechend dieser zellbiologischen Voraussetzungen wird dann die mechanisch belastbare Interzellularsubstanz aufgebaut. Eine Rückentwicklung dieses Zelltyps ist bei einer natürlichen Entwicklung im Organismus nicht vorgesehen. Höchstens bei degenerativen bzw. entzündlichen Veränderungen wie bei der Arthrose oder den rheumatoiden Erkrankungen kommt es durch die Einwirkung von Entzündungsparametern zu Zellmodifikationen.

Im Gegensatz zur Chondrogenese verläuft die künstliche Gewebeherstellung ganz anders. Der ursprünglich in der Knorpelkapsel vorkommende, rundliche Chondrozyt wird nach seiner Isolierung zu einem flachen, mesenchymal- bzw. fibroblastenähnlichen Zelltyp (Abb. 36.3, 37.3), ist aber dennoch keine ursprüngliche mesenchymale Zelle mehr. Mithilfe eines Scaffolds wird dann versucht, aus der fibroblastenähnlichen Zelle wieder

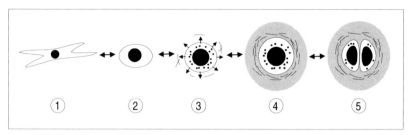

Abb. 69: Schematische Darstellung der Entwicklungsprozesse einer Mesenchymzelle zu einem Chondrozyt: Diese Entwicklung beinhaltet die Umwandlung einer polymorphen Mesenchymzelle (1) zu einem abgerundeten Chondroblasten (2), der in Interaktion mit der extrazellulären Matrix seine Knorpelhöhle entwirft (3). Dabei muss festgelegt werden, wie viele Chondrozyten in dieser Höhle leben und wie die Knorpelkapsel aufgebaut werden muss. Entsprechend dieser zellbiologischen Voraussetzungen wird dann die mechanisch belastbare Interzellularsubstanz aufgebaut (4-5).

einen Chondroblasten und wenn möglich einen Chondrozyten zurückzuentwickeln, der mechanisch belastbare Knorpelgrundsubstanz bilden soll. Zahlreiche Untersuchungen haben gezeigt, dass hierbei nicht allein gewebetypische Chondrozyten, sondern viele Zwischenstufen von Fibroblasten über Chondroblasten zum adulten Zelltyp gefunden werden. Erkennbar wird bei dieser Schilderung, dass ebenso wenig wie bei Verwendung von Stammzellen die Herstellung eines Gewebes in vitro automatisch abläuft und ein perfekt generiertes Konstrukt in der Kulturschale vorgefunden wird. Vielmehr lässt sich zeigen, dass zwischen embryonalen und gereiften Strukturen viele Zwischenstufen erkennbar werden, die entwicklungsphysiologische gesteuert werden müssen. Aus diesem Grund muss festgestellt werden, dass mit den heutigen in vitro Methoden kein funktioneller Knorpel, sondern ein Konstrukt entsteht, das selten mehr, meistens weniger dem nativem Knorpel gleicht.

Im Vergleich zur natürlichen Knorpelentwicklung ist die Generierung von Knorpelgewebe unter in-vitro Bedingungen ein Vorgang, der reversible Entwicklungsschritte beinhaltet. Ein Chondrozyt kann durch Abbau von Knorpelgrundsubstanz isoliert und in Kultur genommen werden (Abb. 70). Im Gegensatz zum Chondrozyt im Knorpelgewebe kann man ihn jetzt vermehren und zur Herstellung eines künstlichen Knorpelkonstruktes verwenden. Dabei hat die isolierte Zelle vollständig ihre typische Form verändert. Sie sieht jetzt aus wie ein Fibroblast und schaltet aus bisher unbekannten Gründen die Synthese von knorpeltypischem Typ II auf knorpeluntypi-

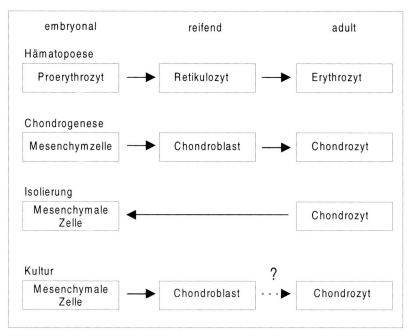

Abb. 70: Irreversible (natürliche) und reversible (experimentell induzierte) Gewebeentwicklung: Während einer natürlichen Entwicklung entstehen aus embryonal angelegten Vorstufen funktionsfähige Zellen. Dieser natürliche Entwicklungsweg ist mit wenigen Ausnahmen irreversibel. So wird z.B. aus einer Mesenchymzelle über einen Chondroblast ein Chondrozyt. Bei der Isolierung eines Chondrozyt aus erwachsenem Gewebe dagegen entsteht unter in-vitro Bedingungen eine Zelle, die der ursprünglichen mesenchymalen Zelle gleicht, aber nicht mit ihr identisch ist. Völlig untypisch für diese Zelle ist, dass sie unter Kulturbedingungen vermehrt wird und wenn möglich sich daraus wiederum Chondroblasten entwickeln. Inwieweit daraus ein funktionsfähiger Chondrozyt entstehen kann, ist bisher unklar.

sches Kollagen Typ I. Dies bedeutet, dass die extrazellulären Proteine nicht mehr zu einer mechanisch belastbaren extrazellulären Matrix verknüpft werden können, die Interzellularsubstanz wird untypisch weich.

Neben eigenen experimentellen Erfahrungen werden die angeführten Argumente bei der Suche nach aktueller Literatur auf diesem Gebiet untermauert. Es gibt drei verschiedene Arten von Knorpel, die an spezifischen Stellen des Körpers vorkommen. Keine einzige Literaturstelle konnte bisher gefunden werden, in der z.b. die unterschiedliche Herstellung von hyalinem und elastischem Knorpel sowie von Faserknorpel beschrieben wäre. Eine Ohrmuschel lässt sich wegen der fehlenden Elastizität nicht durch hyalinen Knorpel ersetzen. Benötigt wird dafür elastischer Knorpel, der aber unter in-vitro Bedingungen bisher nicht verfügbar ist. Keine Daten gibt es zur Frage, warum bei einzelnen Knorpelgeweben eine ganz unterschiedliche Anzahl von Chondrozyten in den jeweiligen Knorpelhöhlen wohnt. In keiner Arbeit konnte Aspekte zur Entstehung der Knorpelkapsel gefunden werden, welche die Chondrozyten begrenzen. Um diese Entwicklungsvorgänge in-vitro simulieren zu können, benötigt man aber besondere Kenntnisse zum Differenzierungsgeschehen von solchen Geweben im Organismus. Da dieses Wissen aber generell fehlt, muss es zukünftig systematisch erarbeitet werden.

Bisher ist das allgemeine Wissen zur Gewebeentstehung überraschend oberflächlich und damit nur sehr lückenhaft. Zudem fehlen geeignete Marker zum Nachweis, damit ungereifte, reifende und gereifte Zellen im Gewebe voneinander unterschieden werden können. Diese Wissensmängel beziehen sich nicht allein auf die Generierung von Knorpel, sondern gelten auch für alle anderen Gewebe in unserem Organismus. Es ist schon sonderbar, seit fast einem Jahrhundert wissen wir, zu welchem Zeitpunkt eine Organanlage entsteht oder ein Muskel sich entwickelt. Wie aber das Gewebe reift und daraus funktionelle Strukturen entstehen, ist entwicklungsphysiologisch gesehen nach wie vor fast unbekannt.

[Suchkriterien: Differentiation functional in vitro]

Realisierung der Differenzierung

Verschiedenste Zellen und Gewebe versucht man in Kultur zu halten. Erfahrungsgemäß entstehen dabei nicht perfekte Konstrukte, sondern es kommt zur Entwicklung von Teileigenschaften und dadurch bedingt zu drastischen Veränderungen der Zellcharakteristika durch Dedifferenzierung. Experimentell zeigt sich außerdem, dass nicht jeder Scaffold gleich gut für die Ansiedlung von Zellen und damit für die Entwicklung optimaler Gewebestrukturen geeignet ist. Wichtig ist deshalb, dass entstehende Gewebekonstrukte sehr kritisch auf das Wachstumsverhalten und die entstehende Differenzierung hin untersucht werden. Vor allem sollte man analysieren, ob sich neben typischen auch atypische Strukturen entwickeln. Es geht um nichts anderes, als dass die Qualität von kultivierten Zellen und Geweben adäquat bewertet wird. Ziel sollte sein, ein Konstrukt zu generieren, welches funktionell mit den entsprechenden Strukturen in unserem Organismus verglichen werden kann. Erst anhand dieses Vergleiches ist es möglich, eindeutige Aussagen darüber zu treffen, ob die Kulturergebnisse als gelungen zu bezeichnen sind.

Jede Zelle in einem Gewebe trägt Informationen zur Differenzierung in ihrer DNA, die in Form von mRNA im Zellkern gebildet und dann ins Zytosol transportiert wird. Am endoplasmatischen Retikulum und an den Ribosomen wird die Information umgesetzt, um aus einzelnen Aminosäuren Proteine zu synthetisieren. Diese werden dann entweder für zelleigene Aufgaben verwendet oder aber aus der Zelle ausgeschleust. Die Informationsbildung bis zur mRNA wird als Transkription bezeichnet, während die Umsetzung der mRNA in Protein als Translation bekannt ist (Abb. 71).

Nicht automatisch wird die mRNA Information in die Bildung von funktionellem Protein übersetzt. Die gebildete mRNA allein gibt deshalb keine gesicherte Auskunft über das später zur Verfügung stehende funktionelle Protein, sondern sie dient als Zwischenschritt zur Bildung des Proteins. Das Protein steht ganz am Ende der komplexen Bildungskette, welches z.B. am Golgiapparat durch Anknüpfung von Zuckerresten erst seine funktionellen Eigenschaften als Glykoprotein erhält. Hier ist zu berücksichtigen wie vielfältig die eigentliche Funktion des Proteins über seine Faltung, Glykosilierung oder Phosphorylierung beeinflusst werden kann.

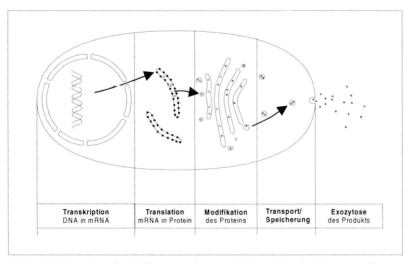

Abb. 71: Proteine der Zelle entstehen auf einer Transkriptions- und einer Translationsebene.

Gerade in Zell- und Gewebekulturen ist eine normale Prozessierung von Proteinen nicht garantiert und eine Transkription bedeutet nicht gleich die Umsetzung in die erwartete Translation. Es ist erstaunlich, wie viel Bedeutung mRNA Befunden gerade in Zell- oder Gewebekulturen zugemessen wird und wie wenig Wissen auf der Translationsebene über die Regulation der Proteinbiosynthese vorhanden ist. Im jetzigen Jahrzehnt der funktionellen Proteomics wird sich das sehr schnell ändern.

Beim Testen von Zell- oder Gewebequalität (Profiling) stellt sich die generelle Frage, ob auf der Transkriptions- oder der Translationsebene das oder die Syntheseprodukte nachgewiesen werden sollen. Prinzipiell gilt, dass am besten auf beiden Ebenen gemessen wird, wenn die geeigneten Methoden und Marker zur Verfügung stehen. Ganz ohne Probleme kann dieser Weg beschritten werden, wenn bekannte Proteine nachgewiesen werden sollen. Mit der PCR Methode kann biochemisch auf der Transkriptionsebene nachgewiesen werden, ob die entsprechende mRNA von den Zellen gebildet wird. Mit der in-situ Hybridisierungsmethode kann am Schnittpräparat morphologisch mit licht- und elektronenmikroskopischen Methoden gezeigt werden, ob die jeweiligen Zellen und nicht vielleicht eine benachbarte Zellpopulation die entsprechende mRNA bildet. Vorausgesetzt es gibt einen geeigneten Antiköper, so kann dann auf der Translationsebene das entstandene Produkt mit Methoden der Immunhistochemie sichtbar gemacht werden. Auf licht- oder elektronenmikroskopischer Ebene lässt sich visualisieren, ob an der Zelloberfläche oder an der extrazellulären Matrix ein synthetisiertes Protein vorkommt. Mit Hilfe elektrophoretischer Methoden können schliesslich Proteingemische getrennt werden. In einem Westernblotexperiment wird anhand einer markierten Bande ein vorkommendes Protein mit einem entsprechenden Antikörper erkennbar. Mit all diesen Experimenten lässt sich zweifelsfrei und sehr sensitiv nachweisen, ob die Kulturen spezielle Proteine synthetisieren oder unter den gewählten Bedingungen nicht ausgebildet haben.

Wenn Gewebekonstrukte hergestellt werden, so sollten sie möglichst gründlich mit den jeweiligen Geweben im Organismus verglichen werden. Dabei sollten nicht nur das adulte Gewebe, sondern zum Vergleich auch embryonale und vor allem halb gereifte Strukturen herangezogen werden, um möglichst viel Information zu den Entwicklungsabläufen zu erhalten. Dabei zeigte sich z.B., dass Zellen, die aus der Niere isoliert wurden und als Monolayer auf einem Deckgläschen wachsen, die notwendige mRNA für bestimmte Proteine besitzen und diese Proteine auch bilden können. Unter den beschriebenen Kulturumständen gelingt es den Zellen jedoch nicht, die gebildeten Proteine in die Plasmamembran einzubauen. Schuld daran ist die Gestaltveränderung der Zellen beim Wachsen auf einer für die Zellen

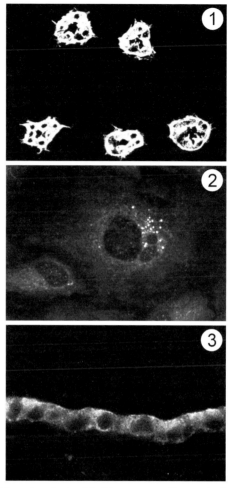

Abb. 72: Immunhistochemische Markierung von Sammelrohren in der Niere (1), von kultivierten Sammelrohr-Monolayerzellen auf einem Deckgläschen (2) und von kultiviertem Sammelrohrepithel auf einer nierenspezifischen Matrix (3): Die immunhistochemische Markierung mit einem monoklonalen Antikörper zeigt, dass Zellen des renalen Sammelrohrsystems eindeutig markiert sind. Sammelrohrzellen als Monolayer auf einem Deckgläschen zeigen nur eine punktuelle und damit untypische Markierung (2). Das nachgewiesene Protein wird zwar gebildet, kann aber nicht zur Plasmamembran transportiert werden. Sammelrohrepithel auf einer nierenspezifischen Unterlage zeigt wie in der Niere eine deutliche Markierung an allen Zellen.

ungeeigneten Unterlage. Aus ursprünglich isoprismatischen Zellen sind untypisch flache Zellen geworden (Abb. 72). Mit der PCR- Methode und dem Westernblotexperiment würde das Ergebnis positiv, aber dennoch unvollständig für ein solches Protein ausfallen. Das entsprechende Protein wird gebildet, ist aber aufgrund der Gestaltveränderung der Zellen an der falschen Stelle lokalisiert, weil es nicht in der Plasmamembran nachgewiesen werden kann. Solche wichtigen Befunde können nur dann erhalten werden, wenn morphologische, molekularbiologische und immunhistochemischen Methoden gemeinsam genutzt werden.

Kulturbedingungen müssen so gewählt werden, dass die Zellen in einem Konstrukt in der Lage sind, ein Protein zu synthetisieren und auch gewebegerecht zu prozessieren, damit es seine Funktion ausüben kann. Aus diesem Grund empfehlen wir bei Kulturexperimenten zuerst auf Translationsebene im Westernblot zu untersuchen, ob ein spezielles Protein nachgewiesen werden kann. Danach wird immunhistochemisch analysiert, ob das Protein an der richtigen Stelle zu finden ist. Wenn dieser Befund positiv ausfällt, steht einer weiteren produktiven Kulturarbeit meist nichts mehr im Weg.

[Suchkriterien: Cell features culture PCR detection; Immunohistological methods]

Homogene Zellverteilung

Wenn Zellen auf einem Scaffold kultiviert werden, ist von besonderer Wichtigkeit zu überprüfen, ob sie sich gleichmäßig verteilen und damit als Epithelzelle die gesamte Oberfläche oder als Bindegewebezelle bzw. als neuronale Zelle dreidimensional den zur Verfügung stehenden Raum besiedeln. Entscheidend für die Qualität der künftigen Gewebeentwicklung ist, ob die Zellen in enge funktionelle Interaktion mit dem verwendeten Biomaterial treten und dabei eine gleichmäßige Verteilung zeigen. Dieses Primärereignis bestimmt, ob Epithelzellen später auf einem Implantatkonstrukt perfekt haften und damit dem Vorbeiströmen des Blutes als Innenauskleidung einer Gefäßprothese standhalten können (Abb. 73.1). Für Bindegewebezellen bedeutet der Primärkontakt mit der artifiziellen Matrix, dass bei einer homogenen Verteilung der Knorpelzellen auch in gleichmäßigem Maße die mechanisch belastbare Interzellularsubstanz aufgebaut werden kann (Abb. 73.2). Wenn die Zellen nur an manchen Stellen den Scaffold besiedeln, so wird auch nur an diesen wenigen Stellen typische Interzellu-

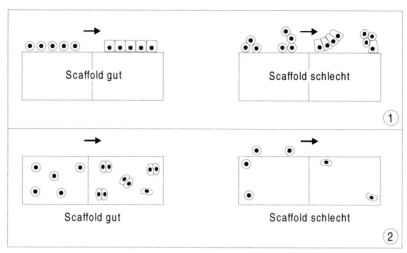

Abb. 73: Schematische Darstellung von Epithelzellen (1) und Bindegewebezellen (2) bei der Besiedlung auf einem optimalen und einem ungeeigneten Scaffold für die Gewebeherstellung: Bei einer homogenen Verteilung der Zellen auf einem Scaffold sind die Chancen für eine optimale Gewebeentstehung besonders groß.

larsubstanz aufgebaut. Dadurch entsteht eine inhomogene, mechanisch nicht belastbare Matrix.

Um das optimale Biomaterial für die jeweilige Gewebeherstellung herauszufinden, können die Zellen auf unterschiedlichen Scaffolds in Gewebeträgern herangezogen werden. Nach zuvor festgelegten Zeitpunkten der Kultur werden die Gewebeträger dann fixiert und mit einem fluoreszierenden Kernfarbstoff markiert (Abb. 74). Unabhängig davon, ob der Scaffold optisch transparent oder völlig undurchsichtig ist, kann die Verteilung der Zellen mit einem Mikroskop im Epifluoreszenzmodus sichtbar gemacht werden. Dieser einfache und bestechende Arbeitsmodus ist in allen modernen Fluoreszenzmikroskopen vorhanden. Probleme kann allein die Eigenfluoreszenz des jeweilig verwendeten Biomaterials/Scaffold machen. Falls diese stark ist und das Signal der Kernfärbung überstrahlt, so kann meist auf einen anderen Farbstoff mit einem anderen Fluorochrom ausgewichen werden (z.B. DAPI anstatt Propidiumiodid).

Matrices können enorm das Wachstumsverhalten von Zellen und Geweben beeinflussen (Abb. 73, 74). Zu Beginn unserer Arbeiten war uns nicht bewusst, wie sensitiv Zellen auf den Kontakt mit einem Biomaterial reagie-

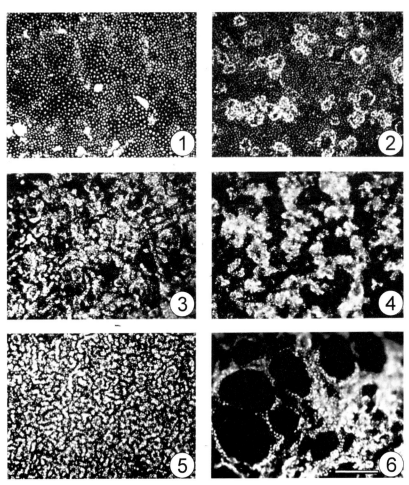

Abb. 74: Markierung von MDCK Zellen auf unterschiedlichen Matrices mit fluoreszierender Kernmarkierung: Die Zellen reagieren beim Wachstum auf den unterschiedlichen Matrices so sensitiv, dass jedes Material ein individuelles Wachstumsprofil zeigt. Ein homogenes Wachstumsprofil mit guter Anhaftung zeigt nur eine Probe (1).

ren. Gezeigt werden 6 verschiedene Matrices, die alle mit MDCK Zellen besiedelt wurden. Nach 3 Tagen Kultur in statischem Milieu werden die Zellen fixiert und mit einem fluoreszierenden Kernfarbstoff markiert. Die markierten Zellkerne zeigen bei 6 verwendeten Matrices 6 unterschiedliche

Wachstumsprofile. Ein Modul, bei dem z.B. fest anhaftenden Epithelzellen benötigt werden, könnte nur mit der Matrix 1 (Abb. 74.1) gebaut werden. Bei der Matrix (Abb. 74.6) wachsen die Zellen nur lückenhaft, bilden Cluster und Zysten. Ein solches Biomaterial kann für die Besiedlung von Epithelgewebe nicht verwendet werden, da es eine optimale Zellanhaftung, physiologische Abdichtung und Entwicklung von Transportfunktionen nicht unterstützt.
Je nach Verteilung des Zelltyps im jeweiligen Scaffold kann entschieden werden, ob das verwendete Biomaterial gleichmäßig mit Zellen durchdrungen ist oder nur auf der Oberfläche mit Zellenanhäufungen besiedelt wird. Nach dem Mikroskopieren der Referenzprobe ist abzuschätzen, welches Material besser und welches schlechter für das Anhaften der Zellen geeignet ist. Anhand dieser Kriterien kann dann entschieden werden, mit welchem Biomaterial weiter gearbeitet werden soll.

[Suchkriterien: Scaffold cell distribution; DAPI staining; hoechst staining nuclear]

Heterogene Gewebeeigenschaften

Herausforderung bei der Herstellung künstlicher Gewebe ist die Entwicklung spezifischer Eigenschaften und die Vermeidung der Dedifferenzierung. Möglichst alle typischen zellulären und extrazellulären Merkmale sollen während der Kultur ausgebildet und nicht verloren gehen. Richtlinie sollte sein, dass die kultivierten Gewebe mit den Strukturen in einem Organismus vergleichbar werden. Ohne eine kritische zellbiologische Beurteilung kommt man dabei nicht aus.
Eine schnelle und effektive Methode für den Nachweis spezifischer Gewebeeigenschaften ist das Anfertigen eines Gefrierschnitts. Dazu wird entweder das aus einem Organ entnommene oder das kultivierte Gewebe möglichst schnell auf einer Unterlage Tissue tec in einem Gewebehalter unter heftiger CO_2-Begasung oder in flüssigem Stickstoff eingefroren. Der Gewebehalter wird danach in ein Gefriermikrotom eingespannt. Anschließend werden möglichst dünne (ca. 5-10μm) Gefrierschnitte angefertigt und auf Glasobjektträger aufgezogen. Nach der Herstellung eines Kryostatschnittes erfolgt das Färben mit einer 1% Toluidinblaulösung, das Entwässern mit Alkohol, Aufhellung durch Xylol und das Eindeckeln mit einem Deckglas. Im Mikroskop ist danach die Frage schnell zu beantworten, ob vitale Zellen und entwickeltes Gewebe vorhanden sind. Gleichzeitig können wichtige Fragen beantwortet werden, ob z.B. ein isoprismatisches Epithel in Kultur

seine Zellform aufrechterhalten hat oder ob es zu einem untypischen flachen Epithel geworden ist. Ebenso kann geklärt werden ob die Zellen einschichtig oder mehrschichtig wachsen, ob sie eng benachbart sind oder in diskretem Abstand zueinander vorgefunden werden. Veränderungen der Zellkernlage, der Zellform oder des Schichtenaufbaus eines Gewebes geben zudem erste Informationen über Änderungen der Polarisierung, der Transportfähigkeit oder der mechanischen Belastungsfähigkeit von Geweben.

Die Methode der indirekten Immunfluoreszenz ist eine schnell durchzuführende Technik, um eindeutige Aussagen zum Vorhandensein und zur Verteilung von Proteinen in einem Gewebe nachzuweisen. Nach Herstellung eines Kryostatschnittes erfolgt eine Fixierung der Präparate für 10 Minuten in eiskaltem Ethanol (100%), dann wird 2 x 5 Minuten in PBS gewaschen und 30 Minuten in Blockierlösung inkubiert (PBS+ 1% BSA (Rinderalbumin) + 10% Pferdeserum,HS), um unspezifische Bindungsstellen abzusättigen. Die Blockierlösung wird abgesaugt und die Präparate für 90 Minuten in der Primärantikörperlösung inkubiert. Dabei handelt es sich um denjenigen Antiköper, der mit dem nachzuweisenden Protein reagiert. Jetzt wird 2 x 5 Minuten in PBS + 1% BSA gewaschen und für 45 Minuten in FITC- Sekundärantikörperlösung inkubiert. Dadurch wird der Protein- Antikörperkomplex mit einem fluoreszierenden Signal sichtbar gemacht. Von diesem Zeitpunkt an muss die Inkubation vor Licht geschützt werden. Danach wird wiederum 3 x 5 Minuten in PBS + 1% BSA gewaschen, um die Präparate auf einen Objektträger zu überführen und einzubetten. Die Immunfluoreszenz kann dann in einem Epifluoreszenzmikroskop bei einer Anregungswellenlänge von 495 nm ausgewertet werden.

Sehr häufig sind unterschiedlich behandelte Gewebeproben lichtmikroskopisch nicht voneinander zu unterscheiden. Deshalb lohnt es sich, histochemische/immunhistochemische Unterschiede des Expressionsprofils von Proteinen zu untersuchen. An Gefrierschnitten lässt sich dies effektiv durchführen. Renales Sammelrohrepithel kann z.B. entweder in IMDM oder in IMDM mit zusätzlich 12 mmol/l NaCl generiert werden (Abb. 63, 75). In beiden Fällen entsteht ein durchgängiges und polar differenziertes Sammelrohrepithel. Anhand der lichtmikroskopischen Befunde können beide Epithelien nicht voneinander unterschieden werden. Erst die immunhistochemische Markierung mit mab 703 zeigt klare Unterschiede (Abb. 75). Während in der Kultur mit IMDM nur wenige antikörperbindende Zellen entstanden sind, werden unter IMDM + NaCl alle Zellen im Epithel markiert. Diese Befunde können nun mit dem Expressionprofil im Sammelrohrepithel der Niere verglichen werden. Erst anhand dieser Resultate kann dann entschieden werden, ob im kultivierten Epithel ein typischer Zustand ausgebildet

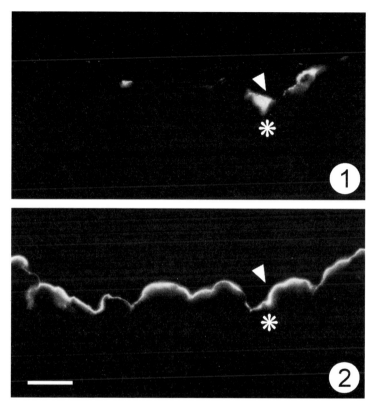

Abb. 75: Versteckte Heterogenität von Gewebe: Renales Sammelrohrepithel wurde in IMDM (1) und IMDM + NaCl (2) generiert. In beiden Fällen ist ein durchgängiges und polar differenziertes Sammelrohrepithel entstanden. Anhand lichtmikroskopischer Befunde können beide Epithelien nicht voneinander unterschieden werden. Erst die immunhistochemische Markierung mit mab 703 zeigt klare Unterschiede. Während die Kultur in IMDM nur wenige antikörperbindende Zellen entstehen lässt, sind unter IMDM + NaCl alle Zellen im Epithel markiert.

wurde oder ob eine Hypo- bzw. Hyperexpression des Proteins entstanden ist.
Häufig helfen lichtmikroskopische Techniken nicht weiter. Im Gegensatz zur Lichtmikroskopie kann die Elektronenmikroskopie die optische Auflösung zellulärer Strukturen erhöhen und gibt einen Einblick in die subzelluläre Verteilung von Organellen, in den Aufbau der Zell- und Basalmembran,

in Oberflächendifferenzierungen und in Zellkontakte. Allerdings ist die Herstellung eines elektronenmikroskopischen Präparates erheblich aufwendiger, zeitintensiver und damit teurer als die Anfertigung eines lichtmikroskopischen Schnittes. Der Vorteil der Elektronenmikroskopie liegt jedoch in der nicht übertroffenen und damit eindeutigen Identifikation von zellulären Strukturen in der Zelle. Nur elektronenmikroskopisch sind entscheidende Fragen zur einsetzenden Oberflächendifferenzierung und Zellpolarisierung zu beantworten. Dazu gehört eine Visualisierung der gerichteten Transportfunktion oder Produktabgabe, die z.B. nur in topologischer Übereinstimmung mit dem Golgiapparat möglich wird. Nicht nur die zelluläre Polarisierung, sondern auch die Orientierung von Organellen innerhalb der Zelle ist nur im Elektronenmikroskop zu erkennen. In diesem Zusammenhang kann analysiert werden, ob z.B. eine räumlich intakte Entwicklung des Trans-Golgi-Netzes zur Oberfläche des Epithels ausgebildet ist und damit Proteine entlang dieser Strasse prozessiert werden können. Ein Beispiel für eine fehlerhafte Ausbildung wurde bereits gezeigt (Abb. 72).

Der typische Aufbau von funktionellen Tight junctions in einem Epithel ist nur elektronenmikroskopisch und mit einer Gefrierbruchreplik eindeutig zu beurteilen. Immunhistochemische Markierung mit Antikörpern gegen Tight junction Proteine wie ZO1 oder Occludine können lichtmikroskopisch zwar zeigen, dass diese speziellen Moleküle exprimiert werden und eine Zell – Zellverbindung im generierten Gewebe aufgebaut ist. Obwohl spezifische Proteine im Konstrukt mit Antikörpern nachgewiesen sind, kann es dennoch sein, dass die Dichtung funktionell nicht genügend ausgebildet ist. Dies kann z.B. an der fehlenden Anzahl von 5 – 7 verketteten Strängen (anastomizing strands) liegen, die allein in dieser Ausbildung das morphologisch – funktionelle Korrelat für eine intakte Barrierefunktion darstellen. Geklärt werden kann dieser Sachverhalt jedoch nur mit elektronenmikroskopischen Techniken.

[Suchkriterien: Tight junction functional barrier; Golgi network; Immunohistochemistry]

Funktionskopplungen

Extrazelluläre Matrix und Verankerungsproteine

Gewebezellen synthetisieren ihre extrazelluläre Matrix bzw. Basalmembranen zum Teil selbst, zum Teil zusammen mit benachbarten Geweben, wodurch eine spezielle Kompartimentierung ausgebildet wird. Dadurch werden Zellen, aber auch Gewebe in bestimmten Abständen zueinander gehalten, in Gruppen gefasst oder voneinander getrennt. Die Zusammensetzung der extrazellulären Matrix zeigt in jedem Gewebe ganz spezifische Eigenschaften. Die wesentlichen Grundbestandteile wie Fibronektin, Kollagen und Proteoglykane sind immer vorhanden, jedoch in unterschiedlicher Menge und Zusammensetzung. Hinzu kommt, dass es über 20 verschiedene Kollagene und kollagenähnliche Moleküle gibt, die durch eine Polymerisation mit Fibronektin und Proteoglykanen eine unendliche Vielfalt an dreidimensionaler Vernetzung ermöglichen. In die Aminosäuresequenz dieser Moleküle sind zudem Informationsabschnitte für Zellanhaftung und Zellbewegung eingebaut. Mit zellbiologischen Methoden und Antikörpern kann man das Vorkommen dieser vielfältigen Proteine nachweisen. Durch konsekutive Immuninkubationen an elektronenmikroskopischen Schnittpräparaten oder mittels Rekonstruktion am Computer können Aussagen über die Beteiligung und Vernetzungen einzelner Proteine aufgezeigt werden. In der Zwischenzeit zeichnet sich ab, dass die extrazelluläre Matrix eines jeden Organs mit seinen speziellen Geweben ganz eigene Charakteristika zu haben scheint.

Gewebezellen können in einem lockeren oder auch sehr engen Kontakt zu ihrer extrazellulären Matrix stehen. Damit tritt die Plasmamembran von Zellen fokal oder auch grossflächig in Kontakt mit der extrazellulären Matrix. An solchen Stellen werden Zellverankerungsproteine etabliert (Abb. 76). Dabei handelt es sich um integrale Membranproteine, die an spezifische Aminosäuresequenzen der extrazellulären Matrix binden und als Integrine bezeichnet werden. Diese Moleküle sind heterodimer aufgebaut (α und ß) und bestehen somit aus ganz unterschiedlichen Untereinheiten. Es gibt mindestens je 8 verschiedene α- und ß-Untereinheiten, die wiederum miteinander kombiniert an ganz unterschiedliche Strukturen der extrazellulären Matrix binden können. Somit wird verständlich, warum unterschiedliche Gewebezellen auch eine ganz unterschiedliche Zusammensetzung der α- und ß-Untereinheiten haben, die wiederum an ganz verschiedene Komponenten der extrazellulären Matrix binden können. Die Konstellation aus α- und ß-Untereinheiten ist bei einem Gewebe nicht konstant, sondern zeigt in der Regel reifungsabhängige Unterschiede.

Integrine bewirken z.B., dass Endothelzellen als tapetenähnliche Auskleidung der Gefäßsinnenwände fest an der Matrix haften und durch den Blutstrom nicht weggespült werden. Wird ein Biomaterial als Prothese für ein Gefäß mit Endothelzellen besiedelt, so kann es sein, dass typische Integrine nicht, zu wenig oder sogar atypische Integrindimere ausgebildet werden. In diesem Fall können die Epithelzellen auf dem ausgewählten Biomaterial nicht haften. Es bleibt dann nichts anderes übrig, als das Biomaterial so

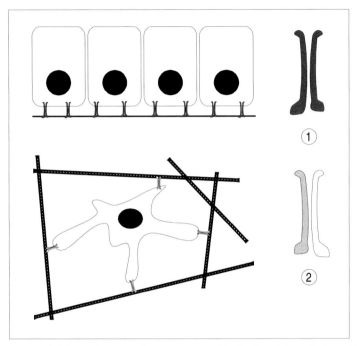

Abb. 76: Ausbildung der Verankerung von Epithelzellen (1) und einer Bindegewebezelle (2) mit der Basalmembran bzw. extrazellulären Matrix über Integrine: Dabei zeigt sich, dass je nach Zelltyp ganz unterschiedliche Integrine ausgebildet werden.

lange in seiner Oberflächenstruktur zu verbessern, bis die Endothelzellen bereit sind, ihre spezifischen Zellanker auszubilden. Gleiches gilt für Knochenzellen (Osteoblasten), die erst nach einer optimalen Verankerung über Integrine mit der Bildung und Vernetzung von Kollagen Typ I und einer nachfolgenden Calcifizierung reagieren.

Das letzte Beispiele zeigt, dass über die Verankerung nicht nur ein mechanischer Kontakt zwischen den Zellen und der extrazellulären Matrix hergestellt wird, sondern auch eine Funktionskopplung zum Stoffwechsel bestehen kann. Gesteuert werden solche Vorgänge durch Kinasen der ERK–Gruppe (extracellular signal regulated kinases) und den MAP– Kinasen (mitogen activated protein kinases). In Abhängigkeit zur extrazellulären Matrix wird über diese Funktionskaskade die Zelladhäsion, die Zellteilung und die Länge der funktionellen Interphase gesteuert. Ohne das geeignete

Biomaterial und die gewebetypische Integrinexpression wird also ein Kulturexperiment zum Herstellen funktioneller Gewebe zum Scheitern verurteilt sein.

[Suchkriterien: Extracellular matrix integrin signal transduction kinases]

Zell-Zellkontakte

Bei der Generierung von Epithelien muss deren Polarisierungsverhalten beurteilt werden. Dabei wird überprüft, ob in der apikalen bzw. basolateralen Plasmamembran die richtigen Proteine eingebaut werden, die eine natürliche, funktionelle Barriere entstehen lassen. Ein wichtiges Merkmal für Epithelzellen sind die Tight junctions als Bestandteil von lateralen Zell-Zellkontakten. Stark abdichtende Epithelien verhindern eine Passage von Molekülen zwischen den Zellen hindurch und lassen somit nur einen transzellulären Transport zu. Damit entscheiden allein Kanalstrukturen oder Transportproteine in der luminalen bzw. basolateralen Plasmamembran über diejenigen Moleküle, die in die Zellen eintreten können und welche von der Epithelbarriere abgewiesen werden.

Wichtige strukturelle und funktionelle Komponenten von Tight junctions sind die 24 Mitglieder der Claudin-Familie, die Occludine und das Junctional Adhesion Molekül (JAM). In Tight junctions von verschiedenen Epithelien werden analog zu den Integrinen unterschiedlich korrespondierende Claudinpaare ausgebildet. Weiterhin existieren Tight junction assoziierte Proteine. Diese sind z.B. immunhistochemisch oder im Westernblotexperiment leicht mit einem Antikörper nachzuweisen. Allerdings verrät der Nachweis von Occludinen allein wenig über die funktionellen, abdichtenden Eigenschaften. Diese müssen dann physiologisch und morphologisch untersucht werden.

Neben den Tight junctions sind die Gap junctions wichtige Vermittler von funktionellen Zell-Zellkontakten bei epithelialen und nicht- epithelialen Gewebestrukturen. Diese erlauben den Stoffaustausch von Zelle zu Zelle. Gap junctions bestehen aus 2 korrespondierenden Transmembrankanalstrukturen (Connexone), die wiederum 6 gleichartige Connexine enthalten. Es ist inzwischen eine Vielzahl von unterschiedlichen Connexinen bekannt, wodurch der Austausch von Stoffen und Informationen zwischen einzelnen Zellen sehr unterschiedlich gestaltet werden kann. Auch hier kann mit Antikörpern, die gegen Aminosäuresequenzen von Gap junctions (Connexine) gerichtet sind, deren gewebespezifische Expression analysiert werden. Wichtige Beispiele sind hier die Verbindungen zwischen Herzmuskelzellen in den Glanzstreifen, die u.a. der elektrophysiologischen Erregungsausbreitung im Myokard dienen. Dadurch können sich alle verbundenen Zellen zur gleichen Zeit kontrahieren. Verständlich ist, dass generierte Kardiomyozyten Gap junctions in genügender Menge ausbilden müssen, um nach einer Implantation funktionelle Kontakte zu benachbarten Zellen zu finden. Zugleich müssen die Zellen an ihrer Oberfläche oder in der engsten perizellulären Matrix Informationsmotive besitzen, damit so schnell wie möglich Kapillaren zur Versorgung des Gewebes zwischen den Zellen einwachsen können.

Gap junctions mit ganz unterschiedlichem Aufbau werden nicht nur in den Epithelien, sondern auch in den embryonalen, reifenden und erwachsenen Bindegeweben gefunden. Damit können räumlich getrennt lebende Zellen sich über lange Zellausläufer funktionell miteinander koppeln und Informationen miteinander austauschen. Wie bei den epithelialen Strukturen kommen sie regelmäßig vor und verbinden das Zytoplasma von benachbarten Zellen. Dies dient allein der optimalen, weil synchronen Funktion, wie sie z.B. beim Aufbau der Matrix von Röhrenknochen notwendig ist. Hierbei calzifizieren vergleichsweise riesige Areale, die in ihrem Innern mit einem kommunizierenden Netz an Osteozyten belebt werden. Neurales Gewebe bildet wiederum eine ganz andere Kommunikationstechnik aus. Hier findet die Informationsübertragung an extrem lang ausgebildeten Dendriten und Axonen statt. Dabei müssen eingehende Informationen umgeschaltet oder gebündelt werden. Dies geschieht dann über Synapsen (Relais), die zwischen Neuronen oder einem Erfolgsorgan ausgebildet sind.

[Suchkriterien: Tight junction occludin jam; cell contact gap junctions connexin]

Zytoskelett

Alle Zellen haben ein Zytoskelett, welches aus Aktinfilamenten, Intermediärfilamenten und Mikrotubuli besteht. Je nach Gewebezelltyp unterscheiden sich diese Strukturen in ihrer Zusammensetzung. Das Zytoskelett durchzieht dreidimensional das Zytoplasma und bildet auf diese Weise das Endoskelett einer Zelle. Dabei bilden die Zytoskelettbestandteile kein statisches, sondern ein elastisch deformierbares Gerüstsystem, welches der Aufrechterhaltung der Zellform, Positionierung von Organellen, Modulierung von Bewegungsvorgängen und Bildung von Transportrouten in der Zelle dient.

Die Bedeutung des Zytoskeletts im Zusammenhang mit der Ausbildung von Transportrouten wird besonders deutlich am Beispiel des Mikrotubuligeflechtes in Nervenzellen (Neuronen). Wie in anderen Zellen ist die Proteinsynthese auch in Nervenzellen an den Zellkern und bzw. an Zellorganellen gebunden. Diese Zellelemente befinden sich in den Nervenzellkörpern (Perikaryen) der Nervenzellen, welche in einigen Fällen bis zu 1 m vom Ende des Nervenzellfortsatz (Axon) entfernt sein können. Somit ist die Transportroute für Stoffe (z.B. Transmitter) in den Nervenzellen außergewöhnlich lang. In den Axonen dienen die Mikrotubuli als Transportweg. Entlang der Mikrotubuli können nun Stoffe bewegt werden, wobei Motorproteine für die Bewegungsvorgänge verantwortlich sind. Das Motorprotein Kinesin wandert mit seiner Fracht zum Plusende eines Mikrotubulus, das Motorprotein Dynein dagegen zum Minusende eines Mikrotubulus. Somit ist für den Bewegungsvorgang die Interaktion zwischen den Motorproteinen und den Mikrotubuli notwendig. Vorraussetzung für die Funktionalität von Nervengewebe ist daher unter anderem das Vorhandensein dieser genannten Proteine, wobei dies z.B. durch immunhistochemische Methoden in kultiviertem Gewebe überprüft werden kann.

Je nach Gewebetyp findet man ganz unterschiedliche Intermediärfilamente. Typisch für Epithelzellen ist die umfangreiche Gruppe der Zytokeratine (Abb. 77). Dabei hat jedes Epithel wiederum seine eigene Zytokeratin-Zusammensetzung. In der Muskulatur befindet sich Desmin. In Astrozyten wird saures Gliafaserprotein gefunden (GFAP), während in Nervenzellen Neurofilamente immunhistochemisch nachgewiesen werden können. In vielen mesenchymalen Gewebe wird Vimentin gefunden.

Bezogen auf die Epithelzellen ist der Nachweis von bestimmten Zytokeratinen sehr hilfreich in Kulturexperimenten. Im Sammelrohr der Niere findet man z.B. den Zytokeratin Typ 19. In anderen tubulären Strukturen der Niere findet man dieses Zytokeratin nicht. So kann bei der Herstellung von renalen Primärkulturen mit einem Antikörper gegen Zytokeratin Typ 19 immunhistochemisch überprüft werden, ob sich nur ein einziger Zelltyp in Kultur befindet. Außerdem kann an den Kulturen überprüft werden, ob das gewebespezifische Zytokeratin erhalten bleibt oder durch ein atypisches ersetzt wird, was wiederum zelluläre Dedifferenzierung erkennen lässt.

Die zelluläre Differenzierung bzw. Dedifferenzierung in entstehenden Geweben lässt sich immunhistochemisch mit einem Set an Antikörpern leicht nachweisen. Typischerweise verwendet man dazu zuerst einen Pan-Antikörper gegen Zytokeratin. Dieser erkennt ob prinzipiell ein Zytokeratin in den Zellen exprimiert wird, ohne dabei Auskunft zu geben, ob es sich um ein gewebespezifisches Zytokeratin handelt. Fällt diese Reaktion positiv aus, so ist nachgewiesen, dass eine Epithelzelle entsteht. Für jedes Epithel

Zytokeratin-Typ	Vorkommen
1	Epidermis, Portio uteri
2	Epidermis, Portio uteri
3	Cornea
4	Talgdrüsen, Portio uteri, Speiseröhrenepithel
5	Epidermis, Talgdrüse, Schweissdrüse, Trachealepithel
6	Epidermis, Schweissdrüse
7	Schweissdrüse, Brustdrüse, Niere, Urothel
8	Schweißdrüse, Brustdrüse, Trachealepithel, Urothel, Niere, Gallenblase, Darmepithel, Hepatozyten
9	Epidermis
10	Epidermis
11	Epidermis
12	Cornea
13	Portio uteri, Speiseröhre, Trachealepithel, Niere
14	Talgdrüse, Zungenschleimhaut, Exokrine Drüsen
15	Exokrine Drüsen, Trachealepithel
16	Zungenschleimhaut, Epidermis
17	Haarfollikel, Brustdrüse, Trachealepithel
18	Niere, Urothel, Darmepithel, Hepatozyten
19	Niere, Urothel, Darmepithel, Exokrine Drüsen

Abb. 77: Vorkommen von unterschiedlichen Zytokeratintypen in verschiedenen Epithelien.

gibt es zusätzlich spezifische Antikörper gegen Zytokeratine, die in den jeweiligen differenzierten Epithelzellen vorkommen (Abb. 77). Dies lässt sich zur Kontrolle eindeutig an einem Gewebeschnitt eines Organs/Gewebes überprüfen. Werden diese gewebespezifischen Zytokeratine auch in der Kultur nachgewiesen, so bestehen gute Chancen für eine zelluläre Differenzierung des Epithels. Sind diese gewebespezifischen Zytokeratine nicht vorhanden, so signalisiert dies eine zelluläre Dedifferenzierung.

[Suchkriterien: Cytokeratin epithelia cytoskeleton]

Zellrezeptoren und Signaltransduktion

Viele zelluläre Funktionen werden von Hormonen gesteuert. Für diesen Vorgang braucht die Zelle Rezeptoren. Diese können bei Peptidhormonen als Zelloberflächenrezeptoren oder bei Steroidhormonen als intrazelluläre Rezeptorproteine vorliegen. Zellfunktionen können allerdings auch über extrazelluläre Elektrolyte wie z.B. Calcium gesteuert werden, wobei Ionenkanäle bzw. Ionenpumpen eine wichtige Rolle bei der Signalwirkung spielen. An Zelloberflächenrezeptoren werden in der Regel hydrophile Liganden gebunden. Die Oberflächenrezeptoren wiederum können funktionell z.B. an Ionenkanäle oder an regulatorische Proteine der Adenylatzyklase gekoppelt sein. Ihre Aktivierung führt über Signalmoleküle zu einer schnell veränderten Zellfunktion binnen Sekunden oder Minuten. Intrazelluläre Rezeptoren werden meist durch hydrophobe Liganden wie z.B. Cortison, Cortisol oder Aldosteron gebunden und führen zu einer Aktivierung der Transkription nach Stunden und damit zu einer andauernden Proteinexpression von Tagen.

Häufig zeigt sich, dass bei kultivierten Geweben Rezeptoren vermindert vorkommen und dass diese mit der zellulären Reaktionskaskade fehlerhaft verbunden sind. Bei in-vitro Versuchen sollte außerdem immer berücksichtigt werden, dass zum Kulturmedium zugegebene Hormone wegen ihrer schlechten Löslichkeit ausfallen, an Kulturgefäßoberflächen unspezifisch binden und an Scaffoldmaterialien absorbieren können. In jeden Fall ist es sinnvoll, eine Messung über die Bioverfügbarkeit eines Hormons durchzuführen und damit Informationen zur wirklichen Menge des im Medium gelösten Moleküls zu erhalten. Aus diesem Grund müssen unter Kulturbedingungen Hormone häufig in hyperphysiologischen Konzentrationen zugegeben werden.

Ein Peptidhormon wie z.B. Vasopressin stimuliert im renalen Sammelrohrepithel der Niere die Adenylatzyklase und sorgt dafür, dass nach Freisetzung des Hormons möglichst viel Wasser durch Resorption dem Körper erhalten bleibt und nicht mit dem Harn abgeführt wird. Durch die Hormonwirkung entsteht im Zytoplasma der Sammelrohrepithelzellen zyklisches Adenosinmonophosphat (cAMP). Applikation von Vasopressin führt in der adulten Niere zu einer ca. 30 fachen Stimulierung der cAMP- Produktion, während bei Primärkulturen von Nierenzellen sich meist nur eine 2-3 fache Stimulierung zeigen lässt. Nachgewiesen wurde in diesen Versuchen, dass der Vasopressinrezeptor im kultivierten Epithel vorhanden ist, ebenso kann eine unspezifische Stimulierung der Adenylatzyklase mit Pertussis Toxin gezeigt werden. Was fehlt, ist eine intakte Ausbildung der Signaltransduktion mit den regulatorischen Untereinheiten der Adenylatzyklase. Deutlich werden soll mit diesem Beispiel, dass durch die geringe Stimulierung der Adenylatzyklase eine deutliche Erhöhung des Wassertransports im kultivierten Epithel nach Hormonapplikation bisher nicht erreicht werden konnte.

Die immunhistochemische oder im Westernblotexperiment nachgewiesene Existenz von entsprechenden Rezeptoren oder Transduktionsmolekülen kann viele Hinweise zur Funktionssteuerung einer Zelle geben. Allerdings sagt die Existenz allein und ohne den Nachweis der entsprechenden intakten funktionellen Signalkaskaden recht wenig über den echten Differenzierungszustand einer Zelle aus. Rezeptoren an kultivierten Geweben müssen stimulierbar sein und die natürlichen Signalkaskaden auslösen können. Falls diese Eigenschaften nicht entwickelt sind, liegt ein Problem der zellulären Differenzierung vor.

Ein weiteres Beispiel für die Interaktion von Ligand und Signalwirkung ist die von Transmittern kontrollierte Ionenkanalfunktion im Bereich von synaptischen Verbindungen. Dabei erreicht ein über das Axon verlaufendes Aktionspotential die präsynaptische Membran, die durch einen Spalt von der postsynaptischen Membran getrennt ist. Das Aktionspotential führt im Bereich der präsynaptischen Membran zu einer Transmitterfreisetzung. Die Transmitter binden an Rezeptoren der postsynaptischen Membran, wodurch es zur Öffnung von Ionenkanälen kommt und das hiermit ausgelöste Aktionspotential die elektrische Reizleitung bewirkt. Nervenzellen, die hauptsächlich der Fortleitung von Nervenimpulsen dienen, müssen zur Erfüllung ihrer Funktion in permanentem Kontakt mit Zellen oder anderen Rezeptoren stehen. Zur Vermittlung dieser Funktion ist die Kopplung zwischen Rezeptor und nachfolgender Reaktionkaskade zwingend notwendig und muss deshalb in kultiviertem Gewebe immer kritisch überprüft werden. Dies wiederum kann nur über funktionelle Studien wie z.B. elektrophysiologische Ableitungen erfolgen. Implantationsversuche von Neuronen in Rückenmarksläsionen bei Ratten zeigen, dass das nicht automatisch und fehlerfrei geschieht. Häufig kommt es nur zum ungenügenden Auswachsen von Axonen und Dendriten und damit zu einer mangelhaften oder fehlenden funktionellen Synapsenbildung.

[Suchkriterien: Membrane receptors cell signalling]

Membranproteine für Transportfunktion

Entscheidend für die Funktionen eines Gewebes sind Komponenten in der Plasmamembran wie Kanäle, Carrier und Pumpen. Molekularbiologisch, pharmakologisch und immunhistochemisch kann deren Expression während der Kultur bestimmt werden, darüber hinaus kann man anhand ihrer zellulären Lokalisation erkennen, ob sie auch an der richtigen Stelle vorgefunden werden. Da Gewebeeigenschaften unter Kulturbedingungen nicht automatisch entstehen, sondern es zu zahlreichen Fehlbildungen kommen kann, muss neben der Transkriptions- auch auf Translationsebene eine exakte phänotypische sowie funktionelle Charakterisierung des Konstruktes vorgenommen werden.

Beispielsweise soll dies an einem Sammelrohrepithel gezeigt werden, welches als einziges Tubulusepithel der Niere aus ganz unterschiedlichen Zelltypen aufgebaut ist. Von Interesse ist hierbei, ob Hauptzellen und unterschiedliche Typen an Nebenzellen in Kultur ausgebildet werden können oder ob charakteristische Membranproteine nachzuweisen sind. Die Hauptzellen besitzen luminal den epithelialen Na Kanal (ENaC) und einen Wasserkanal (Aquaporin 2). Damit können hormonell der Natriumgehalt und die Wasserausscheidung in der Niere reguliert werden. Basolateral findet man die Na/K-ATPase und die Aquaporine 3 bzw 4. Dagegen zeigen die α- Typ Nebenzellen eine luminale Expression der H^+-ATPase, die je nach Bedarf Säureequivalente in den Urin abgibt und ihn ansäuert. Intrazytoplasmatisch findet man die Carboanhydrase Typ II, die H^+ Ionen entstehen lässt. Die β- Typ Nebenzellen besitzen luminal den Anionenaustauscher (Exchanger) Typ 1, worüber der Harn alkalisiert wird. Mit geeigneten immunologischen Markern kann zweifelsfrei geklärt werden, ob die natürlich vorkommenden funktionellen Proteine auch in in-vitro generierten Epithelien nachzuweisen sind. Im optimalen Fall kann es sein, dass alle diese Strukturen unter Kulturbedingungen auf der Transkriptions- und Translationsebene exprimiert werden. Dennoch sagt dies noch nichts über die funktionellen Eigenschaften aus, nämlich ob die Transportwege intakt sind und ob sie hormonell stimulierbar sind. Deshalb muss mit physiologischen Methoden geklärt werden, ob ein Epithel abdichtet und einen vektoriellen Transport von luminal nach basal oder umgekehrt ausgebildet hat.

Speziell transportierende Epithelien sind nicht nur in der Niere anzutreffen. Epithelien, die im Lumen befindliche Flüssigkeiten verändern können, sind fast allen exokrinen Drüsen nachgeschaltet. Das Produkt der exokrinen Drüsen wird in Ausführungsgänge abgegeben. Besondere Abschnitte dieses Ausführungsgangsystem sind z.B. die Streifenstücke in den Speicheldrüsen, in denen das gebildete Sekret bezüglich der Osmolarität und Ionenzusammensetzung durch Membrantransporter im Epithel verändert werden kann. Ein anderes Beispiel für die Membrantransporterausstattung ist in den Enterozyten (Darmoberflächenzellen) des Darmes zu finden. Dabei ähneln sich die Transporter in den Epithelzellen der einzelnen Organe. So finden wir auch hier die Aquaporine oder den epithelialen Natrium Kanal (ENaC), wodurch die Eindickung des Darminhaltes erfolgen kann. Bei Generierung dieser Epithelstrukturen muss natürlich auch hier jeweils die typische physiologische Transportfunktion überprüft werden.

[Suchkriterien: Membrane proteins channels transporters]

Zelloberfläche

Die Glykokalix bildet eine Schicht aus Oligosacchariden, die an Membranproteine und Membranlipide gebunden ist. Eine unerwartet große Anzahl von Membranproteinen trägt Zuckerreste. So ist z.B. auch der Wasserkanal wie das Aquaporin 2 stark glykosyliert, welches sich im Westernblotexperiment leicht nachweisen lässt. Das Oligosaccharidmuster von Zellen und Geweben zeigt eine sehr unterschiedliche Zusammensetzung, die wiederum analytisch genutzt werden kann. An die terminalen Zuckerreste von Membranstrukturen in tierischen Zellen binden Lektinen, die bei entsprechender Koppelung mit Fluorochromen im Lichtmikroskop sichtbar gemacht werden können. Somit können Lektine neben den Antikörpern als praktikable Marker für die Phänotypisierung von kultiviertem Gewebe dienen.

[Suchkriterien: Glycocalyx saccharides lectins]

Konstitutive und fakultative Proteine

Immunhistochemie und mikroskopische Kontrolle ist für eine exakte Phänotypisierung von kultiviertem Gewebe unerlässlich. Neben der zellulären Lokalisierung sollte trotzdem immer zellbiologisch überprüft werden, ob die exprimierten Proteine ihr natürliches Expressionsmuster erhalten haben. Dazu werden zweidimensionale Gel-Elektrophoresen von Gewebekulturen angefertigt und die Proteinspots der Gelplatte auf Nitrocellulose übertragen und wie bei Westernblot-Experimenten immunhistochemisch analysiert. Mit dieser Methode kann zweifelsfrei geklärt werden, ob ein Proteinspot mit dem dafür vorgesehenen Antikörper reagiert und ob der reaktive Spot entsprechend seiner Ladung und seinem Molekulargewicht wie zu erwarten an der richtigen Position innerhalb der Acrylamidplatte vorgefunden wird.

Vor Beginn der Elektrophorese müssen die kultivierten Gewebe aufgeschlossen (homogenisiert) und die Proteine in Lösung gebracht werden. Da viele der im Gewebe vorkommenden Proteine schwer löslich sind, wird die Probe in einem Puffer aufbereitet, der in der Regel Harnstoff und Detergentien wie CHAPS, Nonidet oder Triton enthält. Anschliessend wird die Konzentration der gelösten Proteine bestimmt und circa 50 µg für eine Analyse weiterverarbeitet. In der ersten Dimension werden die Proteine durch den Aufbau eines pH-Gradienten mithilfe von Ampholyten nach ihrem isoelektrischen Punkt getrennt. Für die zweite Dimension werden die Rundgele in einem SDS-Puffer äquilibriert und in einer SDS Gel-Elektrophorese nach ihrem Molekulargewicht getrennt. Hiernach liegen die Proteine nicht mehr in Form von Banden vor, sondern als rundliche Spots (Abb. 78). Diese können im Gel nun mit steigender Sensitivität durch Coomassie Blau, Silberfärbung oder durch Fluoreszenzfarbstoffe nachgewiesen werden.

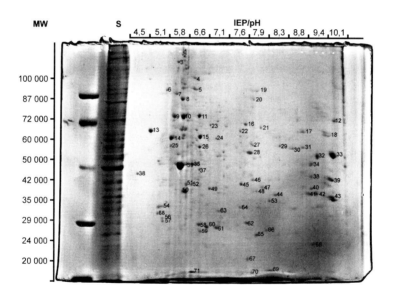

Abb. 78: Zweidimensionale (2D) Elektrophorese von Proteinen. Dazu wird ein Proteingemisch zuerst in einem pH Gradienten (horizontal) und dann nach seinem Molekulargewicht (vertikal) getrennt. Zu erkennen sind viele Proteinspots, die mit Coomassie Blau sichtbar gemacht wurden. Dieses Spotmuster ist typisch für ein bestimmtes Gewebe. Anhand des isoelektrischen Punktes und des Molekulargewichtes sind die einzelnen Proteine zu identifizieren.

Die Lage eines Spots innerhalb der Gelplatte zeigt den isoelektrischen Punkt und das Molekulargewicht eines Proteins. Anhand dieser beiden Kriterien kann ein Protein erkannt und damit auf die molekulare Struktur des Proteins geschlossen werden (Abb. 78). Höchste Sensitivität jedoch und vor allem Spezifität für den Nachweis eines Proteinmoleküls stellt das Westernblotexperiment einer zweidimensionalen Gelplatte dar. Mithilfe eines Antikörpers kann zweifelsfrei erkannt werden, ob ein Spot nicht nur anhand seines isoelektrischen Punktes und Molekulargewichtes, sondern sich auch durch die Markierung mit einem Antikörper erkennen lässt (Abb. 79). Diese Methode ist so sensitiv, dass ca. 5 Moleküle eines Proteins pro Zelle damit noch erkannt werden können.

Bei der Kultur von Gewebe ist in den wenigsten Fällen bekannt, ob es unter physiologischen oder unbewusst schon unter Stressbedingungen kultiviert wird. In diesem Fall bietet sich an, 2D-Elektrophoresen mit einem nachgeschalteten Westernblotexperiment durchzuführen. Zur Verwendung kommen in diesem Fall jetzt Antikörper, die z.B. konstitutiv und fakultativ exprimierte Proteine erkennen können (Abb. 79). Konstitutiv exprimierte Proteine werden von Zellen immer gebildet, während fakultative nur unter besonderen Bedingungen gefunden werden (Hormonbehandlung, Stress). Als Beispiel ist die Darstellung der Cyclooxygenasen 1 und 2 eines renalen Sammelrohrepithels nach NaCl Exposition gezeigt. Genauso könnten z.B. Antikörper gegen Heat Shock Proteine (HSP) verwendet werden, die nur unter besonderer Stressbelastung des Gewebes nachgewiesen werden können.

Mit der zweidimensionalen Elektrophorese ergeben sich noch mehr Möglichkeiten. Bei den Analysen kann sich zeigen, dass Kulturen im Vergleich zu dem nativen Gewebe kein identisches Spotmuster auf der zweidimensionalen Elektrophoreseplatte erkennen lassen , sondern dass auch Spots in atypischer Lage vorgefunden werden. Dieser Nachweis bietet die große Chance, Veränderungen der Gewebequalität und damit eine beginnende zelluläre Dedifferenzierung analytisch zu untersuchen. Um einen interessanten Spot weiter zu untersuchen, wird dieser mit einer kleinen Stanze aus der Gelplatte gelöst und daran eine N-terminale Sequenzierung des Proteins durchgeführt. In diesem Verfahren wird ein Teil der Aminosäuresequenz des Proteins ermittelt. Eine Sequenzdatenbank zeigt anschließend Übereinstimmungen zu bekannten Proteinen, Namen, möglichen Funktionen und gibt Hinweise für sein bisheriges Vorkommen.

[Suchkriterien: Atypical protein expression cell culture]

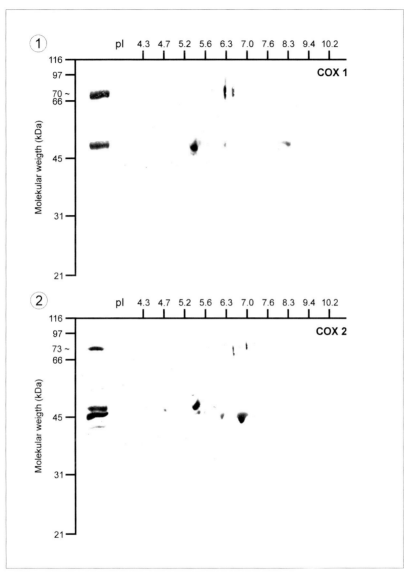

Abb. 79: 2D-Elektrophorese mit nachfolgendem Westernblot: Enzyme wie die Cyclooxygenase 1 (1) können entweder immer (konstitutiv) oder wie Cyclooxygenase 2 (2) nur unter bestimmten Stresssituationen (fakultativ) wie z.B. während einer erhöhten NaCl Belastung gebildet werden.

Gestörte Funktionalität

Neben den morphologischen, immunologischen und biochemischen Aspekten zur Analyse der Gewebedifferenzierung müssen die funktionellen und damit physiologischen Parameter berücksichtigt werden. In den wasser- oder elektrolytresorbierenden tubulären Strukturen der Niere sind die Typ 2 Aquaporine nicht nur in der luminalen Plasmamembran eingebaut, sondern sie sind auch im apikalen Zytoplasma innerhalb von Vesikeln zu finden. In der immunhistochemischen Untersuchung erkennt man somit nicht nur ein auf die luminale Plasmamembran beschränktes Fluoreszenzsignal, sondern auch eine diffuse Reaktion im apikalen Zytoplasma. Bekannt ist, dass die Wasserrückresorption hormonell über Vasopressin gesteuert wird. Bei einer Applikation von Vasopressin ins Kulturmedium an der basalen Seite des kultivierten Epithels mit intakter Funktion, müsste die natürliche Reaktionskaskade ablaufen. Vasopressin bindet an den V2-Rezeptor. Die in den Vesikeln gelegenen Aquaporine fusionieren dann mit der luminalen Plasmamembran. Diese Kanaltranslokation wäre immunhistochemisch daran zu erkennen, dass das diffuse Signal im apikalen Zytoplasma nach Vasopressingabe nicht mehr vorhanden ist und durch den Einbau der Wasserkanäle in die luminale Plasmamembran nur noch ein scharf abgegrenztes Signal erkennbar wird. An einem solchen gewebetypischen Beispiel könnte sehr viel über die Rezeptorexpression, die Ausbildung der Signaltransduktion und die Verpackung von Kanalstrukturen in Vesikeln mit Membranstrukturen analysiert und auf eine intakte Funktionalität geschlossen werden.

Tatsache ist, dass trotz vieler eigener Kulturversuche ein wassertransportierendes Epithel von uns bisher nicht generiert werden konnte. Trotz optimaler Abdichtung und Vorhandensein der notwendigen Kanalstrukturen und der daran beteiligten Rezeptoren und Kanälen sind wir dem Ziel nicht genügend nahe gekommen. Aus bisher nicht bekannten Gründen ist die Reaktionskaskade zwischen dem Vasopressinrezeptor und der beteiligten Adenylatzyklase unvollständig ausgebildet. Im Vergleich dazu ist allerdings der mit Aldosteron stimulierbare und mit Amilorid hemmbare Na Transport im generierten Sammelrohrepithel der Niere perfekt ausgebildet. An dem Modell einer anderen Gruppe konnten wir beobachten, wie ursprünglich apikal angelegte Kanalstrukturen während der Kultur nur noch in die basolaterale Plasmamembran eingebaut wurden. In diesem Fall kommt es zur partiellen Umkehr der zellulären Polarisierung, die trotz vieler Bemühungen bisher ebenfalls nicht befriedigend gelöst werden konnte.

Isolierte Nervenzellen in Kultur dienen häufig als Modell für wissenschaftliche Untersuchungen. Im Sinne des Tissue Engineerings allerdings, wo die spätere Funktion des kultivierten Gewebes im Vordergrund steht, muss die Nervenimpulsweiterleitung auf eine andere Zelle immer vorhanden sein und bleiben. Das ist die Vorraussetzung für Heilung von erkrankten integrativen Prozessen im Nervensystem. Beim Morbus Parkinson z.B. liegt eine fehlende Dopaminsynthese im Mittelhirn vor. Das dort lokalisierte Nervengewebe ist beim Gesunden durch den Transmitter Dopamin mit den Basalganglien (Kerngebiete im Großhirn) funktionell verbunden, wodurch Abstimmungen der Körperbewegungen gesteuert werden. Bei der Therapie dieses krankhaft befallenen Hirnareals durch die Implantation von Zellen oder Gewebe sollten mindestens zwei Faktoren erfüllt sein: Erstens eine begrenzte Zellteilung sowie fehlendes Migrationsverhalten. Zweitens sollten die transplantierten Zellen dopaminerg, also zur Dopaminsynthese befähigt sein. Dabei kann man nicht davon ausgehen, dass nach Implantation des Gewebes oder von isolierten Zellen in diese Region eine Dopaminsynthese automatisch erfolgt. Deshalb müssen hier entsprechende Versuche zeigen, dass die Neurone sich in die spätere Gewebeumgebung integrieren, über lange Zeiträume die notwendigen Transmitter zu bilden vermögen und funktionell in der Synapse verarbeiten können.

Das hergestellte Gewebe muss nach einer Implantation im medizinischen Sinn funktionieren, soll nützen und darf nicht schaden. Dabei ist unerheblich ob für die Implantation ein embryonales, halb gereiftes oder differenziertes Gewebe verwendet wird. Analog verhält es sich mit einem extrakorporalem Modul für die Unterstützung einer Leber oder Nierenfunktion, wenn es mit dem Blutfiltrat eines Patienten in Kontakt gebracht wird, um bestimmte Stoffe zu metabolisieren oder zu entfernen. Diese Funktionen sollen von Modulen übernommen werden, in denen Epithelien kultiviert werden. Aber was nützt z.B. ein kultiviertes Epithel für ein Nierenmodul, wenn zwar ein Aquaporin-2-Kanal in der luminalen Plasmamembran zellular installiert worden ist, aber dem resorbierten Wasser nun der Weg nach basal versperrt ist, weil aufgrund der Dedifferenzierung Aquaporine 3 und 4 nicht exprimiert werden. Zudem muss das generierte Gewebe in einem hohen Masse rheologischen, hydrostatischen und pulsatilen Stress gegenüber dem vorbeifließenden Medium entwickeln und vor allem Resistenz gegen den im Serum vorkommenden Harnstoff haben. Bisher sind uns kaum Arbeiten bekannt, in denen diese Aspekte systematisch untersucht worden sind.

Ähnliche Probleme gilt es beim Bau von extrakorporalen Lebermodulen zu lösen. Diese sollen bis zur Benutzung am Patienten für Wochen und Monate in einem Stand-by Zustand gehalten werden. Bei Bedarf müssen die Entgiftungsleistungen von den kultivierten Zellen dann sofort und in ausreichendem Maße vorhanden sein. Bei längerem Gebrauch des Moduls müsste zudem die Synthese von Blutserumproteinen steuerbar sein, um z.B. Mangelsituation bei den Blutgerinnungsfaktoren zu kompensieren. All diese Probleme müssen experimentell noch auf einer sehr breiten Basis geklärt werden, bevor an die allgemeine Anwendung von Organmodulen gedacht werden kann.

Jedem Beteiligten sollte bewusst werden, dass bei der Anwendung am Patienten nicht im analytischen Labormaßstab, sondern in technischer Dimension gearbeitet wird. Erfahrungen zeigen, dass Dinge, die im kleinen Maßstab gelöst erscheinen, noch lange nicht im großen Maßstab gleich gut funktionieren. Auch für diese Projekte gilt, dass die für den Einsatz in solchen Modulen bestimmten Zellen nicht einfach kultiviert werden können, sondern dass gerade in diesen Fällen der Differenzierungsgrad und damit die Funktionalität der Zellen von entscheidender Bedeutung ist. Auch für das Scaling up in Organmodulen gilt, dass die Ausbildung von Zelleigenschaften in kultivierten Geweben nicht automatisch geschieht, sondern durch eine ganze Reihe von Faktoren beeinflusst wird, die teils experimentell beherrschbar, teils noch völlig unbekannt sind.

[**Suchkriterien: Water transport electrolyte transport; Differentiation dedifferentiation**]

Vergleichbarkeit der Konstrukte

Es gibt inzwischen viele Arbeitsgruppen, die mit Chondrozyten und ganz unterschiedlichen Scaffolds arbeiten, um daraus mechanisch belastbares Knorpelgewebe für die Implantation bei Gelenkschäden zu generieren. Völlig unklar dabei ist, wer im Vergleich dieser Gruppen eigentlich das beste d.h. das optimal anwendbare Konstrukt herstellt. Gleiches gilt für Gruppen, die an der gewebetypischen Herstellung von Knochen, Sehnen und lockerem Bindegewebe arbeiten. Viele Arbeitsgruppen nutzen Herzmuskelzellen, Drüsengewebe, endokrines Gewebe oder neuronale Zellen, um daraus funktionelle Gewebekonstrukte herzustellen. Aber auch hierzu gibt es keine vergleichenden experimentellen Analysen, die sich mit der Qualität der generierten Konstrukte auseinandersetzen. Häufig wird argumentiert, wer den besten Scaffold benutzt, hat das beste Konstrukt. Zu diesen Ausführungen werden meist keine überprüfbaren Fakten geliefert.

Vergleicht man aktuelle Publikationen von konkurrierenden Gruppen mit gleichen Gewebekonstrukten, so fällt es häufig schwer zu entscheiden, welches Konstrukt die wirklich typische gewebespezifische Differenzierung erbringt. Das hauptsächliche Problem besteht darin, dass häufig mit ganz unterschiedlichen Methoden und analytischen Verfahren gearbeitet wird. Da zudem in den meisten Arbeiten ganz unterschiedliche Marker für die Bestimmung von Differenzierungscharakteristika beschrieben werden, ist die daraus resultierende Qualität der Gewebekulturen auch in den meisten Fällen nicht eindeutig abzulesen und kann deshalb nicht richtig verglichen werden. Erschwerend kommt hinzu, dass viele der angegebenen Antikörper, die zur Bestimmung der Gewebedifferenzierung genutzt wurden, für andere Gruppen häufig nicht zur Verfügung gestellt werden oder im Experiment nicht das geschilderte Ergebnis zeigen. In unserer Arbeitsgruppe gibt es inzwischen eine ganze Sammlung von Antikörpern, die wir zur Gewebetypisierung von anderen Gruppen erbeten hatten und die in unseren Experimenten keine Reaktion zeigten. Somit mangelt es an der objektiven Vergleichbarkeit von generiertem Gewebe.

Neben der Vermehrung von Zellen und der Generierung unter optimierten Kulturmethoden ist die erreichte Qualität des Konstruktes von entscheidender Bedeutung für die biomedizinische Anwendung. Dabei geht es zuerst einmal um ein möglichst gut reproduziertes manuelles Arbeiten unter Laborbedingungen, wie es in den Richtlinien zum Good Manual Practice (GMP) verlangt wird. Mit den GMP Richtlinien werden alle Arbeitsabläufe im Labor und deren Dokumentation genau vorgeschrieben. Merkwürdigerweise wird dabei das Endprodukt, also die Differenzierung von Zellen und Gewebe nicht angesprochen. Zur objektiven Beurteilung kann zukünftig dieser sehr wesentliche Aspekt jedoch nicht ausgeklammert werden. Es geht schließlich um die alles entscheidende Frage, wie gut die zelluläre Differenzierung in den Konstrukten ausgebildet ist und inwieweit die Bildung atypischer Charakteristika vermieden werden kann. Diese Kriterien zeigen, wie geeignet ein Konstrukt für die spätere medizinische Anwendung ist.

Ganz besondere Bedeutung hat der Aspekt einer optimalen Gewebeentwicklung bei der Verwendung von Stammzellen, die Favoriten bei der zukünftigen Gewebeherstellung zu sein scheinen. Unabhängig davon, ob Stammzellen aus Embryonen, Nabelschnurblut oder adulten Geweben gewonnen werden, in jedem Fall werden gleichartige embryonale Zellen vermehrt und mit geeigneten Differenzierungsfaktoren zu unterschiedlichen Gewebezellen umgebildet. Auch diese Zellen müssen dann wie vorher beschrieben auf einem Scaffold angesiedelt werden, um zu einem funktionellen Gewebe zu reifen. In diesem Zusammenhang ist es besonders wichtig zu analysieren, ob aus den Stammzellen unterschiedliche oder gleichartige Gewebezellen entstanden sind. Dazu könnte man mit einem ersten Differenzierungsprofil z.B. für Bindegewebe und Muskelzellen beginnen (Abb. 80). Das gezeigte Schema zur Unterscheidung unterschiedlicher

Gewebe	zelluläre Leistung	Histologie / Immunhistologie
Fett	Lipidtröpfchen	Ölrot Färbung
Knorpel	Sulfatierte Proteoglykane Kollagen Typ II Synthese	Alcian Blau Färbung (pH 1) Kollagen Typ II Antikörper
Knochen	Alkalische Phosphatase (AP) Calzifizierungen	Histochemie: AP Von Kossa Färbung

Abb. 80: *Oberflächliches Differenzierungsprofil, um aus Stammzellen entstehende Fett-, Knorpel- und Knochengewebezellen zu unterscheiden.*

Bindegewebezellen ist jedoch viel zu oberflächlich, als dass es sinnvoll genutzt werden könnte.

Nehmen wir an, dass aus einer Stammzelllinie Fett-, Knorpel- und Knochengewebe entstehen soll (Abb. 80). Da diese Gewebe experimentell aus einem einzigen Zelltyp hervorgegangen sind, soll zuerst untersucht werden, inwieweit sich die entstandenen Gewebezellen unterscheiden. Als nächstes sollte man klären, ob sich wirklich alle Stammzellen zu Adipoblasten, Chondroblasten oder Osteoblasten entwickelt haben, oder ob ein gewisser Prozentsatz an Zellen sich diesem Differenzierungsschritt entzogen hat. Diese Population an nicht entwickelten Zellen verhält sich nach einer Implantation möglicherweise noch wie Stammzellen und nicht wie reife Gewebezellen. Von solchen unvollständig entwickelten Gewebezellen geht möglicherweise die Gefahr aus, dass sie nach einer Implantation ins Wirtgewebe einwandern und dort andere Gewebestrukturen oder möglicherweise auchTumore bilden.

Es kann allerdings auch sein, dass sich nur ein Teil der Zellen zu Adipoblasten, ein anderer Teil dagegen Eigenschaften von Chondro- und Osteoblasten annimmt. Solche Zellen müssen sicher identifiziert und notwendigerweise eliminiert werden, bevor ein funktionelles Gewebe entsteht. Würde ein Gewebe mit unterschiedlichen, nicht erkannten Zelltypen implantiert werden, so ist später ebenfalls mit bisher unkalkulierbaren Entwicklungsrisiken zu rechnen.

Die zur Gewebezellentwicklung angeregten Stammzellen müssen im weiteren Vorgehen vom Monolayerstadium auf dem Boden einer Kulturschale zu einem funktionellen dreidimensionalen Gewebe strukturiert werden. Dazu werden sie meist auf einem Scaffold angesiedelt. In diesem Fall reicht es für die Differenzierungsbestimmung nicht aus nachzuweisen, ob die auf einem Scaffold wachsenden Knorpelzellen Kollagen Typ II bilden (Abb. 80). Wichtig zu wissen ist, ob das Kollagen Typ II in die extrazelluläre Matrix eingebaut wird und daraus mechanisch belastbare Interzellularsubstanz wird. Beim Fettgewebe muss geklärt werden, ob retikuläre Fasern gebildet werden und als dreidimensionales Netzwerk der Zellstabilisierung dienen. Verständlich wird jetzt, dass eine Anfärbung mit Ölrot nur das Vorkommen von lipidhaltigen Zellen zeigt, die als Monolayer wachsen. Mit Sicherheit sind diese Zellen aufgrund vieler fehlender Charakteristika noch keine reifen Adipozyten, theoretisch könnte es sich sogar aufgrund der Anfärbung auch um steroidhormonproduzierende Zellen handeln. Analog gilt für die Muskelentstehung, dass die Expression von Myosin allein noch kein Kriterium für eine langdauernde Kontraktionsfähigkeit ist. Vor allem ist nicht geklärt, ob statt Herzmuskelzellen nicht vielleicht auch Skelettmuskulatur gebildet wurde.

Gewebe	Marker
Bindegewebe	Kollagene, Vimentin
Epithelgewebe	Zytokeratine, Occludine
Muskelgewebe	Desmin, Myosin
Nervengewebe	Neurofilamente, Myelin

Abb. 81: Vorkommen von gewebespezifischen Proteinen im erwachsenen Organismus, die häufig immunhistochemisch oder im Westernblotexperiment nachgewiesen werden können.

Für jedes Gewebe stehen in der Zwischenzeit eine große Auswahl an kommerziell erhältlichen Antikörpern zur Verfügung, mit denen prinzipielle Eigenschaften von Geweben dokumentiert werden können (Abb. 81, 83). Es wäre ein guter Anfang, wenn mit solchen Antikörpern prinzipielle Eigenschaften von generiertem Gewebe kritisch ermittelt und vor allem mit Referenzgewebe verglichen werden. Mit positivem Beispiel gehen die Pathologen bei der Diagnose von Erkrankungen und Tumoren anhand einer Vielzahl von Markern voran.

[Suchkriterien: Markers differentiation dedifferentiation control]

Strukturelle Analyse bei der Gewebetypisierung

Grundsätzlich muss zwischen dem Testen von Zell- und Gewebeeigenschaften (Profiling) unterschieden werden. Beim Vergleich von zwei unterschiedlichen Zelltypen können z.B. Antiköper verwendet werden, die zeigen, ob gleiche oder ungleiche Zytoskelettstrukturen ausgebildet wurden. Werden dagegen Gewebe miteinander verglichen, so muss man auch die jeweiligen zellulären und die extrazellulären Komponenten miteinander vergleichen (Abb. 82). Deshalb macht es keinen Sinn bei einem Gewebe nur Marker für Zelleigenschaften, bei einem anderen Gewebe Marker nur für die extrazelluläre Matrix als Vergleichskriterium anzuführen.

Embryonale Stammzellen, mesenchymale Progenitorzellen und unreife Gewebezellen entwickeln sich im Organismus in einer langen Kette von Schritten zu einem funktionellen Gewebe (Abb. 20). Je weiter eine solche Entwicklung unter in vitro Bedingungen voranschreitet, desto mehr bisher unbekannte Risiken können auftreten. Dabei können gleiche, aber auch ganz unterschiedliche Zellen entstehen. Diese können wiederum unterschiedlich weit gereift sein, sie können sich möglicherweise aber auch in ganz verschiedene Richtungen differenzieren. Eine zeitgemäße immunhi-

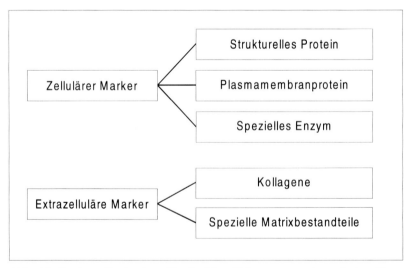

Abb. 82: Strukturelle Analyse für die Identifizierung gewebetypischer Eigenschaften mit histochemischen Methoden. Dabei wird zwischen zellulären und extrazellulären Markern unterschieden.

stochemische Typisierung von Gewebe ist deshalb unerlässlich, wenn die Qualität des generierten Gewebekonstruktes kritisch analysiert werden soll (Abb. 83).

Hämatopoetische Marker	
	CD 14 (Monozyten, Makrophagen)
	CD 45 (Leukozytenantigen)
	CD 34 (Stammzellen, Progenitorzellen)
Endothel	
	MUC 18
	Vascular cell adhesion molecule 1 (VCAM-1)
neuronale Zellen	
	Neurofilamente
glatte Muskelzellen	
	Myo D aus Myozyten
	α-smooth muscle Aktin (α-SM actin)
Knorpel	
	Kollagen Typ II
	Proteoglycan
	Chondronektin
Knochen	
	Alkalische Phosphatase
	Collagen Typ I
	Osteonektin
	Osteopontin
	Osteocalcin
	Bone sialoprotein (BSP)
Fett	
	Peroxisomal proliferation activated receptor γ2 (PPARγ)
	Retikulin
Fibroblasten	
	Collagen Typ III
	Fibroblast growth factor 2

Abb. 83: Mögliches immunhistochemisches Typisierungsschema (Profiling) zur Unterscheidung von Zellen, die sich aus embryonalen oder fötalen Zellen zu funktionellen Geweben entwickeln. Anhand des Profilings lassen sich Gleichheiten, Ähnlichkeiten und Unterschiede erarbeiten.

Mit Markern wie CD 14 (Monozyten, Makrophagen), CD 45 (Leukozytenantigen) und CD 34 (Stammzellen, Progenitorzellen) wird ersichtlich, ob z.B. Blutzelleigenschaften entwickelt sind. Das Auftreten von Endothelzellen lässt sich anhand MUC 18 und dem Vascular cell adhesion molecule 1 (VCAM-1) zeigen. Eigenschaften von neuralen Zellen lassen sich mit Antikörpern gegen Neurofilamente nachweisen. Unterscheiden lassen sich glatte Muskelzellen durch Myo D aus Myozyten und α-Smooth muscle actin. Knorpeleigenschaften kann man mit dem Vorkommen von Collagen Typ II, Proteoglykanen und Chondronektin zeigen. Charakteristika von Knochen wiederum lassen sich durch die Analyse von alkalischer Phosphatase, Collagen Typ I, Osteonektin, Osteopontin, Osteocalcin und dem Bone sialoprotein (BSP) gegenüber Knorpel abgrenzen. Dem gegenüber kann die Entstehung von Fett mit dem Vorhandensein von Peroxisomal proliferation activated receptor γ2 (PPARγ) und Retikulin gesichert werden. Schließlich können Fibroblasten anhand von Collagen Typ III und dem Fibroblast growth factor 2 identifiziert werden.

Die Auflistung ist beispielhaft und kann aus verständlichen Gründen bei weitem nicht vollständig sein. Dennoch vermittelt sie einen Einblick in die Möglichkeiten der molekularbiologischen Zellunterscheidung auf der Transkriptions- und Translationsebene. Gezeigt werden soll allein, dass mit dieser Methode gleichartige, aber auch unterschiedliche Zell- und damit Gewebeentwicklungen erkannt werden können. Zudem wird das Auftreten von fehlenden Charakteristika und möglicherweise von atypischen Strukturen sicher analysiert. Ganz individuell muss jedes Mal entschieden werden, ob allein strukturelle Moleküle nachgewiesen werden sollen oder ob es nicht vorteilhafter wäre, wenn intrazelluläre Funktionskaskaden mit den entsprechenden Antikörpern im Westernblotexperiment gezeigt werden. Dazu gibt es inzwischen fertig zusammengestellte Sets an Antikörpern den entsprechenden Firmen, mit denen solche Differenzierungsleistungen zweifelsfrei und objektiv untersucht werden können.

[Suchkriterien: immunohistochemical markers tissue differentiation]

Kontrolle des Reifungszustandes

Wichtig für das weitere Vorgehen bei der Qualitätssicherung ist das eindeutige Erkennen des Reifungszustandes der Zellen im kultivierten Gewebe. Erarbeitet werden sollte, inwieweit die Zellen einen erwachsenen Zustand erreicht haben und ob möglicherweise noch embryonale oder halb gereifte Eigenschaften enthalten sind. Mit morphologischen Methoden allein können diese dringenden Fragen nicht beantwortet werden. Hierfür muss eine ganze Palette an modernen zellbiologischen Techniken herangezogen werden. Auf der Ebene der Transkription können Aussagen zur aktuellen Genaktivität, auf der Ebene der Translation die Proteinexpression verfolgt werden. Besonders kritisch muss dabei analysiert werden, ob die entstehenden Gewebezellen Mischcharakteristika haben oder atypische Proteine bilden.

Neben der Hochregulierung von Eigenschaften könnte in artifiziellem Gewebe auch nach Strukturen gesucht werden, die in embryonalen bzw. reifenden Zellen vorhanden sind, in erwachsenen Zellen dagegen verloren gehen (Abb. 84). Eine Gewebezelle entwickelt sich von einem unreifen zu einem terminal differenzierten Funktionszustand über viele Zwischenschritte. Im Laufe dieser Entwicklung werden neue Eigenschaften erworben, aber es gehen auch Eigenschaften verloren. Fötale Leberzellen z.B. bilden α-Fetoprotein, während mit zunehmender Aufnahme der Funktionalität diese Eigenschaft verloren geht. Ähnlich verhält es sich mit dem Carcinoembryonic Antigen (CEA) oder P_{CD}Amp 1, welches nur in embryonalen bzw. reifenden, nicht aber in gereiften Sammelrohrepithelzellen der Niere gefunden wird. Leider gibt es für die Downregulation von Eigenschaften während der Entwicklung von Geweben nur relativ wenig Beispiele und dementsprechend wenig Marker stehen zur allgemeinen Verfügung.

embryonal	adult
α-Fetoprotein	-
CEA (Carcinoembryonic Antigen)	-
P_{CD}Amp1	-

Abb. 84: Antikörper gegen embryonale Markerproteine können dazu verwendet werden, um zwischen einem embryonalen, reifendem und dem erwachsenen Entwicklungsgrad von Geweben zu unterscheiden.

[Suchkriterien: Embryonic tissue development transient protein expression]

Vorrübergehende Eigenschaften

Es wäre ideal, wenn isoliert vorliegende Gewebezellen oder Stammzellen mit mehr oder weniger embryonalen Eigenschaften angeregt werden könnten, sich zu Gewebezellen mit einer kompletten funktionellen Matrix zu entwickeln. Die Entwicklung unter in vitro Bedingungen beinhaltet jedoch sehr komplexe Entwicklungsmechanismen und benötigt eine überraschend lange Zeit von Wochen. Dabei entstehen aus noch unreif vorliegenden Zellen in mehreren Zwischenschritten dann erst Gewebe mit ihren spezifischen Eigenschaften.

Dabei gibt es ganz unterschiedliche Expressionsmöglichkeiten für die Proteine, die entlang der embryonalen und fötalen Entwicklungszeitachse beobachtet werden können (Abb. 85). Analog zur Organismusentwicklung durchläuft generiertes Gewebe eine Phase von einem embryonalen zu einem funktionell adulten Zustand. Dabei werden Proteine nicht nur hoch- oder herunterreguliert, sondern es gibt unterschiedlich lange transitorische Expressionsphasen. Die Hochregulation von funktionellen Proteinen kann demnach zeitlich parallel oder aber auch versetzt mit dem transitorischen Vorkommen von Proteine auftreten.

Zum analytischen Nachweis dieser unterschiedlich exprimierten Proteine in den einzelnen Geweben stehen bisher nur wenig Marker kommerziell zur Verfügung. Deshalb bleibt häufig nichts anderes übrig, als gewebespezifische Marker selbst herzustellen, die den unterschiedlichen Entwicklungszustand von reifendem Gewebe zeigen. Mit diesen Antikörpern könnte dann geklärt werden, ob spezifische Eigenschaften entstehen, zu welchem Zeitpunkt der Entwicklung sie hochreguliert werden oder ob gewebeuntypische

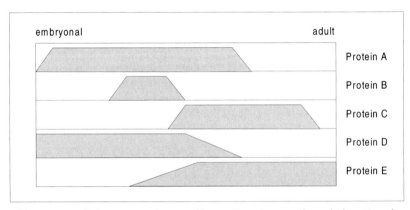

Abb. 85: Mögliches Expressionsprofil von Proteinen während der Gewebeentstehung: Protein A wird für eine lange Zeit während der embryonalen Entwicklungsphase gebildet, während Protein B nur kurz entsteht. Protein C erscheint nur in der späten Embryonalphase bis zu Beginn der adulten Entwicklung. Protein D wird bei der Hochregulation von Protein C herunterreguliert. Protein E erscheint nur, wenn adulte Strukturen ausgebildet werden.

Proteine vorliegen. Die Reaktion dieser Antikörper könnte zudem durch einen Standard abgesichert werden, der für alle interessierten Arbeitsgruppen zugänglich ist.

[**Suchkriterien: Embryonic development temporal transient expression**]

Monoklonale Antikörper

Grundeigenschaften von Gewebe sind mit kommerziell erhältlichen Antikörpern immunhistochemisch oder in Westernblotexperimenten gut zu bestimmen. Was aber fehlt sind Marker, mit denen embryonale Strukturen von Geweben gegenüber halb gereiften und funktionellen Stufen unterschieden werden können. In-situ und in-vitro Vergleiche können zusätzlich weitere wertvolle Informationen liefern, in wie weit ein Gewebe seine Differenzierungsleistung entwickelt hat. Für diese speziellen Fragen lohnt sich die Herstellung von monoklonalen Antikörpern, die nach der Immunisierung mit embryonalem, halb gereiftem und differenziertem Gewebe erhalten werden können.

Antikörper sind globuläre Proteine (Immunglobuline, Ig), die von den B-Lymphozyten gebildet und ausgeschieden werden. Dies geschieht als Antwort auf die Anwesenheit einer fremden Substanz, eines Antigens. Ein B-Lymphozyt erkennt nur ein spezifisches Antigen und bildet nur eine Art von Antikörper gegen dieses Antigen. Diese Spezifität wird in der Forschung und in der praktischen Anwendung genutzt, um Moleküle aufzuspüren und sichtbar zu machen. Ein Antikörper hat eine spezifische Affinität zu einer ganz bestimmten Stelle auf dem Antigen, die als Epitop bezeichnet wird. Ein Antigen kann mehrere verschiedene Epitope besitzen und deshalb von verschiedenen Antikörpern gebunden werden.

Im tierischen Organismus werden infolge einer Immunisierung mit einem Antigen immer viele verschiedene Immunzellen zur Antikörperproduktion aktiviert. Durch diese heterogene Immunantwort entstehen verschiedene Klone, die entsprechend viele verschiedene Antikörper bilden. Diese polyklonalen Antikörper richten sich zwar gegen dasselbe Antigen, können aber, da sie nicht von derselben Mutterzelle abstammen, erstens unterschiedliche Struktur haben und zweitens an verschiedenen Epitopen des Antigens angreifen.

In der praktischen Anwendung werden die monoklonalen Antikörper den polyklonalen unter anderem deshalb vorgezogen, weil sie in ihrer Struktur und Funktion exakt definierbar und standardisierbar sind, und weil sie in fast beliebiger Menge hergestellt werden können. Eine Methode zur Produktion großer Mengen monoklonaler Antikörper wurde 1975 von Cesar Milstein und George Köhler entwickelt. Ihr Prinzip ist die künstliche Verschmelzung von Tumorzellen (Myelomzellen) mit Antikörper produzierenden B-Lymphozyten (Maus, Ratte, Kaninchen, Meerschweinchen, Mensch). Die Fusionsprodukte aus den Myelomzellen und den Antikörper produzierenden B-Lymphozyten werden Hybridomazellen genannt und vereinigen die nützlichen Eigenschaften beider Elternzellen: permanentes Wachstum, Produktion von spezifischen Antikörpern und spezielle Enzymausstattung (Abb. 4,5). Nur im HAT-Selektionsmedium können die Hybridomazellen überleben, während die Myelomzellen aufgrund eines Enzymdefektes und die Antikörper produzierenden B-Lymphozyten aufgrund ihrer natürlichen Kurzlebigkeit schnell absterben.

Um monoklonale Antikörper zu gewinnen, müssen die Zellen kloniert werden. Dazu gibt es verschiedene Verfahren wie z.B. das Grenzverdünnungsverfahren. Hierbei werden von der zu klonierenden Zellsuspension Verdünnungen hergestellt, die etwa 5 Zellen pro ml, 1 Zelle pro ml und 0.2 Zellen pro ml enthalten. Diese verdünnten Zellsuspensionen werden ausplattiert und kultiviert. Um sicher zu sein, dass reine Klone erhalten wurden, muss die Klonierung immer noch ein zweites Mal durchgeführt werden. Um das Wachstum der jungen Hybride zu fördern, gibt man zum Kulturmedium frisch isolierte Milzzellen oder Peritonealzellen als Feederzellen. Diese Zellen stellen allein durch ihre Gegenwart und durch die Sekretion natürlicher Wachstumsfaktoren eine fördernde Umgebung für die Hybridomazellen dar. Nicht jede Fusion zwischen einer Myelomzelle und einem B-Lymphozyt führt dazu, dass das resultierende Hybrid den Antikörper produziert, an dem man interessiert ist. Deshalb müssen die Kulturüberstände in den Kulturschalen mit hybriden Zellklonen auf Aktivität gegen das Antigen getestet werden, mit dem ursprünglich immunisiert wurde.

Möchte man Antikörper gegen ein bestimmtes Protein gewinnen, so ist es nicht mehr zwingend notwendig, ein Tier zu immunisieren. Der gleiche Effekt lässt sich durch die in-vitro Immunisierungstechnik erreichen. Dazu werden Milzzellen isoliert und in Kultur gebracht. Das Protein, gegen das man Antikörper erzielen möchte, wird dem Kulturmedium beigegeben. Die Kultur erfolgt über drei Tage, danach werden die kultivierten Milzzellen mit Myelomzellen zu Hybridomazellen fusioniert. Schon nach 10 - 14 Tagen kann ausgetestet werden, ob die Hybridomas spezifische Antikörper ins Kulturmedium sezernieren. Diese Methode ist konkurrenzlos schnell und aussagekräftig.

Das Austesten der vielen entstandenen Antikörper geschieht am besten immunhistochemisch an Gefrierschnitten von embryonalen, halb gereiften und adulten Geweben. Das fluoreszierende Bindungssignal eines gewonnenen Antikörpers kann z.B. zeigen, dass nur embryonale, nicht aber erwachsene Strukturen erkannt werden. Umgekehrt kann man Antikörper gewinnen, die keine embryonalen, wohl aber erwachsene Zellen markieren. Möglicherweise kann man mit anderen Antikörpern unterschiedlich weit entwickelte Zwischenstadien von Zellen erkennen.

Die beschriebene Technik lässt sich auf alle Gewebe anwenden. Aber sie kann noch mehr. Im Westernblotexperiment einer 2D-Elektrophorese kann das neu erkannte Protein isoliert und mit dem Antikörper dargestellt werden. Es kann aus der Platte ausgeschnitten und einer Mikrosequenzierung zugeführt werden. Anhand der ermittelten Aminosäuresequenz lässt sich schließlich die Identität des Proteins erkennen. Hierbei zeigt sich, ob der generierte Antikörper ein funktionelles oder strukturelles Protein erkennt und an welchen zellulären Strukturen es gefunden wird. Sehr wahrscheinlich ist, dass mit dieser Methode noch viele bisher nicht oder zu wenig beachtete Proteine entdeckt werden können, die zukünftig als Differenzierungsmarker für das Tissue engineering zur Verfügung stehen.

[Suchkriterien: Specific production monoclonal antibodies hybridoma]

Eine hervorragende Übersicht über die Bezugsmöglichkeiten von Antikörpern für die Gewebedifferenzierung liefert folgende Adresse:

LINSCOTT'S DIRECTORY
Immunological and Biological Reagents
4877 Grange Road, Santa Rosa, CA 95404, USA
Phone: 707-544-9555
Fax: 415-389-6025

Ausblick

Fassen wir zusammen, was anhand vieler Beispiele nahegebracht werden sollte. Unser Organismus entsteht aus einer Vielzahl von unterschiedlichen Zelltypen, die im Laufe der Entwicklung sozial agierende Verbände in einer speziellen Matrix bilden und schließlich funktionelle Eigenschaften von Geweben annehmen. Diese im Körper wie selbstverständlich ablaufenden Vorgänge werden nicht durch einen einzelnen Wachstumsfaktor, sondern durch eine Vielzahl von ganz unterschiedlichen Mechanismen gesteuert (Abb. 86). Dazu gehört die Adhäsion an die extrazelluläre Matrix, die Steuerung der Mitose und Interphase, die Wechselwirkung zwischen benachbarten Zellen, die Einwirkung von Hormonen sowie biophysikalische Einflüsse wie Druck und Flüssigkeitsbewegung. Wie diese interaktiven Vorgänge beginnen und zeitlich koordiniert ablaufen, ist bisher nur sehr wenig analysiert worden. Welcher dieser Faktoren bzw. Einflüsse der wichtigste ist, lässt sich schwer feststellen. Bei experimentellen Arbeiten mit artifiziellen Geweben unter in-vitro Bedingungen zeigt sich jedoch, dass keiner dieser Einflüsse unterbewertet werden darf.
Natürliche Entwicklung bedeutet das Erreichen einer optimalen Funktionalität, bei der die Zellen und die dazugehörende extrazelluläre Matrix eine gewebetypische Differenzierung erreichen. Die aktuellen experimentellen Daten bei der künstlichen Gewebeherstellung zeigen, dass erfolgversprechende Anfänge gemacht wurden, die Wissenschaft aber noch weit vom Ziel der Generierung einer optimalen Funktionalität entfernt ist. Zu lösen sind diese Probleme nur durch die Entwicklung von verbesserten Kulturmethoden, den dazugehörenden gewebespezifischen Scaffolds, Mikroreaktoren und adaptierten Medien.
Ideal wäre es, wenn man isolierte Gewebe oder Gewebekonstrukte für lange Zeit unter Kulturbedingungen halten könnte, ohne dass es zu Migrationsphänomenen, Umstrukturierungen und Dedifferenzierung der Zellen kommt. An solchen Kulturen könnte man z.B. optimal die Entstehung akuter und chronischer Entzündungen sowie degenerativen Erkrankungen untersuchen. Man könnte solche Gewebe nutzen, um gezielt unter in-vitro Bedingungen Verletzungen zu setzen und Informationen über die Fähigkeit zur Regeneration zu sammeln. Nicht zuletzt wären solche lebend gehalte-

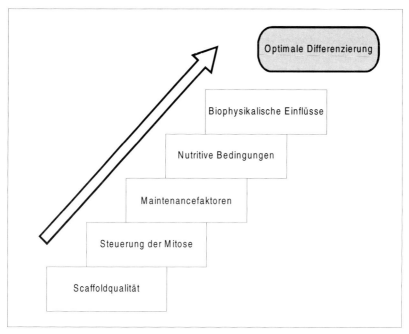

Abb. 86: Einflüsse auf die Entwicklung von künstlich hergestellten Geweben. Funktionelle Gewebe lassen sich unter in vitro Bedingungen nur herstellen, wenn optimale Scaffolds zur Verfügung stehen, die Steuerung der Mitose- und Interphaseperiode beherrschbar wird, optimale hormonelle und nutritive Einflüsse herrschen. Zusätzlich muss das entstehende Konstrukt Druck- und Fliessstress aushalten können.

nen Gewebe ideale Modelle, um die Einheilung von neu entwickelten Biomaterialien ohne die Interferenz eines Organismus zu analysieren.

Bisher gibt es dazu viel zu wenig Wissen und die benötigten Techniken werden viel zu wenig beherrscht. Wie kann man optimale Knorpel- oder Knochenkonstrukte entstehen lassen, wenn nicht ein Stück isolierter Knorpel bzw. Knochen in optimaler Form unter Kulturbedingungen am Leben erhalten werden kann? Wie viel besser würde ein Modul mit Leber-, Pankreas- oder Nierenparenchymzellen arbeiten, wenn man erst in kleiner Dimension die dazu notwendigen Kulturbedingungen optimieren und damit das Differenzierungsverhalten kennen lernen würde. Mit der Zeit würde man wissen, wie sich die Differenzierung optimal steuern lässt. Phantastisch wäre es, wenn am isolierten Rückenmarksegment das gezielte Auswachsen neuer Axone simuliert werden könnte. Aber hier ist die Wissenschaft noch lange nicht so weit, als dass die Heilung von querschnittsgelähmten Menschen in nächster Zukunft bevorsteht.

Wir müssen uns davor hüten, auf voreilige und falsche Versprechungen hereinzufallen. Es hilft nur eins, nämlich die Fortsetzung einer intensiven Forschungsarbeit an der sterilen Werkbank, um die vielen ungelösten zellbiologischen Probleme bei der Entstehung von Gewebekonstrukten zu lösen. Benötigt werden dafür ein Erkennen der Notwendigkeit und eine innere Bereitschaft, die aktuellen Fragen experimentell auch anzugehen. Dazu ist eine solide finanzielle Unterstützung über viele Jahre notwendig.

[**Suchkriterien: Review tissue engineering, advances tissue engineering**]

Glossar

24-well-Kulturplatte	Kulturplatte mit 24 Einzelkammern
Aaerob / Anaerob	Auf das Vorhandensein von Sauerstoff angewiesen/ nicht angewiesen
Adhäsion	Anhaftung
adult	erwachsen
Agglutination	Zusammenballung
Aktin	Protein des Zytoskeletts, Grundbaustein der Aktinfilamente, bildet zusammen mit dem Protein Myosin die Kontraktionseinheit der Muskelzellen
Aldosteron	Hormon der Nebenniere
aliquotieren	portionieren
American Type Culture Collection	weltweit die größte Sammlung von tiefgefrorenen Zellen (USA)
Aminopterin	Hemmstoff im DNA-Syntheseweg
Amphoter	mit Säure- und Baseneigenschaften
Amphotericin	starkes Antimykotikum (Fungizone)
Antibiotikum	Überwiegend von Mikroorganismen synthetisierte Substanzen, die andere Mikroorganismen in ihrer Entwicklung hemmen, sie schädigen oder töten
Antigen	organismusfremdes Protein, das durch sein Eindringen die Bildung von Antikörpern auslöst
Antigene Determinante	Stelle auf der Oberfläche eines Antigens, mit der ein Antikörper spezifisch reagiert
Antikörper	globuläre Proteine, die von bestimmten Zellen des Immunsystems als Antwort auf die Anwesenheit körperfremder Proteine gebildet werden
antimykotisch	das Wachstum von Pilzen hemmend

Antiserum	Blutserum eines Tieres, das Antikörper gegen ein (monospezifisches A.) oder gegen mehrere (polyvalentes A.) Antigene enthält
Apoptose	programmierter Zelltod
Aqua dest	destilliertes Wasser, das keine Ionen mehr enthält
Äquilibrierung	Einstellung eines Gleichgewichtszustandes
Araldit	Wasserunlösliches, relativ weiches Kunstharz zum Einbetten von Präparaten für elektronenmikroskopische Untersuchungen
aseptisch	keimfrei
Astrozyten	Makrogliazellen mit strahlenförmigen Fortsätzen (vor allem im Zentralnervensystem)
ATP	Adenosintriphosphat, wirkt in der Zelle als Energiespender und Energietransformator aufgrund seiner energiereichen Phosphatverbindungen
Autoklav	Dampfdrucksterilisator
autolog	übereinstimmend, z.B. Transplantation von Zellen des selben Organismus
Autolyse	Selbstauflösung, Selbstverdauung
Axon	am Axonhügel einer Nervenzelle entspringender, langer Fortsatz zur Impulsweiterleitung
azidophil	mit den sauren Gruppen bestimmter Farbstoffe reagierend
Basalmedium	Exakt definiertes Grundmedium, das alle lebensnotwendigen Salze, Aminosäuren und Vitamine, jedoch keine weiteren Zusätze enthält.
Basalmembran	Extrazelluläre Schicht unterhalb der basalen Plasmamembran von Epithelzellen, die aus verschiedenen extrazellulären Matrixproteinen wie Kollagen Typ IV und Laminin aufgebaut ist.
basophil	mit den basischen Gruppen bestimmter Farbstoffe reagierend

Bindegewebe	Eines der 4 Grundgewebe. Es besteht zu einem großen Teil aus Interzellularsubstanz und erfüllt Stütz- und Stoffwechselfunktionen.
Binokular	Lupe, Vergrößerungsapparatur zur räumlichen Abbildung
Biodegradation	biologischer Abbau
Biopsie	kleine Gewebeprobe, die dem lebenden Organismus entnommen wurde
Biotin	Vitamin H, Wachstumsfaktor und Coenzym
Bioverfügbarkeit	effektiver Nutzen für ein biologisches System
Blastulastadium	Hohlkugelstadium mit einschichtigem Epithel während der Embryonalentwicklung
Blotmembran	Membran (z.B. Nitrocellulose) zum Proteintransfer für den Western-Blot
B-Lymphozyten	Antikörper-produzierende Zellen des Immunsystems
BMOC	Zellkulturmedium (Brinster's Modified Oocyte Culture Medium)
BMP	Bone Morphogenic Protein, Wachstumsfaktor
Booster-Effekt	verstärker-Effekt durch wiederholte Behandlung
Bouin-Lösung	Fixationslösung für lichtmikroskopische Präparate
Bürstensaum	von parallelen Plasmamembranausstülpungen gebildeter Saum auf der apikalen Zelloberfläche, der die Resorptionsoberfläche der Zelle vergrössert
Calzifizierung	Kalkablagerung in Geweben
Carbohydrate	Kohlenhydrate $C_n(H_2O)_n$
Cardiomyozyten	Herzmuskelzellen
Chelatbildner	ringförmiges Molekül, das bestimmte Metallionen zangenartig umgibt und bindet (z.B. EDTA)
Cholinchlorid	Vitamin B4, wichtig für Leberfunktion und Fettstoffwechsel

Chondrozyt	Knorpelzelle, die sich mit Knorpelmatrix umgeben hat
Chromatin	Lockere, flockig-fädige Struktur im Zellkern, bestehend aus Desoxyribonukleinsäuren (DNA/DNS) und spezifischen basischen Proteinen (Histone)
Claudine	parazelluläres Abdichtungsprotein, Teil der Tight junction
Collagenase	Kollagen-spaltendes Enzym
Copolymere	Polymere, die aus mehr als einer Monomerart aufgebaut sind
Cryoröhrchen	Einfrierröhrchen
Dedifferenzierung	Verlust an Spezialisierung, Rückbildung in einen mehr oder weniger embryonalen Zustand
Dendrit	relativ kurzer, sich peripher stark verzweigender u. meist mehrfach vorhandener Zytoplasma-Ausläufer der bi- u. multipolaren Nervenzellen
Desmin	Protein des Zytoskeletts, Baustein einer Gruppe der Intermediärfilamente
Dimethylsulfoxid (DMSO)	organisches Lösungsmittel, Frostschutzmittel
Disse Raum	Raum zwischen dem durchbrochenen Endothel der Lebersinusoide und den Leberzellplatten
DNA	Desoxyribonukleinsäure, Träger der Erbsubstanz
Dopamin	Neurotransmitter in Gehirn, Nebenniere, sympathischen Nervenendigungen u.s.w.
Drug release	allmähliche Freisetzung von Wirkstoffen
EGF	epidermaler Wachstumsfaktor (Epidermal growth factor)
Einbettharz	Kunstharz, in das Präparate eingegossen werden
ektodermal	vom äußeren Keimblatt des Embryos abstammend

ELISA	Enzyme-linked immunosorbent assay. Test, bei dem ein gebundener Antikörper durch einen zweiten erkannt wird; der zweite ist durch ein Enzym markiert und wird über die Reaktion mit dessen Substrat sichtbar gemacht
Embolus	Material, das zum Verschluss einer Blutbahn führt (z.B. Thrombusteile, Luft)
embryonale Zelle	unspezialisierte Zelle, die noch alle (viele) Grundeigenschaften besitzt und sich in jede Richtung spezialisieren könnte
ENaC	epithelialer Natriumkanal
endoplasmatisches Retikulum	intrazelluläres Membransystem in der Zelle mit Transportfunktion
Endothelzelle	flacher Zelltyp, der das einschichtige Plattenepithel des Blutgefäßsystems bildet
Entaktin	Protein des Zytoskeletts
enterochromaffine Zelle	chrom- und silberaffine Zellen, die verstreut in der Speiseröhren- und Magen-Darm-Schleimhaut sowie in Gallengängen liegen, Teil des diffusen endokrinen Systems, bilden Polypeptidhormone, z.B. Gastrin, Sekretin, Somatostatin
Enterozyt	Saumzelle, an der Resorption im Darm beteiligt
entodermal	vom inneren Keimblatt des Embryos abstammend
Epithel	flächenhaft ausgebreitetes Gewebe, das äußere und innere Oberflächen des tierischen Organismus bekleidet; Die Zellen sind fast ohne Zwischenzellsubstanz, mosaikartig aneinander gefügt.
Epitop	antigene Determinante (siehe dort)
Epon	spezielles, wasserunlösliches Kunstharz
Erythropoetin	in der Niere gebildeter Wachstumsfaktor, der die Blutbildung anregt
Erythrozyt	kernloses, rotes Blutkörperchen; bewirkt durch sein Hämoglobin den Sauerstofftransport im Organismus
extrakorporal	außerhalb des Körpers

extrazelluläre Matrix	von den Zellen nach außen synthetisierte Proteine, die an der Zelloberfläche ein Geflecht oder eine Schicht bilden
FCS	fötales Kälberserum
Feederzellen	"Versorgungszellen", Zellen mit "Ammen"-Funktion, die empfindliche Zellen (z.B. Hybridomazellen) eine wachstumsfördernde Umgebung liefern
Fibrin	Blutfaserstoff, bildet unlösliche Fibrinnetze bei der Blutgerinnung
Fibroblast	Zelle des Bindegewebes, die an der Synthese der Interzellularsubstanz beteiligt ist
Fibrocyt	Ruheform des Fibroblasten nach Abschluss der Synthesetätigkeit
Fibronektin	extrazelluläres Protein, das mit verschiedenen Makromolekülen wie Kollagen, Fibrin, Heparin und Plasmamembranproteinen interagieren kann
Filterampullen / Filterkerzen	steriler Membranfiltereinsatz für die Druckfiltration
FITC	Fluorescinisothiocyanat, Fluoreszenzfarbstoff
Fluoreszenzmikroskop	Mikroskop, bei dem das Objekt mit einer gewählten Lichtwellenlänge bestrahlt wird, und das vom Objekt abgestrahlte Fluoreszenzlicht auf einem gesonderten Strahlenweg zum Beobachter gelangt
Folinsäure	Derivat der Folsäure
Freund´sches Adjuvans (CFA)	Substanz zur Steigerung und Modifizierung der Immunantwort bei geringen Antigen-Konzentrationen
Gap junction	Fleckenförmige zytoplasmatische Verbindung zwischen benachbarten Zellen
Gastrin	Peptidhormon, das die Bildung von Magensäure anregt, wird von G-Zellen der Magenschleimhaut gebildet
Gaswächter	Gerät, welches die automatische Umschaltung von einer leeren auf eine volle Gasflasche steuert

Gedächtniszellen	Zellen des Immunsystems, verantwortlich für die sekundäre Immunantwort bei einer wiederholten Infektion
Gefrierschnitte	mit einem Gefriermikrotom angefertigter Schnitt
Genomics	die systematische Untersuchung des Genoms
Gen switch	genetischer Schalter, der die Expression eines Proteins reguliert
Gentamycin	Breitbandantibiotikum
Gewebe	Verband annähernd gleichartig differenzierter Zellen
Glanzstreifen (Disci intercalares)	Bereich, in dem Herzmuskelzellen miteinander mechanisch und zytoplasmatisch verbunden sind
Gliazellen	Bindegewebszellen des Nervensystems mit Stütz- Schutz- und Versorgungsfunktion
globuläre Proteine	Proteine, die durch starke Knäuelung ihrer Aminosäureketten kugeligen Charakter aufweisen
Glomerulum	Knäuelbildende Kapillarschleife in der Niere. Teil des Filtersystems
Glukoneogenese	Glucosesyntheseweg aus kohlehydratfreien Vorstufen wie Lactat oder Aminosäuren
Glutaraldehyd	häufig verwendetes Fixierungsmittel mit guter Strukturerhaltung, besonders des Zytoskeletts
Glycerol	Glyzerin. Einfachster dreiwertiger Alkohol
Glykoprotein	Protein mit Zuckerrest
Glykosilierung	Übertragung von Zuckerresten bei der Biosynthese von Glycoproteinen
Golgi Apparat	Aus mehreren Stapeln von flachgedrückten Membransäckchen (Dictyosomen) und Bläschen (Golgi Vesikel) bestehendes Zellorganell; Ort der Proteinmodifikation und Schleimbildung
G- Protein	Guanin-Nucleotide-bindendes Protein der Zelle, an das z.B. Neurotransmitter-Rezeptoren gekoppelt sind

Gradienten-zentrifugation	Zentrifugation in einem linearen Dichtegradienten im Zentrifugenröhrchen; Die zu trennenden Partikel wandern bis zu der Stelle im Dichtegradient, die ihrer Eigendichte entspricht
Grenzverdünnungsverfahren	Methode zum Vereinzeln von Zellen: Von der Zellsuspension werden verschiedene Verdünnungen hergestellt - bis hin zu einer Konzentration von weniger als einer Zelle pro ml – diese wird ausplattiert. Ziel ist eine einzige Zelle pro Kulturschale.
Hämatopoese	Blutbildung
Hämoglobin	Markerprotein der roten Blutkörperchen, bestehend aus dem Proteinanteil Globin und dem Nichtproteinanteil Häm; Im Häm sitzt das Eisenatom, über das der Sauerstoff gebunden wird.
Hämozytometer	Neubauer Zählkammer (siehe dort)
Hemicysten	auch als Domes bezeichnete blasenförmige Ausstülpungen innerhalb eines Epithels
HEPES	4-(2-Hydroxyethyl)-1-perazin-ethan-sulfonsäure Puffersubstanz
heterodimere Moleküle	Verbindungen aus zwei unterschiedlichen Untereinheiten
histiotypische Eigenschaften	gewebetypische Eigenschaften
Histoarchitektur	morphologische Struktur von Geweben
Hormone	vom Organismus selbst gebildete Botenstoffe zur Regulation und Koordination physiologischer Prozesse
Hyaluronidase	Enzym, das Hyaluronsäure abbaut
Hybride	Verschmelzungsprodukt zweier Zellen
Hybridomazellen	Verschmelzungsprodukt einer Myelomzelle mit einer Antikörper produzierenden Zelle
Hydrocortison	Steroidhormon der Nebennierenrinde
hydrophil	Wasser-liebend, Eigenschaft von Substanzen mit polaren Gruppen wässrige Lösungen zu bilden oder Wasser zu binden

Hydrophob	Wasser-feindlich, Eigenschaft von Substanzen, ohne polare Gruppen in Gegenwart von Wasser ein Zweiphasensystem zu bilden
Hydrostatischer Druck	in ruhender Flüssigkeit allseitig ausgeübter Druck
Hypoxanthin	Purinbase, Zwischenprodukt im Nukleinsäurestoffwechsel
Hypoxanthin-Guanin-Phosphoribosyl-Transferase	Enzym im DNA-Syntheseweg
Immunglobulin	globuläres Protein, das als Antikörper wirkt und körperfremde Substanzen bindet
immunhistochemisch	Untersuchung von Zellen und Geweben mit immunchemischen Methoden
Immunkomplex	Verbindung eines Antikörpermoleküls mit einem Antigenmolekül
Immunofluoreszenztest	Nachweis eines Antigens (oder ersten Antikörpers) mittels eines Antikörpers (oder zweiten Antikörper), an den ein Fluoreszenzfarbstoff gekoppelt ist
Immunsuppressiva	Medikamente, die das körpereigene Immunsystem unterdrücken
in situ Hybridisierung	spezifischer Nachweis von DNA und RNA im histologischen Schnitt mittels kurzer DNA/RNA Sonden
in vitro	"Im Glas", d.h. im Labor durchgeführt
Induktion	Auslösung eines Wachstums- oder Differenzierungsvorgangs einer Zelle oder Zellgruppe
Inkubation	Bebrütung, Kultivation
Inositol	zum Vitamin B_2 Komplex gerechnetes Vitamin
Integrin	Oberflächenmoleküle vieler Zelltypen, zur Anhaftung, Interaktion und Signalübertragung
Interleukine	Mediatorsubstanzen des Immunsystems

Intermediärfilamente	Gesamtheit der Proteinfilamente des Zytoskeletts, die mit 8-10 nm Durchmesser breiter als die Aktinfilamente und dünner als die Mikrotubuli sind
Interphase	Phase im Zellzyklus zwischen zwei Teilungen
Interzellularsubstanz	Zwischenzellsubstanz, bestehend aus einer lichtmikroskopisch strukturlos erscheinenden Masse, in die faserförmige Proteine eingelagert sind
intraperitoneal	in der Bauchhöhle
intravenös	in der Vene
intravital	im lebenden Zustand
Inversmikroskop	Mikroskop, bei dem der Strahlengang im Vergleich zum herkömmlichen Mikroskop umgekehrt wurde, und die Objektive von unten an den Objekttisch herangeführt werden
isoelektrische Fokussierung	Trennverfahren für amphotere Stoffe nach ihrem isoelektrischen Punkt
isoelektrischer Punkt	pH-Wert, bei dem amphotere Stoffe infolge gleich starker Dissoziation ihrer sauren und basischen Gruppen elektrisch neutral erscheinen
isoprismatisches Epithel	Epithelzellen so breit wie hoch, würfelförmig
Isoton	gleicher osmotischer Druck
JAM	Junctional Adhesion Protein. Ein in Tightjunctions vorkommendes Protein
karzinogen	Krebserregend
Katalase	Enzym, das die Zersetzung von Wasserstoffperoxid in Wasser und Sauerstoff katalysiert
Keratin	Protein des Zytoskeletts
Keratinozyten	Keratinbildende Hautzelle
Kernfloureszenzfärbung	Färbung mit Fluoreszenzfarbstoffen, die im Zellkern eingelagert werden (z.B. DAPI)

Klon	durch Teilung aus einer Mutterzelle hervorgegangene Nachkommenschaft an Zellen
klonieren	Klone züchten
Klonierschale	speziell zur Klonierung geeignete Kulturschale mit mehreren Klammern (wells)
Knorpelkontusion	Knorpelprellung
Kollagen	Prolinreiches Protein. Hauptbestandteil mesenchymaler extrazellulärer Matrix. Eingeteilt in fibrilläre und nicht-fibrilläre Kollagene
Kollagenase	Enzym, das Kollagen abbaut
Koma	Zustand tiefer Bewusstlosigkeit
Kompartiment	mikroskopischer Reaktionsraum innerhalb einer Zelle
Komplement	komplexes System des Immunsystems, bestehend aus mindestens 17 Proteinen des Blutplasmas, verschiedenen Aktivatoren und Inhibitoren; Das Komplement ergänzt die Arbeit der T- und B-Lymphozyten.
Konsekutiv	aufeinander folgend
Kontamination	Verunreinigung
Kreuzkontamination	Übertragung einer Verunreinigung von einer Kulturschale auf eine andere
Kryoprotektivum	Gefrierschutzmittel
Kryostatschnitt	am Kryomikrotom hergestellter Gefrierschnitt
Krypten	Epitheliale Einsenkungen in die Lamina Propria
Laminar Air Flow	Werkbank zum sterilen Arbeiten
Laminin	Glykoprotein in der Basallamina
Lateral	seitlich, von der Mitte abgewandt
Lektin	spezifisch mit bestimmten Kohlenhydraten reagierende Proteine u. Glykoproteine pflanzlicher Herkunft
letal	tödlich
Leukozyten	„Weiße Blutkörperchen", unterschieden als Granulozyten, Lymphozyten und Monozyten

L-Glutamin	Aminosäure mit Schlüsselstellung im Aminosäurestoffwechsel
Linea alba	gefäßarme und kollagenreiche Mittellinie in der Bauchwand
Lipofuchsingranula	Pigmentgranula in der Zelle, meist endgelagerte Stoffwechselabfallprodukte, eingeschlossen in ehemaligen Lysosomen
logarithmische Wachstumsphase	Wachstumsphase, bei der sich die Zellpopulation pro Zeiteinheit verzehnfacht
Lumen	Lichtung eines Hohlorgans
Lysosomen	vesikuläre Organellen mit spezifischer Enzymausstattung zur intrazellulären Verdauung
Makromolekül	hochpolymeres Molekül aus über 1000 Atomen
Makrophagen	langlebige, aus Monozyten hervorgehende, Riesenzellen, die u.a. Fremdstoffe phagozytieren können
Markerprotein	typisches Protein, zur Identifikation einer bestimmten Zelldifferenzierung geeignet
MDCK-Zellen	(Madin-Darby-Canine-Kidney) kontinuierliche Zellinie, die aus der Niere einer Cockerspanielhündin stammt und 1958 von S.H. Mardin und N.B. Darby isoliert wurde
Mesangium	stützendes Bindegewebe im Glomerulum
Mesenchym	embryonales Bindegewebe, das größtenteils aus dem Mesoderm hervorgeht
Messenger- RNA (mRNA)	"Boten"- RNA; Ablesbare Kopie bestimmter Gene, die aus dem Kern zu den Ribosomen im Zytoplasma transportiert und dort in Proteine übersetzt wird.
Metabolite	im biologischen Stoffwechsel auftretende niedrigmolekulare Substanzen, oft Zwischen- und Endstufen
Migration	Wanderung, spontaner Ortswechsel
Mikrofilamente	Aktinfilamente Zytoskelettfilamente, die aus Aktinmolekülen aufgebaut sind
Mikrotubuli	röhrenförmige Zytoskelettstrukturen, aufgebaut aus 13 Protofilamenten, die ihrerseits aus Tubulindimeren zusammengesetzt sind

Mikrovilli	fingerförmige, meist unverzweigte Ausstülpungen der Plasmamembran
Mitogen	Substanz, die die Zellproliferation anregt
Mitose	Zellteilung
monoklonal	von einem einzigen Klon abstammend
Monolayer	Einschichtige Zellage, die auf einer Oberfläche wächst
Morbus Alzheimer	präsenile Demenz durch unaufhaltsam fortschreitende Großhirnrindenatrophie
Morbus Parkinson	Degeneration der Substantia nigra mit Verminderung der Transmittersubstanz Dopamin
Morphogen	Gestaltentwicklung steuernde Substanz
Morphologie	Lehre von Bau u. Gestalt (Morphe) der Lebewesen und ihrer Organe
Multiple Sklerose	relativ häufige Entmarkungskrankheit des zentralen Nervensystems
Myeloid	Knochenmarkartig
Myelomzellen	B- Lymphozyten-Tumorzellen
Mykoplasmen	wandlose Prokaryonten, die parasitisch in eukaryontischen Zellen leben. Häufige Verunreinigung in tierischen Zellkulturen. Nachweis durch elektronenmikroskopische, histochemische und immunologische Methoden
Myosin	zweite Hauptkomponente des Actomyosin-Systems, Markerprotein der Muskelzellen
Na/K- ATPase	aktive Natrium/Kalium- Pumpe
Neubauer-Zählkammer	spezieller Objektträger, mit exakt eingraviertem Gittersystem zur Bestimmung der Zellzahl
neural	das Nervensystem oder dessen Funktion betreffend
Neurofilamente	Gruppe der Intermediärfilamente des Zytoskeletts
Nexine	Proteine des Zytoskeletts
Nicotinamid	wichtiges Coenzym
Nitrocellulose	nitrierte Baumwolle. (z.B. als Filtermaterial)

nutritiv	Nahrung bzw. Ernährung betreffend
Occludine	Tight-junction Proteine
Oligosaccharide	aus 3–12 Monosacchariden bestehende Kohlenhydrate
onkotischer Druck	osmotischer Druck einer kolloidalen Lösung
Ontogenese	Gesamtheit der Formbildungsprozesse von der befruchteten Eizelle bis zum ausgewachsenen Organismus
Organ	Abgegrenzter Bereich eines Organismus mit charakteristischer Lage, Form und Funktion, in der Regel aus mehreren Gewebetypen bestehend
Organoid	organähnliche Struktur
Osmium	Fixationsmittel in der Elektronenmikroskopie mit guter Strukturerhaltung, besonders der Membranen
Osmolyt	osmotisch wirksame Substanz
Ösophagus	Speiseröhre
Osteoblast	Zelle mesenchymalen Ursprungs, welche Knochengrundsubstanz sezerniert
Osteocyt	Osteoblast nach Einschluss in die Interzellularsubstanz
Osteoklasten	Knochen abbauende Zellen, bilden zusammen mit den Knochen- aufbauenden Zellen das knochenbildende System
Ouchterlony-Test	Test zur Bestimmung der Immunglobulinklasse eines Antikörpers: Der unbekannte Antikörper wird mit Antikörpern gegen die verschiedenen Immunglobinklassen in Kontakt gebracht, und man beobachtet, mit welchem es zu einer (Erkennungs) -Reaktion kommt.
Oxidase	Enzym, das den Ablauf einer Oxidation oder Reduktion katalysiert
Paneth Körnerzelle	Epithelzellen in den Dünndarmkrypten, mit stark oxyphilen Körnchen
Parenchym	Funktionsgewebe der Organe
passagieren	subkultivieren

Pathogen	krankheitserregend
PBS	(Phosphate Buffer Solution) Phosphat-Pufferlösung
PDGF	Platelet derived growth factor; von Thrombozyten gebildeter Wachstumsfaktor
Pellet	Bodensatz nach Zentrifugation einer Suspension
Penicillin G	Antibiotikum
Perfusionskultur	Zellkultur unter kontinuierlicher Durchströmung mit frischem Kulturmedium
Periost	Gefäss- und nervenreiche Bindegewebsschicht um den Knochen
Peripherie	Bereich fern des Zentrums
Peritonealzellen	Zellen aus der Bauchhöhle
perizellulär	um die Zelle herum, parazellulär
Permeabilität	Eigenschaft, z.B. durch eine Membran Stoffe treten zu lassen
Peroxisomen	vesikuläre Zellorganellen, die als charakteristisches Enzym die Peroxidase besitzen
Phagozytose	Aufnahme von festen Bestandteilen in die Zelle.
Phasenkontrast-Mikroskopie	spezielles Verfahren in der Lichtmikroskopie, bei dem Unterschiede in den Brechungsindices in Hell-Dunkel-Unterschiede übersetzt werden
Phenotyp	das gesamte Erscheinungsbild eines Individuums zu einem bestimmten Zeitpunkt seiner Entwicklung
Phospholipid	Molekül mit hydrophoben und hydrophilen Anteilen, bestehend aus einem zentralen Molekül, Fettsäuren und phosphoryliertem Alkohol; Phospholipide sind die Grundbausteine aller biologischen Membranen.
Phosphorylierung	Veresterung von Ortho- oder Pyrophosphorsäure mit OH-Gruppen enthaltenden organischen Verbindungen
Phylogenese	das entwicklungsphysiologische Durchlaufen eines Organismus durch erdgeschichtlich ältere Stämme

physiologisch	natürlicher Lebensvorgang
physiologische Kochsalzlösung	Mit dem Blutserum isotone Kochsalzlösung mit einem Gehalt von 0,9% NaCl
Pigment	Farbstoffe im Körper
Plasmamembran	die Zelle umschließende Membran, bestehend aus einer Doppelschicht aus Phospholipiden und anderen Lipiden, in die zahlreiche Proteine eingelagert sind
Plasmazelle	enddifferenzierte Form des B-Lymphozyten als Produzent von Antikörpern
Podozyt	den Kapillarschlingen der Nierenglomeruli aufliegende Zelle
Polycarbonat	Hitzebeständiger, glasklarer Thermoplast aus der Gruppe der technischen Kunststoffe
Polyklonal	von mehreren Klonen abstammend
Polylactide	bioabbaubare Polymere aus Milchsäure-monomeren
Polylglykolide	bioabbaubare Polymere aus Glykolsäure
Polymer	Makromolekül, das sich aus einheitlichen monomeren Molekülen zusammensetzt
Polymorph	vielgestaltig
Postmitotisch	nach Abschluss der Proliferation
Präzipitat	Niederschlag
primäre Immunantwort	frühe Reaktion auf das Eindringen eines Antigens: Die B-Lymphozyten kommen erstmals mit dem Antigen in Kontakt, bilden Klone und sezernieren spezifische Antikörper.
Primaria-Schalen	Spezielle Kulturschalen, deren Oberflächen so behandelt sind, dass positiv geladene Gruppen zugänglich sind, die Proteinstruktur imitieren und dadurch das Anhaften von speziellen Zellen fördern.
Proerythroblasten	unreifste Stufe der Erythrozytendifferenzierung
Prolactin	Hormon, welches die Milchproduktion der Brustdrüsen anregt
Proliferation	Vermehrung durch Zellteilung

Prostaglandine	Gewebshormone aus Arachidonsäurevorstufen, Funktion bei Schmerz, Fieber, Entzündung etc.
Proteasen	Sammelbegriff für alle Enzyme, die die Spaltung von Proteinen katalysieren
Proteoglykan	Protein mit kovalent gebundenen Aminozuckerketten, Bestandteil der extrazellulären Matrix
Proteolyse	Proteinabbau im Rahmen der physiologischen Eiweißverdauung oder als biochemische Methode
Puffer	Lösung, deren pH-Wert sich bei Zugabe von Wasserstoff- oder Hydroxylionen innerhalb bestimmter Konzentrationsgrenzen nicht ändert
radial	strahlenförmig
radioaktiv	Strahlung aussendend
Radio-Immunoassay (RIA)	Radioimmunologischer Antigennachweis zur quantitativen Bestimmung kleinster Substanzmengen
reduplizieren	verdoppeln
rekombinant	Durch Transformation im Rahmen der Gentechnologie entstanden
relaxieren	erschlaffen
Residualkörper	Restkörper endgelagerte Stoffwechsel-Abfallprodukte, meist ehemalige Lysosomen
Resorption	Aufnahme
Retikulin	Protein der retikulären Fasern des Bindegewebes
Rezeptorprotein	Protein, das bestimmte Signale empfängt
Rheologie	Fließlehre
Riboflavin	Vitamin B_2
Ribosomen	Zellorganellen, bestehend aus Nukleinsäuren und Proteinen, ohne Membranhülle, Orte der Proteinsynthese
RNA	Ribonukleinsäure; aus Nukleotidbausteinen bestehender zellulärer Informationsträger

Roller Bottles	Kulturflaschen, die während der Kultivation gerollt werden, dadurch wird der Gas- und Nährstoffaustausch im Vergleich zur stationären Kultur verbessert
Scaffold	Gerüst, dreidimensionales Zellträgermaterial im Tissue Engineering
Screening-Kit	käufliches Testsystem zum Überprüfen der Anwesenheit eines bestimmten Merkmals (z.B. Existenz von Mykoplasmen, Produktion von Antikörpern u.ä.)
sekundäre Immunantwort	Reaktion auf das wiederholte Eindringen eines Antigens, gegen das schon einmal spezifische Antikörper gebildet wurden. Es existieren B-Lymphozyten, die den spezifischen Antikörper bereits einmal synthetisiert haben und jetzt schneller und stärker reagieren können.
semiquantitativ	Abschätzung der Größe einer Menge
Sezernierung	Absonderung
Siemens	Maßeinheit für den elektrischen Leitwert
Slice-Kultur	Kultur dünner Gewebeschnitte
Somatostatin	die hypophysäre Ausschüttung von Somatotropin hemmende Tetradecapeptid des Hypothalamus
ß- Oxidation	Hauptstoffwechselweg des Fettsäureabbaus, führt zu ß-Ketosäuren
Stammzellen	Zelle mit der Fähigkeit, sich selbst beliebig oft durch Zellteilung zu reproduzieren und Zellen unterschiedlicher Spezialisierung hervorzubringen
Streptomycin	Antibiotikum
Stroma	Bindegewebiges Stützgewebe eines Organs
Subkultivation	Umsetzen der Zellen von einer Kulturflasche in eine neue
Subpopulation	Teil einer Population, der untereinander Nachkommen bilden kann, aber nicht mit dem Rest der Population in Verbindung steht
Suchrose	Saccharose, Rohrzucker

Superinfektion	Überdeckung einer Infektion durch eine andere
Suspension	Gemenge aus unlöslichen Teilchen in einer Flüssigkeit
Suspensionskulturen	nicht-anhaftende Kulturen
Thymidin	Baustein der DNA
Thyminkinase	Enzym, das die Phosphorylierung von Thymin katalysiert
Thyroidea	Schilddrüse
Tight junction	Gürtelförmiger Zell-Zell-Kontakt zwischen benachbarten Epithelzellen; verhindert die Diffusion durch den Interzellularraum
Tissue engineering	Herstellung künstlicher Gewebe
toxisch	giftig
Trachea	Luftröhre
Transformation	Änderung genetischer Eigenschaften durch Einbau fremder DNA-Stränge in das Genom der Wirtszelle
transgen	Höhere Lebewesen, die fremde Erbgut in sich tragen
Translation	„Übersetzung" der in der mRNA gespeicherten genetischen Information in die Aminosäuren-Sequenz eines genspezifischen Polypeptids bei der Proteinbiosynthese
Transportprotein	Membrangebundenes Protein, das bestimmte Stoffe durch die Membran transportiert
Transskription	Umschreibung des codogenen DNA-Stranges durch Synthese einer komplementären mRNA Sequenz bei der Proteinbiosynthese
Trockensterilisator	Heißluftofen
trypanblau	Farbstoff, der nur in tote Zellen eindringt
Trypsin	proteolytisches Enzym. Serinprotease
Tubulin	Strukturprotein der Mikrotubuli
Ultramikrotom	Gerät zur Anfertigung von Schnittpräparaten mit einer Dicke kleiner als 1 µm.

Up scale	in größerem Maßstab
Vakuumfiltration	Filtrationsmethode für kleine Volumina: Über eine Wasserstrahlpumpe wird ein Unterdruck erzeugt, der die zu filtrierende Flüssigkeit durch den Sterilfilter saugt.
Vaskularisierung	Gefäßversorgung, Gefäßneubildung
Vektorieller Transport	gerichteter Transport
Vimentin	Zytoskelettprotein, Baustein einer Gruppe der Intermediärfilamente
Vitalfarbstoff	Farbstoff, der in die lebenden Zellen eindringen kann
Vitalitätstest	Test auf Lebensfähigkeit
Wachstumsfaktoren	Substanzen, die das Wachstum und die Proliferation fördern
Wachstumshormon	Somatotropin - Größenwachstum förderndes Hormon
Western Blot	Nachweis von Antigenen durch elektrophoretische Auftrennung, Transfer der aufgetrennten Proteine auf einen inerten Träger und Immunreaktion mit spezifischen markierten Antikörpern
Xenotransplantate	Organe oder Gewebe eines artfremden Spenders
Zellbanken	Sammlung von Zellen für die Kultur
Zelldebris	Zelltrümmer, Zellmüll
Zelldifferenzierung	Zellspezialisierung auf charakteristische Eigenschaften
Zellkultur, kontinuierliche	Zellkultur, die mehr als 70 mal subkultiviert wurde
Zellkultur, primäre	isolierte Zellen ab der ersten Subkultivation
Zellorganellen	Zellstrukturen mit endergonem Energiestoffwechsel
Zellstamm	von einer Primärkultur oder kontinuierlichen Zellinie abstammende Zellen, die auf spezifische Eigenschaften oder Marker hin selektioniert oder kloniert wurden
Zentrifugation	Auftrennung suspendierter Teilchen mit Hilfe der Zentrifugalkraft

Zitronensäurezyklus	mit der Atmungskette verbundener Zyklus im Zentrum des Stoffwechsels für den energieliefernden, oxidativen Abbau von Kohlenhydraten, Fetten und Eiweißen
ZO-1	ein Tight junction Protein
Zytokine	von Zellen gebildete Peptide mit Signalfunktion (z.B. Wachstumsfaktoren, Entzündungsmediatoren)
Zytoplasma	Membranfreie Substanz einer Zelle, bestehend aus Wasser, Proteinen und zahlreichen Ionen - Im Zytoplasma liegen die Zellorganellen.
Zytoskelett	Gesamtheit der Skelettelemente einer Zelle; Die wichtigsten Bestandteile sind Aktinfilamente, Mikrotubuli und Intermediärfilamente
zytotoxisch	giftig, schädigend für die Zelle

Wissenschaftliche Basis

Die vorgestellten Daten basieren auf wissenschaftlichen Arbeiten, die in den letzten Jahren von uns durchgeführt wurden. Aus den gesammelten Fakten konnten wir die in diesem Buch gezeigte Erfahrung und das dargestellte Wissen generieren.

Orginalpublikationen

W.W. Minuth, U. Rudolph (1990) A compatible support system for cell culture in biochemical research. Cyto Technology 4: 181-189

W.W. Minuth, R. Dermietzel, S. Kloth, B. Hennerkes (1992) A new method culturing renal cell under permanent perfusion and producing a luminal-basal medium gradient. Kidney Int 41: 215-219.

W.W. Minuth, G. Stöckel, S. Kloth, R. Dermietzel (1992) Construction of an apparatus for cell and tissue cultures which enables in vitro experiments under natural conditions. Eur J Cell Biology 57: 132-137.

P. Herter, G. Laube, J. Gronczewski, W.W. Minuth (1993). Silver enhanced colloidal gold labelling of rabbit kidney collecting duct cell surfaces imaged by SEM. J Microscopy 171: 107 - 115.

W.W. Minuth, W. Fietzek, S. Kloth, G. Stöckl, J. Aigner, W. Röckl, M. Kubitza, R. Dermietzel (1993) Aldosterone modulates the development of PNA binding cell isoforms within renal collecting duct epithelium. Kidney Int. 44: 337 - 344.

W.W. Minuth, V. Majer, S. Kloth, R. Dermietzel (1994) Growth of MDCK cells on non-transparent supports. In vitro Cell Dev Biol 30: 12-14.

M. Sittinger, J. Buija, W.W. Minuth, C. Hammer, G.R. Burmester (1994) Engineering of cartilage tissue using bioresorbable polymer carriers in perfusion culture. Biomaterials 15: 451-456.

S. Kloth, A. Schmidbauer, M. Kubitza, W.W. Minuth (1994) Developing renal microvasculature can be maintained under perfusion culture conditions. Eur J Cell Biol 63: 84-95.

J. Aigner, S. Kloth, M. Kubitza, R. Dermietzel, W.W. Minuth (1994) Maturation of renal collecting duct cells in vivo and under perifusion culture. Epithelial Cell Biol 3: 70-78.

J. Buija, M. Sittinger, W.W. Minuth, C. Hammer, G. Burmester, E. Kastenbauer (1995) Engineering of cartilage tissue using bioresorbable polymer fleeces and perfusion culture. Acta Otolaryngol 115: 307 - 310.

S. Kloth, M. Kubitza, W. Röckl, A. Schmidbauer, J. Gerdes, R. Moll, W.W. Minuth (1995) Development of renal podocytes cultured under medium perifusion. Lab Invest 73: 294-301.

S. Kloth, C. Ebenbeck, M. Kubitza, A. Schmidbauer, H.A. Weich, W.W. Minuth (1995) Stimulation of renal microvasculature development under organotypical culture conditions. FASEB J 9: 963-967.

J. Bujia, N. Rotter, W. Minuth, G. Burmester, C. Hammer, M. Sittinger (1995) Züchtung menschlichen Knorpelgewebes in einer dreidimensionalen Perfusionskulturkammer: Charakterisierung der Kollagensynthese. Laryngo Rhino Otol 74: 559-563.

J. Aigner, S. Kloth, W.W. Minuth (1995) Transitional differentiation patterns of Principal and Intercalated Cells during renal collecting duct development. Epith Cell Biol 4: 121-130.

M. Sittinger, J. Bujia, N. Rotter, D. Reitzel, W.W. Minuth, G.R. Burmester (1996) Tissue engineering and autologous transplant formation: practical approach with resorbable biomaterials and novel cell culture techniques. Biomaterials 17: 237-242.

W.W. Minuth, S. Kloth, J. Aigner, M. Sittinger, W. Röckl (1996) Approach to an organo-typical environment for cultured cells and tissues. Biotechniques 20: 498-501.

W.W. Minuth, J. Aigner, S. Kloth, P. Steiner, M. Tauc, M.L. Jennings (1997) Culture of embryonic renal collecting duct epithelia kept in a gradient container. Ped Nephrology 11:140-147.

W.W. Minuth, J. Aigner, B. Kubat, S. Kloth (1997) Improved differentiation of renal tubular epithelium in vitro: potential for tissue engineering. Exptl Nephrology 5:10-17.

P. Lehmann, S. Kloth, J. Aigner, R. Dammer, W.W. Minuth (1997) Lebende Langzeitkonservierung von humaner Gingiva in der Perfusionskultur. Mund Kiefer Gesichts Chir 1:26-30.

M. Sittinger, O. Schulz, W.W. Minuth, G.R. Burmester (1997) Artificial tissues in perfusion culture. Int J Artif Organs 20:57-62.

W.W. Minuth, P. Steiner, S. Kloth, M. Tauc (1997) Electrolyte environment modulates differentiation in embryonic renal collecting duct epithelia. Exptl. Nephrology 5:414-422.

R. Strehl, S. Kloth, J.Aigner, P. Steiner, W.W. Minuth (1997) P_{CD}amp 1, a new antigen at the interface of the embryonic collecting duct epithelium and the nephrogenic mesenchyme. Kidney Int 52:1469-1477.

P. Steiner, R. Strehl, S. Kloth, M. Tauc, W.W. Minuth (1997) In vitro development and preservation of specific features of collecting duct epithelial cells from embryonic rabbit kidney are regulated by the electrolyte environment. Differentiation 62:193-202.

W.W. Minuth, M. Sittinger, S. Kloth (1998) Tissue engineering - Generation of differentiated artificial tissues for biomedical applications. Cell Tissue Res 291:1-11.

S. Kloth, J. Gerdes, C. Wanke, W.W. Minuth (1998) Basic fibroblast growth factor is a morphogenic modulator in kidney vessel development. Kidney Int 53:970-978.

S. Kloth, E. Eckert, St. J. Klein, C. Wanke, J. Monzer, W.W. Minuth (1998) Gastric epithelium under organotypic perfusion culture. In Vitro Dev Biol Animal 34:515-517.

W.W. Minuth, P. Steiner, R. Strehl, K. Schumacher, U. de Vries, S. Kloth (1999) Modulation of cell differentiation in perfusion culture. Exptl Nephrology 7:394-406.

K. Schumacher, R. Strehl, S. Kloth, M. Tauc, W.W. Minuth (1999) The influence of culture media on renal collecting duct differentiation. In Vitro Dev Biol Animal 35:465-471.

W.W. Minuth, K. Schumacher, R. Strehl, S. Kloth (2000) Physiological and cell biological aspects of perfusion culture technique employed to generate differentiated tissues for long term biomaterial testing and tissue engineering. J Biomater Sci Polymer Edn 11,5:495-522.

K. Schumacher, S. Klotz-Vangerow, M. Tauc, W.W. Minuth (2001) Embryonic renal collecting duct cell differentiation is influenced in a concentration dependent manner by the electrolyte environment. Am J Nephrol 21:165-175.

W.W. Minuth, R. Strehl, K. Schumacher, U. de Vries (2001) Long term culture of epithelia in a continuous fluid gradient for biomaterial testing and tissue engineering. J Biomater Sci Polymer Edn 12,3:353-365.

K. Schumacher, R. Strehl, U. de Vries, W.W. Minuth (2002) Advanced technique for long term culture of epithelia in a continuous luminal - basal medium gradient. Biomaterials in press.

W.W. Minuth, R. Strehl, K. Schumacher, U. de Vries (2002) Proliferation vs. Differentiated Cells in Tissue Engineering - Are your cells growing well? Tissue engineering in press.

K. Schumacher, H. Castrop, R. Strehl, U. de Vries, W.W. Minuth (2002) Cyclooxygenases in the collecting duct of neonatal rabbit kidney. Submitted

Buchbeiträge

W.W. Minuth (1993) Die Kultur von Epithelzellen unter organtypischen Bedingungen. Alternativen zu Tierversuchen in Ausbildung, Qualitätskontrolle und Herz- Kreislaufforschung, Springer Verlag Wien - New York: pp 238 - 245.

W.W. Minuth (1994) MINUSHEET - Mehr Effizienz bei Zellkulturen. In Fremdstoffmetabolismus und Klinische Pharmakologie - Eds. Dengler und Mutschler, Gustav Fischer Verlag pp 197 - 205.

W.W. Minuth, J. Aigner, B. Kubat, S. Kloth, W. Röckl, M. Kubitza (1995) In vitro Alternativen zu Tierversuchen - Möglichkeiten und Probleme. PABST Verlag, pp 76-87.

W.W. Minuth, K. Schumacher, R. Strehl, U. de Vries (2002) Mikroreaktortechnik zur Generierung von funktionellen Geweben für die Biomaterialforschung und das Tissue engineering. Biokompatible Werkstoffe und Bauweisen von E. Wintermantel und Suk-Woo Ha, Springer Verlag.

W.W. Minuth, R. Strehl, K. Schumacher (2002) Herstellung von Geweben und Organen mit kultivierten Zellen - vor kurzem noch Vision, heute schon Realität? PABST Verlag, pp in press.

Angeforderte Manuskripte

W.W. Minuth (1990) Neue Wege bei der Kultivation von hochspezialisierten Zellen. Regensburger Universitätszeitung 6: 7-9

W.W. Minuth (1991) MINUSHEET - eine neue Methode, um differenzierte Zellen unter nahezu natürlichen Bedingungen zu kultivieren. Bioengineering 5: 66-69

W.W. Minuth (1991) Eine neue Möglichkeit adherente Zellen unter natürlichen Bedingungen zu kultivieren. Alternativen zum Tierexperiment/ALTEX 15: 18-30

W.W. Minuth, D. Puchner, U. Rudolph (1990) Eine Einführung in die Zellkulturtechnik. Skript für die Teilnehmer des Zellkulturpraktikums am Institut für Anatomie im Industrieauftrag.

W.W. Minuth (1992) MINUSHEET - ein neuer Weg zur organspezifischen Zellkultur. Spektrum der Wissenschaften 11: 15-17.

W.W. Minuth (1993) Weiterentwicklung der Zellkulturtechnik. Tierlaboratorium 16: 57-68.

W.W. Minuth (1994) Perfusionszellkultur - eine neue Methode für organspezifische, pathologische und toxikologische Fragestellungen. MTA 9: 10 - 13.

W.W. Minuth (1994) Kultivierte Zellen - Eine neue Technik zur Simulierung eines organ-spezifischen Milieus. Blick in die Wissenschaft 5: 30-33.

W.W. Minuth, S. Kloth, J. Aigner, M. Sittinger, W. Röckl (1994) Organ-spezifisches Environment für kultivierte Zellen und Gewebe. BIOforum 17: 412-416.

W.W. Minuth, S. Kloth, J. Aigner, P. Steiner (1995) MINUSHEET – Perfusionskultur: Simulierung eines gewebetypischen Milieus. Bioscope 3,4: 20-25.

W.W. Minuth, M. Sittinger, S. Kloth (1996) Tissue engineering - Herstellung von künstlichen Geweben für die Biomedizin. Bioscope 4,5: 36-41.

W.W. Minuth, R. Strehl, P. Steiner, S. Kloth (1997) Von der Zellkultur zum Tissue engineering. Bioscope 4/5:19-24.

S. Kloth, K. Kobuch, J. Domokos, Ch. Wanke, W.W. Minuth (1999) Interaktive Gewebekultursysteme: Innovative Werkzeuge zur Toxizitätstestung. GIT Labor - Fachzeitschrift 3:272-275.

S. Kloth, K. Kobuch, J. Domokos, Ch. Wanke, W.W. Minuth (1999) Interaktive Tissue Culture Systems: Innovative Tools for Toxicity Testing. BIOforum International 2:70-72.

W.W. Minuth, K. Schumacher, R. Strehl, S. Kloth (1999) Advanced culture technology for the generation of differentiated tissues. Medical & Biological Engineering & Computing 37:1508-1509.

W.W. Minuth, K. Schumacher, R. Strehl, U. de Vries (2001) Epithelien - Biomaterialforschung - Tissue engineering. BIOforum 3:136-140.

W.W. Minuth, R. Strehl, K. Schumacher, U. de Vries (2001) Tissue engineering - Herstellung von funktionellen Geweben mit proliferierenden Zellen. Life Science Technologien 2:36-39.

W.W. Minuth, K. Schumacher, R. Strehl, U. de Vries (2001) Epithelia – Biomaterials - Tissue engineering. BIOforum International 2:74-76.

Entwicklung und Patente

W.W. Minuth (1990) Patenterteilung - Methode zur Kultivierung von Zellen (DE-PS 3923279)

W.W. Minuth, G. Stöckl (1992/1995) Gebrauchsmuster- und Patenterteilung: Vorrichtung zur Behandlung, insbesondere zur Kultivierung von Biomaterial mit wenigstens einem Behandlungsmedium. G 9107 283.2 / DE 42 08 805 C2

W.W. Minuth (1993) US-Patenterteilung 5,190,878 - Apparatus for cultivating cells.

W.W. Minuth (1993) Gebrauchsmuster G 89 08 58.3 Träger für die Zellkultivation.

W.W. Minuth (1994) Patenschrift Zellträgeranordnung erteilt, P 42 00 446.

W.W. Minuth (1994) US - Patenterteilung 5, 316, 945 - Cell carrier arrangement.

W.W. Minuth (1995) Patenterteilung Nr. P 44 43 902: Kammer zur Kultivierung von Zellen, insbesondere Mikroskopkammer.

W.W. Minuth (1996) Patenterteilung Nr. 195 30 55.6: Verfahren zur Kultivation von Zellen, insbesondere Organzellen des menschlichen und tierischen Körpers.

W.W. Minuth (1997) US- Patenterteilung Nr. 5 665 599: Chamber for Cultivating Cells

W.W. Minuth (1998) Patenterteilung Japan Nr. 329 434/95: Kammer zur Kultivierung von Zellen, insbesondere Mikroskopkammer

W.W. Minuth (1999) Patenterteilung Nr. 196 48 876: Verfahren zum Herstellen eines natürlichen Implantates.

W.W. Minuth (2001) Patenterteilung Nr. US 6 187 053 Process for producing a natural implant.

W. W. Minuth (1999) Patentantrag Nr. 199 48 4780.8. System zur Kultivierung und/oder Differenzierung von Zellen und/oder Geweben.

Herstellerfirmen

ADVANCED SCIENTIFICS, INC.
163 Research Lane
Millersburg, PA 17061, USA
(717) 692-2104
(717) 692-2197
www.advancedscientifics.com

ALLCELLS, LLC
2500 Milvia Street, Ste. 214
Berkeley, CA 94704, USA
(510) 548-8908
(510) 548-8327
www.allcells.com

AMERICAN TYPE CULTURE
COLLECTION
10801 University Blvd.
Manassas, VA 20110-2209, USA
(703) 365-2700
(703) 365-2701
www.atcc.org

AMRESCO INC.
30175 Solon Industrial Pkwy.
Solon, Ohio 44139, USA
(800) 829-2802
(440) 349-1182
www.amresco-inc.com

AMS BIOTECHNOLOGY
(EUROPE) LTD.
Centro Nord Sud
Stabile 2 Entrata E
Bioggio, Ticino Switzerland 6934
+41 91 604 5522
+41 91 605 1785
www.immunok.com

APPLIKON INC.
1165 Chess Dr., Suite G
Foster City, CA 94404, USA
(650) 578-1396
(650) 578-8836
www.applikon.com

ARTISAN INDUSTRIES INC.
73 Pond St.
Waltham, MA 02254, USA
(617) 893-6800
(617) 647-0143
www.artisan.com/index.htm

B. BRAUN BIOTECH, INC.
999 Postal Rd.
Allentown, PA 18103, USA
(800) 258-9000
(610) 266-9319
www.bbraunbiotech.com

BECKMAN COULTER, INC.
4300 N. Harbor Blvd.
Fullerton, CA 92834-3100, USA
(714) 871-4848
(714) 773-8898
www.beckman.com

BECTON DICKINSON LABWARE
Two Oak Park
Bedford, MA 01730, USA
(800) 343-2035
(617) 275-0043
www.bd.com/labware

BEL-ART PRODUCTS
6 Industrial Rd.
Pequannock, NJ 07440-1992, USA
(973) 694-0500
(973) 694-7199
www.bel-art.com

BIO-RAD LABORATORIES, INC.
1000 Alfred Nobel Dr.
Hercules, CA 94547, USA
(510) 724-7000
(510) 741-1051
www.bio-rad.com

BIOCELL LABORATORIES, INC.
2001 University Dr.
Rancho Dominguez, CA 90220, USA
(800) 222-8382
(310) 637-3927
www.biocell.com

BIOCHROM KG
Leonorenstr. 2-6
D-12247 Berlin, Germany
+ 49 30 7799060
+ 49 30 7710012
www.biochrom.de

BIOCLONE AUSTRALIA PTY LTD.
54C Fitzroy St., Marrickville
Sydney, NSW Australia 2204
+ 61 2 517 1966
+ 61 2 517 2990
www.bioclone.com.au

BIOCON, INC.
15801 Crabbs Branch Way
Rockville, MD 20855, USA
(301) 417-0585
(301) 417-9238
www.bioconinc.com

BIODESIGN INC. OF NEW YORK
P.O. Box 1050
Carmel, NY 10512, USA
(845) 454-6610
(845) 454-6077
www.biodesignofny.com

BIOENGINEERING AG
Sagenrainstrasse 7
CH-8636 Wald, Switzerland
+ 41 55 256 8 111
+ 41 55 256 8 256
www.bioengineering.ch

BIOSOURCE INT´L INC.
Biofluids Division
1114 Taft St.
Rockville, MD 2085, USA
(301) 424-4140
(301) 424-3619
www.biofluids.com

BIOINVENT INT´L AB
Solvegatan 41
Lund, Sweden SE-223 70
+ 46 46 286 85 50
+ 46 46 211 08 06
www.bioinvent.com

BIOLOG LIFE SCIENCE INSTITUTE
Flughafendamm 9A
P.O. Box 107125
D-28071 Bremen, Germany
+ 49 421 591355
+ 49 421 5979713
www.biolog.de

BIOLOGICAL INDUSTRIES CO. LTD.
Kibbutz Beit Haemek
Israel 25115
+ 972 4 996 0595
+ 972 4 996 8896
www.bioind.com

BIOMEDICAL TECHNOLOGIES, INC.
378 Page St.
Stoughton, MA 02072, USA
(781) 344-9942
(781) 341-1451
www.btiinc.com

BIONIQUE TESTING LABORATORIES, INC.
RR#1, Box 196, Fay Brook Drive
Saranac Lake, NY 12983, USA
(518) 891-2356
(518) 891-5753
www.bionique.com

BIOPRO INT´L, INC.
265 Conklin St., P.O. Box 156
Farmingdale, NY 11735, USA
(516) 249-0099
(516) 249-0494
www.biopro.com

BIORELIANCE
14920 Broschart Rd.
Rockville, MD 20850-3349, USA
(800) 553-5372
(301) 610-2590
www.bioreliance.com

BIORESEARCH IRELAND
Forbairt Glasnevin
Dublin, Ireland 9
+ 353 1 8370177
+ 353 1 8370176
www.commerce.ie/cb/bioresearch

BIOSYNERGY (EUROPE) LTD.
12 Pembroke Avenue, Denny Industrial Centre, Waterbeach
Cambridge, Cambs U.K. CB5 9PB
+ 44 1223 579345
+ 44 1223 579349
www.biosynergy.co.uk

BIOWHITTAKER, INC.
8830 Biggs Ford Rd.
Walkersville, MD 21793, USA
(301) 898-7025
(301) 845-8338
www.biowhittaker.com

BY-PROD CORP.
P.O. Box 66824
St. Louis, MO 63166, USA
(314) 534-3122
(314) 534-4422
www.bypcorp.com

CAMBIO
34 Newnham Rd.
Cambridge, U.K. CB3 9EY
+ 44 1223 366500
+ 44 1223 350069
www.cambio.co.uk

CELL WORKS INC.
University of Maryland
5202 Westland Blvd.
Baltimore, MD 21227, USA
(410) 455-5852
(410) 455-5851
www.cell-works.com

CELLEX BIOSCIENCES, INC.
8500 Evergreen Blvd.
Minneapolis, MN 55433, USA
(612) 786-0302
(612) 786-0915
www.cellexbio.com

CELLTECH GROUP plc
216 Bath Rd., Slough
Berkshire U.K. S11 9DL
+ 44 753 534655
+ 44 753 536632
www.celltech.co.uk

CELOX LABORATORIES, INC.
1311 Helmo Ave.
St. Paul, MN 55128, USA
(651) 730-1500
(651) 730-8900
www.celox.com

CELSIS INT´L PLC
Cambridge Science Park
Milton Rd.,
Cambridge, U.K. CB4 0FX
+ 44 01223 426008
+ 44 01223 426003
www.celsis.com

CHARLES RIVER TEKTAGEN
358 Technology Drive
Malvern, PA 19355, USA
(610) 640-4550
(610) 889-9028
www.tektagen.com

CLONETICS CELL SYSTEMS,
8830 Biggs Ford Rd.
Walkersville, MD 21793, USA
(301) 898-7025
(301) 845-8338
www.clonetics.com

225

COOK BIOTECH INC.
3055 Kent Avenue
W. Lafayette, IN 47906, USA
(765) 497-3355
www.cookgroup.com/cook_
biotech

CORNING INC.
Science Products45
NAGOG PARK Division
Acton, MA 01720, USA
(978) 635-2200
(978) 635-2476
www.scienceproducts.corning.com

CSL LTD.
45 Poplar Rd., Parkville
Victoria Australia 3052
+ 61 3 93891389
+ 61 3 93891646
www.csl.com.au

CYMBUS BIOTECHNOLOGY LTD.
Unit J, Eagle Close, Chandlersford
Hampshire, U.K. S053 4NF
+ 44 8026 7676
+ 44 8026 7677
www.cymbus.co.uk

CYTOGEN RESEARCH AND
DEVELOPMENT, INC.
89 Bellevue Hill Rd.
West Roxbury, MA 02132, USA
(617) 325-7774
(617) 327-2405

CYTOVAX BIOTECHNOLOGIES
INC.
8925 51 Avenue, Ste. 308
Edmonton, Alberta
Canada T6E 5J3
(780) 448-0621
(780) 448-0624
www.cytovax.com

DSM BIOLOGICS CO. INC.
6000 Royalmount Ave.
Montreal, Quebec
Canada H4P 2T1
(514) 341-9940
(514) 341-1227
www.GBBI.com

DSM BIOLOGICS EUROPE
Zuiderweg 72/2, P.O. Box 454
Groningen, Netherlands 97+44 AP
+ 31 50 5222 222
+ 31 50 5222 333
www.dsmbiologics.com

EUROPEAN COLLECTION
OF CELL CULTURES
Porton Down, Salsbury
Wiltshire, U.K. SP4 OJG
+ 44 1980 612512
+ 44 1980 611315
www.ecacc.org

EXALPHA BIOLOGICALS, INC.
20 Hampden Street
Boston, MA 02119, USA
(617) 445-6463
(617) 989-0404
www.exalpha.com

EXOCELL, INC.
3508 Market Street, Suite 420
Philadelphia, PA 19104, USA
(215) 222-5515
(215) 222-5325
www.exocell.com

FIRST LINK (U.K.) LTD.
Unit 18, The Premier Estate
Leys Rd. Brierley Hill
West Midlands, U.K. DY5 3UP
+ 44 1384 263 862
+ 44 1384 480 351

FORGENE, INC.
549 Eagle Street, P.O. Box 1370
Rhinelander, WI 54501, USA
(715) 369-8733
(715) 369 8737
www.insti-trees.com

FORTUNE BIOLOGICALS, INC.
18919 Premiere Court
Gaithersburg, MD 20879, USA
(301) 330-8547
(301) 330-8648
www.fortunebiologicals.com

FRYMA AG
P.O. Box 164
Rheinfelden, Switzerland 4310
+ 41 (0) 61 836 4141
+ 41 (0) 61 831 2000
www.fryma.com

GENETIC RESEARCH
INSTRUMENTATION, LTD.
Gene House, Queenborough Lane
Rayne, Essex, U.K. CM7 8TF
+ 44 1376 332900
+ 44 1376 344724
www.gri.co.uk/gri

GROPEP, LTD.
P.O. Box 10065, Gouger St.
Adelaide, South Australia 5000
618 8354 7709
618 8354 7777
www.gropep.com.au

HARLAN BIOPRODUCTS
FOR SCIENCE, INC.
P.O. Box 29176
Indianapolis, IN 46229, USA
(317) 359-1000
(317) 357-9000
www.hbps.com

HUMAN BIOLOGICS INT´L
7150 E. Camelback Rd., Suite 245
Scottsdale, AZ 85251, USA
(602) 990-2005
(602) 990-2155
www.humanbiologics.com

HYCLONE
LABORATORIES, INC.
1725 South HyClone Rd.
Logan, UT 84321, USA
(435) 753-4584
(435) 753-4589
www.hyclone.com

IDEXX LABORATORIES, INC.
One Idexx Dr.
Westbrook, ME 04092, USA
(207) 856-0300
(207) 856-0347
www.idexx.com

IGEN INT´L, INC.
16020 Industrial Dr.
Gaithersburg, MD 20877, USA
(301) 984-8000
(301) 208-3799
www.igen.com

IMCLONE SYSTEMS INC.
180 Varrick Street
New York, NY 10014, USA
(212) 645-1405
(212) 645-2054
www.imclone.com

IMMUNOVISION, INC.
1820 Ford Ave.
Springdale, AZ 72764
(800) 541-0960
www.immunovision.com

IMPERIAL LABORATORIES
 (EUROPE) LTD.
West Portway, Andover
Hants, U.K. SP10 3LF
+ 44 264 33 33 11
+ 44 264 33 24 12

INFORS HT
Rittergasse 27,
CH-4103 Bottmingen
Switzerland
+ 41 61 425 77 00
+ 41 61 425 77 01
www.infors.ch

INTEGRA BIOSCIENCES AG
Industriestrasse 44,
CH-8304 Wallisellen
Switzerland
+ 41 1830 2277
+ 41 1830 7852
www.integra.ch:84/biosciences

INTERGEN CO. (EUROPE)
The Magdalen Centre
Oxford Science Park
Oxford, U.K. OX4 4GA
+ 44 1865 784647
+ 44 1865 784648

INTERGEN CO.
Two Manhattanville Rd.
Purchase, New York 10577, USA
(914) 694-1700
(914) 694-1429
www.intergenco.com

JOUAN, INC.
170 Marcel Dr.
Winchester, VA 22602, USA
(800) 662-7477
(540) 869-8626
www.jouan.com

JRH BIOSCIENCES
13804 West 107 St.
Lenexa, KS 66215, USA
(913) 469-5580
(913) 469-5584
www.jrhbio.com

KRAEBER GmbH & CO.
Waldhofstr. 14, D-25474 Ellerbek
Germany
+ 49 4101 30530
+ 49 4101 305390
www.kraeber.de

KENDRO LABORATORY
PRODUCTS
31 Pecks Lane
Newtown, CT 06470-2337, USA
(203) 840-6040
(203) 270-2210
www.kendro.de

LIFE TECHNOLOGIES, INC.
9800 Medical Center Way
Rockville, MD 20850, USA
(800) 828-6686
(800) 352-1468
www.lifetech.com

MATRITECH INC.
330 Nevada St.
Newton, MA 02460, USA
(617) 928-0820
(617) 928-0821
www.matritech.com

MEDAREX, INC.
1545 Route 22 East
Annandale, NJ 08801, USA
(908) 713-6001
(908) 713-6002
www.medarex.com

MEDICORP INC.
5800 Royalmount
Montreal, Quebec
Canada H4P 1K5
(514) 733-1900
(514) 733-1212
www.medicorp.com

MICRODYN TECHNOLOGIES,
INC.
P.O. Box 98269
1204 Briar Patch Lane
Raleigh, NC 27624, USA
(919) 872-9375
(919) 872-9375
www.microdyn.de

MILES INC.,
Diagnostics Division
195 W. Birch St.
Kankakee, IL 60901, USA
(815) 937-8270
(815) 937-8285

MINUCELLS and MINUTISSUE
GmbH
Starenstrasse 2
D – 93077 Bad Abbach, Germany
+49 (0) 9405 962440
+49 (0) 9405 962441
www.minucells.de

MOLECULAR PROBES INC.
4849 Pitchford Ave.
Eugene, Oregon 97402, USA
(541) 465-8300
(541) 344-6504
www.probes.com

NEW BRUNSWICK SCIENTIFIC
(U.K.) LTD.
163 Dixons Hill Rd.
North Mymms
Hatfield, Herts, U.K. AL9 7JE
+ 44 1707 275733
+ 44 1707 267859
www.nbsc.com

NEW BRUNSWICK SCIENTIFIC
CO., INC.
P.O. Box 4005, 44 Talmadge Rd.
Edison, NJ 08818-4005, USA
(732) 287-1200
(732) 287-4222
www.nbsc.com

NEWPORT BIOSYSTEMS, INC.
1860 Trainor St.
Red Bluff, CA 96080, USA
(530) 529-2448
(530) 529-2648
www.newportbio.com

NORTHVIEW BIOSCIENCES, INC.
1880 Holste Rd.
Northbrook, IL 60062, USA
(847) 564-8181
(847) 564-8269
www.northviewlabs.com

NORTON PERFORMANCE
PLASTICS
P.O. Box 3660
Akron, OH 44309-3660, USA
(216) 798-9240
(216) 798-0358
www.tygon.com

NOVOCELL, INC.
31 Technology Drive, Ste. 100
Irvine, CA 92618, USA
(949) 727-1942
(949) 727-3005

NUNC A/S
Kamsturpvej 90, Kamstrup
Roskilde, Denmark DK-4000
+ 45 46 31 2000
+ 45 46 31 2175
www.nunc.nalgenunc.com

ONCOR, INC.
15200 Shady Grove Rd., Ste. 350
Rockville, MD 20850-6227, USA
(301) 963-3500
www.oncorinc.com/home

ORCA RESEARCH INC.
1725 220th St. SE, P.O. Box 1828
Bothell, WA 98041-1828, USA
(425) 806-7280
(425) 806-7281

PA BIOLOGICALS
Unit 9/32, Campbell Ave.
Dee Why 2099
New South Wales, Australia

PAA LABORATORIES GmbH
Wiener Strasse 131
Linz, Upper Austria
Austria, A-4020
+ 43 732 33 08 90
+ 43 732 33 08 94
www.paa.at

PALL CORPORATION
2200 Northern Blvd.
East Hills, NY 11548, USA
(516) 484-5400
(516) 484-3637
www.pall.com

PATHSERVE AUTOPSY
AND TISSUE BANK
P.O. Box 22023
San Francisco, CA 94122-0023,
USA
(415) 664-9686
(415) 664-5861
www.tissuebank.com

PERSTORP ANALYTICAL LUMAC
Amperestraat 13
Landgraaf, Netherlands 6372 BB
+ 31 45 5318335
+ 31 45 5319185

PHARMAKON
RESEARCH INT´L, INC.
P.O. Box 609
Waverly, PA 18471, USA
(717) 586-2411
(717) 586-3450
www.pharmakon.com

PRECISION
170 Marcel Dr.
Winchester, VA 22602, USA
(540) 869-9892 / (800) 621-8820
(540) 869-0130
www.precisionsci.com

PROMOCELL BIOSCIENCE
ALIVE GmbH
Handschuhsheimer Landstr. 12
D-69120 Heidelberg, Germany
+ 49 6221 649340
+ 49 6221 6493440
www.promocell.com

Q-ONE BIOTECH LTD.
Todd Campus
West of Scotland Science Park
Glasgow, Scotland, U.K. G20 OXA
+ 44 141 946-9999
+ 44 141 946-0000
www.q-one.com

QUEST DIAGNOSTICS
415 Mass Ave.
Cambridge, MA 01013, USA
(617) 547-8900

ROCKLAND
IMMUNOCHEMICALS INC.
Box 316
Gilbertsville, PA 19525, USA
(610) 369-1008
(610) 367 7825
www.rockland-inc.com

SAINT GOBAIN PERFORMANCE
PLASTICS
150 Dey Road
Wayne, NJ 07470, USA
(973) 696-4700
(974) 696-4056

SALZMAN CORPORATION
308 East River Drive
Davenport, IA 52801, USA
(319) 324-1028
(319) 324-6221

SCHLEICHER & SCHUELL GmbH
Postfach 4
D-37582 Dassel, Germany
+ 49 5561 791 417
+ 49 5561 791 544
www.s-und-s.de

SEROLOGICALS CORP.
Fleming Road, Kirkton Campus
Livingston, U.K. EH54 7BN
+ 44 1506 404000
+ 44 1506 415210
www.serologicals.com

SEROTEC LTD.
22, Bankside, Station Approach,
Kidlington Oxford
U.K. OX5 IJE
+ 44 1865 852700
+ 44 1865 373899
www.serotec.co.uk

SIGMA CELL CULTURE
P.O. Box 14508
St. Louis, MO 63178, USA
(800) 521-8956
(314) 771-0633
www.sial.com/sig-ald

SOLOHILL ENGINEERING INC.
4220 Varsity Dr.
Ann Arbor, MI 48108, USA
(313) 973-2956
(313) 973-3029
www.solohill.com

SOREBIO
Bordeaux Technopolis
Site Montesquieu
F 33650 Martillac, France
+ 33 56 64 99 99
+ 33 56 64 99 56
www.sorebio.com

SPECTRUM LABORATORIES, INC.
18617 Broadwick Street
Rancho Dominguez, CA 90220, USA
(310) 885-4600
(310) 885-4666
www.spectrumlabs.com

TCS CELLWORKS, LTD.
Botolph Claydon, Buckingham
Botolph Claydon, Buckingham
Bucks, U.K. MK18 2LR
+ 44 1296 71 3120
+ 44 1296 71 3122
www.tcscellworks.co.uk

TECHNE INC.
743 Alexander Rd.
Princeton, NJ 08540
(609) 452-9275
(609) 987-8177
www.techneusa.com

TEXAS BIOTECHNOLOGY CORP
7000 Fannin St., Suite 1920
Houston, TX 77030, USA
(713) 796-8822
www.tbc.com

THE AUTOMATION
PARTNERSHIP
Melbourn Science Park, Melbourn
Royston, Herts, U.K. SG8 6HB
+ 44 1763 262026
+ 44 1763 262613
www.autoprt.com

VIROMED BIOSAFETY
LABORATORIES
1667 Davis Street
Camden, NJ 08104, USA
(609) 966-1305
(609) 342-8078
www.qualitybio.com

WESTFALIA SEPARATOR AG
Werner-Habig-Str. 1
D-59302 Oelde, Germany
+ 49 2522 770
+ 49 2522 77 24 88
www.westfalia-separator.com

WHATMAN INC.
9 Bridewell Place
Clifton, NJ 07014, USA
(973) 773-5800
(973) 472-6949
www.whatman.com

WORTHINGTON BIOCHEMICAL
CORP.
730 Vassar Ave.
Lakewood, NJ 08701, USA
(732) 942-1660
(732) 942-9270
www.worthington-biochem.com

YES BIOTECH LABORATORIES
LTD.
7035 Fir Tree Dr., Unit 23
Mississauga, Ontario
Canada L5S 1V6
(905) 677-9221
(905) 677-0023
www.yesbiotech.com

ZEPTOMETRIX CORP.
872 Main St.
Buffalo, NY 14202, USA
(716) 882-0920
(716) 882-0959
www.zeptometrix.com

Lernzielkatalog

Von der Einzelzelle zum Gewebe

- Zell- und Gewebearten
Zelle versus Gewebe
Zellformen, Zellorganellen, Neubildung von Zellen, Generationszyklus, Zellkommunikation, Zellregulation, Zelltod
Epithelgewebe - Basalmembran, Polarisierung, Barriere, vektorieller Transport
Bindegewebe - Zellverteilung, Interzellularsubstanz, Mechanik
Muskelgewebe – Skelett- und Herzmuskulatur, glatte Muskulatur
Nervengewebe - Neuron, Polarisierung, Synapse, Glia, Kommunikation
Entwicklung von Keimblättern, Organanlagen und Geweben

- Defekte an Geweben
Hautverbrennung, Hautaufbau, Hautanhangsgebilde, Hautregeneration
Knochenfraktur, Osteoporose, Periost, Verkalkung, Plastizität, Hormone
Knorpelcontusion, hyaliner, elastischer und Faserknorpel, avaskuläres Gewebe
Gefässverschluss, Koronarien, Arteriosklerose, Embolus, Endothel, Media, elastischer und muskulärer Typ

- Regenerierung von Gewebe
Steuerung der Neubildung, Postmitose, Interphase, Mitose, Zytokinese
Entzündungsfaktoren, Wachstumsfaktoren, Morphogene, extrazelluläre Matrix, exogene Faktoren

Herstellung von Gewebekonstrukten

- Anwendung von artifiziellen Geweben
Haut, Knorpel, Knochen, Gefäße, Leber, Pankreas, Mesencephalon, Substantia nigra

- extrazelluläre Matrix
zelluläre und extrazelluläre Proteine, Kollagen, Fibronektin, Proteoglykan

- Scaffolds
azelluläre Matrix, Biomaterialien, Polymere, bioabbaubare Polymere

- Verbindung zwischen Zelle und Scaffold
Plasmamembran, Zellverankerung, Integrine, extrazelluläre Matrix, Expansion, Sorting out

- Generierung des Konstruktes
autologes System, Tier als Bioreaktor, Herstellung unter in vitro Bedingungen

- Zellkulturen
Zellisolation, Zellvermehrung, Zelllinien, Kulturgefäße

- Gewebekulturen
Zellsozialität, zelluläre Interaktion, Kulturmethoden, Mikroreaktoren

- Kulturadditive
Kulturmedien, fötales Kälberserum, autologes Serum, serumfreie Kultur, Wachstumsfaktoren

- Qualitätskriterien für Gewebekulturen
embryonale versus adulte Zelle, Differenzierung, Dedifferenzierung, Profiling

- Nachweis von terminaler Gewebedifferenzierung
Morphologie, Immunhistochemie, SDS-Elektrophorese, Western-Blot, 2-simensionale Elektrophorese,Transkription, Translation, atypische Gen- und Proteinprodukte

Herkunft der Zellen

- patienteneigene Zellen
Keratinozytenpatches, Periostlappen, kultivierte Chondrozyten, Osteozyten, dopaminerge Neurone

- Zellen, Gewebe und Organe von Tieren
Zelltherapie, Herzklappen, azelluläre Scaffolds, Leber, Herz von transgenen Schweinen, Abstoßungsreaktion, MHC Komplex

- Embryonale Stammzellen
Embryoblast, Trophoblast, Embryo, Fetus, Nabelschnur, Totipotenz, Pluripotenz, Gewebebildung, Therapeutisches Klonen, Tumorbildung

- Stammzellen des erwachsenen Organismus
Stammzelltypen, ruhende Stammzellen, Regeneration von Geweben und Organen, Fibrocyt versus Fibroblast, Osteozyt versus Osteoblast

Voraussetzungen für das Tissue engineering

- Logistik
Diagnose, Wartezeit, Gewebegenerierung, Implantation, Qualitätsmanagement der medizinischen Versorgung

- Apparative Voraussetzungen
Biopsie, Transport, Kontamination, Zellisolation, Kultur, GMP Richtlinien, Qualitätsmanagement des Konstruktes

- Automation
Zellisolation, Kultur, Controlling der Tätigkeiten

Zukünfige Märkte

- Gewebeträger, smart Scaffolds, Kulturmikroreaktorenreaktoren, zelluläre Differenzierungsmarker (Profiling), Logistik für Zell- und Gewebeversorgung, Zell- und Gewebebanken

F. W. Albert, W. Land, E. Zwierlein (Hrsg.)

Transplantationsmedizin und Ethik – Auf dem Weg zu einem gesellschaftlichen Konsens

Die Organtransplantations-Medizin ist extrem abhängig vom gesellschaftlichen Konsens. Eine rückläufige Spendenbereitschaft, durch Irritationen, Mißverständnisse und Ängste verstärkt, zeigt die gegenwärtige Brüchigkeit gesellschaftlichen Einverständnisses an. Um diesen Konsens zu befördern, ist eine vernünftige Aufklärung aller relevanten Gesichtspunkte unvermeidlich. Eine solche Aufklärung kann nur durch einen interdisziplinären Dialog aller Beteiligten erzielt werden. Einen Beitrag zu diesem Dialog wollen die in diesem Band versammelten Aufsätze leisten, die ihrerseits aus einem interdisziplinären Symposium zu den medizinethischen Problemen der Organtransplantation hervorgegangen sind.

Mit Beiträgen von:
F. W. Albert, H. Angstwurm, F. W. Eigler, Th. Gutmann, M. Honecker, F.-J. Illhardt, W. Land, Th. Schlich, U. Schmidt, G. Wolfslast, E. Zwierlein

ISBN 3-928057-52-9   Preis: 15,- Euro

PABST SCIENCE PUBLISHERS
Eichengrund 28, D-49525 Lengerich, Tel. ++ 49 (0) 5484-308,
Fax ++ 49 (0) 5484-550, E-mail: pabst.publishers@t-online.de
Internet: http://www.pabst-publishers.de

G. Kirste (Hrsg.)

Nieren-Lebendspende - Rechtsfragen und Versicherungs-Regelungen für Mediziner

S. Reiter-Theil: Ethische Aspekte der Nieren-Lebendspende: Entscheidungskriterien, kasuistische Beispiele und Thesen zur Orientierung

U. Albert: Psychologische Evaluation bei Lebendspende

H.-L. Schreiber: Recht und Ethik der Lebend-Organtransplantation

H.-G. Koch: Aktuelle Rechtsfragen der Lebend-Organspende

M. Hollenbeck: Nierenspende von im Ausland lebenden Spendewilligen

H.-G. Kraushaar: Versicherungsrechtliche Aspekte und Absicherung der Lebendorganspende

G. Kirste: Stellungnahme von Versicherungsgesellschaften zum Thema Lebendspende

H. Sengler: Stellungnahme zu rechtlichen Aspekten aus Sicht des Bundesgesundheitsministeriums

J. Böhler: Grenzen und Möglichkeiten zur Lebendspende: Medizinische Aspekte

O. Richter: Verwandtenspende bei der fokal-segmentalen Glomerulosklerose – eine Kasuistik

P. Pisarski: Grenzen der Möglichkeiten zur Lebendspende

J. Theodorakis, W.-D. Illner, M. Stangl, G. F. Hillebrand, K. A. Schneewind, W. Land: Vier Jahre Nierentransplantation bei verwandten und nicht-verwandten Lebenspendern – Das Münchener Modell

S. Friemann: Vorläufige Ergebnisse einer primären Immunsuppression mit Ciclosporin, Mycophenolat Mofetil und Steroiden im Vergleich mit Ciclosporin, Azathioprin und Steroiden sowie mit Tacrolimus, Azathioprin und Steroiden

G. Offner: Aspekte der Lebendspende bei Kindern

G. Thiel: Möglichkeiten der Cross-over-Lebendspende bei der Nierentransplantation

Anhang: Aufklärung und Einverständnis zur Nieren-Lebendspende

ISBN 3-934252-58-3   Preis: 15,- Euro

PABST SCIENCE PUBLISHERS
Eichengrund 28, D-49525 Lengerich, Tel. ++ 49 (0) 5484-308,
Fax ++ 49 (0) 5484-550, E-mail: pabst.publishers@t-online.de
Internet: http://www.pabst-publishers.de

G. Kirste (Hrsg.)

Nieren-Lebendspende
Rechtsfragen und Versicherungs-Regelungen für Mediziner (Band 2)

R. Grupp: Ärztliche Aufklärung über versicherungsrechtliche Aspekte der Lebendspende

G. Werther: Die Lebendspende-Kommission – ein Spielball der Länder?

G. Kirste: Vorstellung und Diskussion der Richtlinien der Bundesärztekammer zur Lebendspende

G. F. Hillebrand: Lebendnierenspende mit verwandten und nicht-verwandten Spendern: 5 Jahre Münchener Modell

J. Theodorakis: Die kontrastverstärkte MR-Angiographie in der präoperativen Diagnostik zur Planung von Lebendnierenspenden

C. Strey: Kommentar: Freiburger Erfahrungen zur MR-Angiographie

H. Janssen: Doppelte Nierenarterien – chirurgisches Konzept bei der Nierenlebendspende in der Pädiatrie

V. Ebeling: Lebendnierenspende: laparoskopische versus offene Donornephrektomie – die Ergebnisse der Charité Berlin

M. Siebels: 125 Lebendspender-Nephroureterektomien: präoperative Risikofaktoren und Komplikationen

J. Böhler: Einfluß von Spender-Faktoren auf die Ergebnisse der Lebend-Nierentransplantation

S. Storkebaum: „Bei uns gibt es keine Probleme" – Psychologische Evaluation zur Lebendspende

Anhang: Empfehlungen der Bundesärztekammer zur Lebendorganspende

ISBN 3-935357-48-6   Preis: 15,- Euro

PABST SCIENCE PUBLISHERS
Eichengrund 28, D-49525 Lengerich, Tel. ++ 49 (0) 5484-308,
Fax ++ 49 (0) 5484-550, E-mail: pabst.publishers@t-online.de
Internet: http://www.pabst-publishers.de

Christine Hauskeller (Hrsg.)

Humane Stammzellen

*Therapeutische Optionen
Ökonomische Perspektiven
Mediale Vermittlung*

Der Aufsatzband bietet Beiträge zur Stammzellforschung: Biologie, und Technik, therapeutische Optionen, Persönlichkeits- und Sozialfragen, ökonomische und juristische Bewertungen, mediale Vermittlung, Ethik. Die multiperspektivischen Arbeiten eignen sich als wissenschaftlich fundierte, gut verständliche Einführung in den Gesamtkomplex biomedizinischer Zukunftsentwicklungen.

ISBN 3-936142-67-X
Preis: 25,- Euro

PABST SCIENCE PUBLISHERS
Eichengrund 28, D-49525 Lengerich,
Tel. ++ 49 (0) 5484-308,
Fax ++ 49 (0) 5484-550,
E-mail: pabst.publishers@t-online.de
Internet: http://www.pabst-publishers.de